FÜHRUNGS-
KRAFT
was nun?

Erfolgreich führen
vom ersten Tag an

·BOOKS4SUCCESS

Die Originalausgabe erschien unter dem Titel
Your First Leadership Job
ISBN 978-1-118-91195-2

© Copyright der Originalausgabe 2015:
Copyright © 2015 by Development Dimensions International. All rights reserved.
Published by John Wiley & Sons, Inc., Hoboken, New Jersey.
Published simultaneously in Canada.

© Copyright der deutschen Ausgabe 2016:
Börsenmedien AG, Kulmbach

Übersetzung: Philipp Seedorf
Covergestaltung: Johanna Wack
Gestaltung und Satz: Jürgen Hetz, denksportler Grafikmanufaktur
Lektorat: Egbert Neumüller
Druck: CPI – Ebner & Spiegel, Ulm

ISBN 978-3-86470-357-7

Bibliografische Information der Deutschen Nationalbibliothek:
Die Deutsche Nationalbibliothek verzeichnet diese Publikation in der
Deutschen Nationalbibliografie; detaillierte bibliografische Daten
sind im Internet über <http://dnb.d-nb.de> abrufbar.

BÖRSEN MEDIEN
AKTIENGESELLSCHAFT

Postfach 1449 • 95305 Kulmbach
Tel: 09221-9051-0 • Fax: 09221-9051-4444
E-Mail: buecher@boersenmedien.de
www.boersenbuchverlag.de

WIDMUNG

Ich widme dieses Buch meiner wunderbaren Familie.

Mom und Dad – als ich ein kleines Mädchen war, habt ihr meine Experimentierfreude gefördert, mich dazu ermutigt, mich neuen Erfahrungen zu stellen, meine Neugierde angeregt und mir die Welt außerhalb von Western Pennsylvania gezeigt. Ihr habt mir Flügel gegeben, die mich zu jeder Karriere tragen konnten, die mein Interesse weckte – Mathematikerin, Computerwissenschaftlerin, Managerin eines Kunsthandels, Sängerin – doch der Apfel fiel nicht weit vom Stamm. Dad, ich bin stolz, in deine Fußstapfen zu treten, und ich freue mich darauf, dem Erbe von Bill Byham, der DDI vor 45 Jahren gründete, auch für die nächsten 45 Jahre die gebührende Bedeutung zu verschaffen. Und Mom, ich lernte eine Menge an deiner Seite, während du weiterhin mit Leib und Seele vor Ehrenamtlichen und Gemeindeführern sprichst und sie damit inspirierst. Ihr wart beide die besten Vorbilder für mich, wenn es darum geht, Menschen zu führen, und ich bin stolz, ein Abbild von euch beiden zu sein.

Und meinem Sohn Spencer – du bist zu so einem fabelhaften jungen Mann geworden! Deinetwegen bin ich jeden Tag dankbar für meinen Sinn für Humor, mein Talent als Geschichtenerzählerin und für Umarmungen vor dem Zubettgehen. Du bist jetzt 14 Jahre alt (oder dreieinhalb in Schaltjahren) und wer weiß, wo du dich in Zukunft wiederfinden wirst. Ich kann dir sagen, dass ich es kaum erwarten kann, dich deine ersten Schritte in Richtung einer Führungsposition gehen zu sehen. Und ich hoffe, dass du dann dieses Buch um Rat fragen wirst.

Tacy

Es ist ein Jahrzehnt her, dass ich mein letztes Buch schrieb, hauptsächlich weil ich keines fand, das ich schreiben wollte. Aber dieses wollte ich unbedingt schreiben.

Ich möchte es meiner Mom und dem Gedenken an meinen Dad widmen. Obwohl es ihnen vielleicht nicht bewusst war, lehrten sie mich jeden Tag Lektionen über Leadership.

Wenn dieses Buch erscheint, arbeite ich seit genau 36 Jahren bei DDI. Daher möchte ich es auch meinen beiden einzigen Bossen widmen – Bill Byham und Bob Rogers. Sie waren mir nicht nur Leiter und Mentoren, sondern gaben mir auch die Freiheit zu lernen, zu wachsen und meinen Beitrag zu leisten. Ich betrachte mich daher als sehr glücklichen Menschen.

Rich

INHALT

VORWORT

Leadership ist das A und O.

Sie mögen das vielleicht jetzt noch nicht so sehen, aber das wird sich ändern.

Ich habe meine gesamte Karriere im Bankwesen zugebracht, hauptsächlich bei Fifth Third Bancorp, einer Bank, die in einem Dutzend Bundesstaaten im mittleren Westen und Südosten der USA operiert. Das Bankwesen ist aus einer Vielzahl von Gründen ein interessantes Geschäft, aber ein wesentlicher Grund ist folgender: Wir schaffen nichts Neues. Unser Produkt ist dasselbe wie das der Konkurrenz. Meistens ist es nur geliehen und es sieht immer gleich aus. Es ist grün und rechteckig und hat an jedem Tag denselben relativen Wert. Um also aus einem großen Mitbewerberfeld herauszustechen, muss der Fokus darauf liegen, wie wir diesen Wert liefern – und das geschieht zu hundert Prozent durch unsere Mitarbeiter.

Ich glaube, dass Leadership Sie permanent umgibt – durch den Ton, den Sie anschlagen, und durch die vielen, vielen Gespräche, die Sie führen, um ein simples, aber doch komplexes Ziel zu erreichen: die Menschen an der Vision des Ergebnisses teilhaben zu lassen, das Sie anstreben.

Aber die meisten Menschen denken nicht über diese Dinge nach, bis sie selber die erste Führungsposition bekleiden. Man ist gut in seinem Beruf und hat sich einen Ruf als Experte erworben, nur um dann aufgrund dieser Expertise befördert zu werden und sich in einem komplett anderen Tätigkeitsfeld wiederzufinden. Also experimentiert man herum, weil einem niemand – außer DDI – beibringt, wie man die Menschen um einen herum zu vollem Einsatz motiviert.

Lassen Sie mich die Uhr ein wenig zurückdrehen. Mein erster bedeutender Job mit Führungsverantwortung wurde von meiner Firma als „erweiterter" Zuständigkeitsbereich bezeichnet – eine Firma steht vor einer neuen Herausforderung, wodurch sich ein neuer Aufgabenbereich ergibt, an dem eine Führungskraft wachsen und durch den sie sich weiterentwickeln kann. Eines Tages sollte ich den Chef meines Chefs treffen – den Vizepräsidenten der Firma – und ich wurde gefragt, ob ich eine Abteilung übernehmen wolle, in der ich keinerlei Expertise vorweisen konnte. Gar keine. Ich sollte meinen Job in der Personalabteilung (Anm. d. Übers.: „Human Resources" – im Folgenden HR) aufgeben und Geschäftsoperationen für die sehr viel größere Holding-Gesellschaft leiten. Und ich sollte Mitarbeiter führen, die technologisch sehr versiert waren, hoch qualifiziert und sehr erfahren. Ich war Mitte 30 und hatte drei kleine Kinder zu Hause. Meine neuen Untergebenen waren zumeist 20 Jahre älter. Es war eine anspruchsvolle Abteilung, in der einige signifikante Veränderungen nötig waren und die sich mit hochgesteckten neuen Produktionszielen konfrontiert sah.

Ich sprach mit einigen Leuten, die mehr über die Probleme der Operations Division wussten. Obwohl ich mir Sorgen machte, nahm ich den Job an. Als ich anfing, wusste ich, dass ich nicht mal ein Viertel der Kenntnisse der Leute besaß, die dort schon seit Jahren arbeiteten. Und ich würde jeden Einzelnen von ihnen brauchen, um mich einzuarbeiten.

In diesem Moment wusste ich: Leadership ist die Lösung.

Wir probierten verschiedene Dinge aus, die alle darauf abzielten, das Vertrauen der Mitarbeiter zu gewinnen. Wir führten etwas Neues ein, das heute unter dem Namen „one down" oder „two downs" bekannt ist. Wir trafen uns regelmäßig in großen Gruppen (einige der Teams bestanden aus 15 oder 20 Mitgliedern) und ich ermutigte die Manager, darüber zu sprechen, was sie bisher erreicht hatten. Im Grunde durften sie damit vor mir angeben. Und dann nutzte ich die Berichte über diese Errungenschaften, um darüber zu reden, was wir erreichen könnten, wenn wir alle die gleiche Vision hätten. Es hört sich einfach an, aber das waren die Momente, aus denen wir viel Kraft schöpften. Diese Unterhaltungen bildeten das Rückgrat für das Vertrauen, die Visionen und das Engagement, die mit der Zeit dazu beitrugen, dass wir in der Firma die Anerkennung für das enorme Ausmaß an Veränderungen bekamen, das wir anstrebten. Ich schuf einen Triumphzug und gab ihnen die Möglichkeit, ganz vorne mitzumarschieren.

Am Ende bewirkten wir eine der bedeutendsten Veränderungen in der Geschichte unserer Firma. Wir zentralisierten das Management, verringerten die Kosten um 40 bis 50 Prozent, verbesserten Vereinbarungen auf dem Service-Level und bei den Lieferungen und erhöhten die Kundenzufriedenheit ganz erheblich.

Jetzt sind Sie also am Zug. Was werden Sie aus der Möglichkeit machen, die man Ihnen gerade gegeben hat?

Frühzeitig in meiner Karriere erlernte ich das Konzept der katalytischen Führung von DDI und durch dieses Buch werden Sie es auch erlernen. Sie werden lernen, wie man mit katalytischer Führung andere für eine Idee entflammt, sie zu vollem Einsatz bringt und die Produktivität steigert. Ich habe bisher keine perfekte Führungskraft getroffen und war auch selber keine. Führungsstärke erfordert harte Arbeit. Aber die Vorteile sind immens – man hilft anderen, ihre Ziele und Träume zu erreichen.

Wir alle gehen das Thema Mitarbeiterführung von verschiedenen Blickwinkeln her an. Aber wenn man sich auf das Ziel der katalytischen Mitarbeiterführung konzentriert und es jeden Tag zur Anwendung bringt, dann kann man auf oft überraschende Art und Weise das Beste in anderen zum Vorschein bringen. Ebenso in sich selbst. Und Sie werden Ihren Job lieben.

Kevin T. Kabat

Vizepräsident und CEO von Fifth Third Bancorp.

EINLEITUNG

Als wir uns entschlossen, dieses Buch zu schreiben, wollten wir Leadership aus einer neuen Perspektive betrachten. Immerhin gab es laut unserer letzten Google-Suche 392.000.000 Einträge für Bücher über Leadership – doppelt so viele wie für Kochbücher! Es gibt Bücher zum Thema Leadership, die von einigen der größten Denker der Weltgeschichte oder über sie geschrieben wurden (Konfuzius, Machiavelli oder Gandhi). Und unzählige Bücher über Leadership wurden von Dutzenden von Management-Experten veröffentlicht (Peter Drucker, John Kotter, Tom Peters und Jim Collins, um nur einige zu nennen). Alle bieten großartige Geschichten, Ansichten und Übungen, um zu ergründen, was die DNS eines exzellenten Führungsstils ausmacht.

Unser Buch unterscheidet sich aber in drei Aspekten von allen anderen.

1. **Es hat eine einzige Mission:** Es soll Ihnen eine praktische Anleitung und die Werkzeuge geben, mit denen Sie als frischgebackene Führungskraft im direkten Kontakt mit Mitarbeitern Erfolg haben. Der erste Teil umfasst neun Kapitel und hilft Ihnen, besser zu verstehen, wie man eine großartige Führungskraft wird – ein Katalysator, wie wir es nennen, der andere dazu bringt, selbst tätig zu werden. Und er konzentriert sich auf ein Set fundamentaler Fähigkeiten – wir nennen sie *Gesprächsfertigkeiten* –, die als Grundlage für jede der Dutzende von Unterhaltungen dienen werden, die Sie jeden Tag führen. Diese Fertigkeiten können Sie nicht nur am Arbeitsplatz, sondern auch zu Hause und in Ihrer Community einsetzen. Der zweite Teil enthält Erklärungen zu einer Reihe verschiedenster unerlässlicher Fähigkeiten – wir nennen sie *Leadership-Skills und die Skills der Profis* –, die Sie in Ihrer neuen Rolle brauchen werden. Diese beinhalten unter anderem Coaching, die Auswahl neuer Mitarbeiter und die Schaffung einer Arbeitsumgebung, die zum Engagement der Mitarbeiter beiträgt.

2. **Der Inhalt dieses Buches basiert auf einem beispiellosen Erfahrungsschatz.** Während der letzten 40 Jahre hat unsere

▼

11

Firma DDI (Development Dimensions International) geholfen, über 250.000 Führungskräfte jedes Jahr *auszubilden* – in 26 verschiedenen Ländern und Tausenden von Firmen und Organisationen. Nichts in diesem Buch basiert auf Mutmaßung oder Theorie. Es kommt aus der Praxis – einer Menge Praxis.

3. **Wir gehen über unsere Erfahrung hinaus und schaffen Fakten.** DDI hat Hunderten von Kunden die Beziehung zwischen unseren Leadership-Praktiken und -Prinzipien einerseits und harten Fakten andererseits vor Augen geführt: verbesserte Fertigkeiten, höheres Engagement, weniger Unfälle am Arbeitsplatz und Steigerung der Produktivität. Wir ruhen uns nicht auf unseren Lorbeeren aus, *sondern berufen uns auf Fakten.*

Ob Sie unser Buch im Detail lesen oder sich nur auf die Kapitel konzentrieren, die am relevantesten für Sie sind – unser Ziel haben wir erreicht, wenn Sie nur drei oder vier der Ratschläge anwenden, die wir Ihnen zur Verfügung stellen. In vielerlei Hinsicht können Sie dieses Buch als Mischung aus einem typischem Buch für angehende Führungskräfte und einem Kochbuch betrachten. Wir geben Ihnen die erprobten und bewährten Rezepte, aber kochen müssen Sie selbst.

Tacy und Rich

Teil 1: Katalytische Mitarbeiterführung

Ob Sie neu in dieser Rolle sind oder schon einige Erfahrung haben – der Weg zur effektiven Führungskraft bietet jede Menge Herausforderungen, aber auch Freuden. *Katalytische* Führungskräfte sind der Goldstandard – energiegeladene, unterstützende, vorausschauende Mentoren, die andere zum selbstständigen Handeln anregen. Der erste Teil dieses Buches gibt Ihnen eine klare Vorstellung davon, worum es bei der katalytischen Mitarbeiterführung wirklich geht. Und er gibt zahlreiche Tipps, um Ihre Reise so angenehm wie möglich zu machen.

Wir stellen Ihnen auch das Konzept des *Führungsstils* vor. So wie das Markenimage eines Unternehmens es zu etwas ganz Eigenem macht, kann Ihr Image als Vorgesetzter die Grundlage für Ihre Effizienz als Führungskraft bilden. Und es gibt klar identifizierbare Verhaltensweisen, die Teil Ihres Führungsstils sind und die wirklich effiziente Führungskräfte von durchschnittlichen oder schlechten unterscheiden. In diesem Abschnitt helfen wir Ihnen also, eine neue Geisteshaltung als Führungskraft einzunehmen und gute Ergebnisse für Sie und Ihr Team zu erzielen. Zusätzlich erklären wir Ihnen, wie man angesichts widerstreitender Prioritäten dennoch zu einer perfekten Umsetzung von Plänen und Strategien gelangt.

Zu guter Letzt verraten wir Ihnen einige Geheimnisse, um jede zwischenmenschliche Interaktion erfolgreich zu machen. Als Führungskraft führen Sie jeden Tag zahlreiche Gespräche mit anderen. Ihre Fähigkeit, mit diesen Menschen in Beziehung zu treten – indem Sie ihnen das Gefühl vermitteln, geschätzt zu werden, Gehör zu finden, motiviert zu werden, und indem Sie ihnen vertrauen und sie an Entscheidungen beteiligen –, wird Sie auf Ihrem Weg zur perfekten Führungskraft ein sehr großes Stück voranbringen.

1.

Großartiges Leadership findet jeden Tag statt – auch in den kleinsten Dingen.

JETZT SIND SIE ALSO CHEF

Die Reise beginnt

Jetzt haben Sie also das Sagen.

Als Sie Ihren ersten Job als Führungskraft annahmen – oder auch nur ernsthaft in Erwägung zogen, sich dafür zur Verfügung zu stellen –, haben Sie einen der wichtigsten und mutigsten Schritte in Ihrer Karriere getan. Sie sind der Chef! Sie haben etwas erreicht.

Wie geht's Ihnen dabei? Sind Sie sicher? Woher wissen Sie das?

Die Chancen stehen gut, dass Sie vor einem Drahtseilakt stehen, der Sie emotional zwischen „nervöser Erwartung" und „abgrundtiefem Horror" pendeln lässt – mit einem konstanten Unterton von „gestresst". Das sollte aber keine große Überraschung sein – Sie haben eine Menge zu beweisen. (Wenn Sie diese Position schon eine Weile innehatten, haben Sie vielleicht auch eine Menge auszubügeln.) Unsere Firma DDI ist seit über 45 Jahren ein Vorreiter im Bereich des Talent-Managements. Einfach ausgedrückt helfen wir Firmen, die Art zu verändern, wie sie Führungskräfte einstellen, fördern und zu ihrer vollen Entfaltung bringen. Dieses Buch basiert auf dem, was wir in über 40 Jahren bei der Ausbildung von mehr als acht Millionen Führungskräften aus buchstäblich allen Ländern und Industriezweigen der Welt gelernt haben. Diejenigen, die den Einstieg in ihre erste Position als Führungskraft reibungslos hinbekommen, sind besser in der Lage, einen positiven und anhaltenden Einfluss auf ihre Teams, ihre Familien und ihre Karrieren auszuüben. Unser Ansatz hilft Menschen, schneller eingebunden zu sein und produktiver zu werden.

Wo wir gerade von Stress reden – unsere Forschungen zeigen, dass der Übergang in eine Führungsposition zu den anspruchsvollsten Anpassungsleistungen des Lebens gehört – irgendwo angesiedelt zwischen einer schweren Krankheit und der Herausforderung, einen Teenager großzuziehen. Tatsächlich fühlte sich nur jede dritte Führungskraft, die wir in unserer ersten Studie zum Übergang in eine Führungsposition befragten, den Herausforderungen gewachsen, die dieser Übergang mit sich brachte.[1] Für Neulinge kann der Stress besonders akut werden. Nicht nur nehmen Sie eine neue Rolle an, diese existiert auch in einem Geschäftsklima, das durch Herausforderungen definiert wird, die sehr schnell vonstattengehen: Volatilität, Ungewissheit, Komplexität und Ambivalenz. Und Sie befinden sich in einer einzigartigen Lage, in der Ihre Performance – oder deren Fehlen – darüber entscheidet, ob Ihr Team (zusammen mit Ihrer Karriere) aufblüht oder zum Stillstand kommt. Sind Sie so gut, wie Sie sein könnten? Wissen Sie, was es bedeutet, das Beste aus den Leuten in Ihrem Team herauszuholen? Hassen diese Sie schon bei Ihrem bloßen Anblick? Wie können Sie herausbekommen, ob Sie auf dem richtigen Weg sind, bevor es zu spät ist?

Dieser Wandel, den Sie erleben, ist für uns schwerwiegend genug, um eine klare Aussage zu treffen: Niemand weiß am Beginn seiner Karriere in einer Führungsposition alles, was er für den Erfolg braucht. Wenn Sie sich emotional auf wirklich unbekanntem Terrain bewegen, könnte Ihnen Ihr Instinkt raten, sich geschlagen zu geben und zu versuchen, die ganze Arbeit selber zu machen. Sie werden vielleicht zum Mikromanager und übernehmen wichtige Aufgaben Ihrer direkten Untergebenen, sobald die Deadline näher rückt. Oder Sie versäumen es, das Feedback zu geben, das Ihren Teammitgliedern hilft, ihren Job zu machen.

Aber lassen Sie uns eine weitere klare Aussage treffen: Sie werden selten in Ihrer Karriere so viel Lohnendes finden wie auf dem Berufsweg als Führungskraft, der vor Ihnen liegt. Was Sie lernen, wird auch den Rest Ihres Lebens auf wunderbare Weise verändern. Unter anderem, weil Sie viel über Ihre Fähigkeit herausfinden werden, zu wachsen und etwas in der Welt zu bewirken. Wir glauben, dass Ihnen die Fertigkeiten, die Sie erlernen, mit der Zeit dabei helfen können, besser mit den Menschen, die Sie lieben, zu kommunizieren, ein aktiveres Mitglied Ihrer Community zu werden und den Zielen näher zu kommen, die Ihnen wichtig sind. Diese Reise führt zu einem besseren Leben.

Es gab eine Menge Druck, als ich mit dem Job anfing, erzählte uns Karen. Sie bekam überraschend und quasi automatisch eine Führungsposition, als ihr direkter Vorgesetzter krank wurde und eine längere Auszeit nehmen musste. Karen war zwar Expertin auf ihrem Fachgebiet als Telekommunikationsingenieurin, aber plötzlich hatte sie 30 erfahrene Mitarbeiter zu managen und ein großes Projekt, das fertiggestellt werden musste. *Ich konnte sehen, dass viele mir gegenüber skeptisch waren. Und es hatte bereits viele Fehlschläge während des Projekts gegeben, als zum Beispiel ein Subunternehmer nicht liefern konnte.* Aber Karen gelang es, effektive Wege zu finden, die Aufgabe mithilfe der Menschen um sie herum – rechtzeitig! – zu erledigen, und sie hat sich damit den Respekt ihrer Peers verdient. *Es war ein Erfolg auf ganzer Linie! Ich konnte den anderen helfen, ihre Arbeit gut zu machen, und mir selbst dabei treu bleiben. Wir schafften eine Menge und brachten damit das Projekt auf die nächste Stufe. Und jetzt kennt jeder in der Firma unser Team.* Das Beste daran ist: Sie sieht ihr Leben nun mit ganz anderen Augen. *Ich stellte fest, dass ich ein echter Leader sein konnte. Ich kann in vielen Bereichen einen wichtigen Beitrag leisten.*

Eine wesentliche Rolle dabei zu spielen, anderen zu helfen, ihr volles Potenzial auszuschöpfen, ist für Joe, Vorarbeiter in einer Landschaftsgärtnerei, ein Quell tiefer Zufriedenheit. *Das Fortkommen der mir unterstellten Männer zu sehen ist für mich wirklich befriedigend,* sagte er. Joe konnte keine Stelle als Lehrer finden und arbeitete sich stattdessen in einem landesweit operierenden Unternehmen in der Landschaftsgärtnerei hoch. Viele seiner direkten Untergebenen waren ungelernte Arbeiter und Englisch war nicht ihre Muttersprache. Ihre Arbeit konnte für sie ein Karriereeinstieg sein und ihnen bessere Möglichkeiten eröffnen. Da wurde ihm klar, dass er tatsächlich eine wichtige Rolle in ihrem Leben spielte. *Ich sah die anderen Vorarbeiter, die einfach nur jeden Tag zur Arbeit erscheinen, ihren Job erledigen und wieder heimgehen wollten.* Doch Joe sah eine Möglichkeit, sein Wissen über Leadership und das Business mit anderen zu teilen und sein Team auf grundlegende Art und Weise voranzubringen. *Ich arbeitete Seite an Seite mit ihnen und machte mir genau wie sie die Hände schmutzig. Sie begannen mir zu vertrauen. Und jetzt bin ich in der Position, ihnen zuzusehen, wie sie sich weiterentwickeln. Mir wurde klar, dass Leadership der wahre Grund war, wieso ich überhaupt Interesse am Unterrichten hatte.*

Wie wir gesehen haben, ist das wahre Potenzial des Leaderships zutiefst menschlich. Aber gerade weil Menschen eine Rolle spielen, kann eine Menge schiefgehen. Als Beispiel für die Herausforderungen, die einen in der ersten Position als Führungskraft erwarten können, werfen wir einen Blick auf John (42 Jahre alt), einen Städteplaner. *Ich wurde in einen Hinterhalt gelockt!* sagt er, wenn er von der Mitarbeiterin erzählt, die ihm am meisten Probleme machte. John leitete ein eher locker verbundenes achtköpfiges Team, aber eine junge Ingenieurin brachte ihn aus der Spur, und das ohne Vorwarnung. *Sie gab mir absolut kein Feedback. Und nannte mich dann den schlechtesten Boss der Welt.* Es waren Johns erste Gehversuche als Teamleiter – etwas, worüber er eigentlich gut Bescheid wusste. So dachte er zumindest. Da er schon erfolgreich als Mitglied in verschiedenen interdisziplinär arbeitenden Teams tätig gewesen war, hatte er, wie die meisten, recht genaue Vorstellungen davon, was eine Führungskraft zu tun und zu lassen habe.

Zuerst war er ein Anhänger des Laissez-faire und der Meinung, dass jeder am liebsten unabhängig arbeite. *Ich mag es nicht, wenn man mir beim Arbeiten ständig über die Schulter schaut. Also war mein Ansatz: „Macht euer Ding und wendet euch an mich, wenn es Probleme gibt."* Wenn *Input nötig war, kam ich dazu und übernahm das Kommando und fühlte mich wie ein Mikromanager. Aber niemand hat irgendwas dazu gesagt.* Bis zu seiner halbjährlichen Leistungsbeurteilung. *Ich war völlig geschockt, als mein Vorgesetzter mir erzählte, was sie (die junge Ingenieurin) gesagt hatte.* Ihre Kritikpunkte: John setze keine Prioritäten, schenke ihrer Arbeit keine Aufmerksamkeit, nehme ihr ohne Erklärung Projekte weg und konzentriere sich nur auf seine eigene Arbeit. John erkannte zu spät, dass sein Laissez-faire-Ansatz nach hinten losgegangen war. Und sollte sie etwa ihm sagen, was sie von einem Vorgesetzten erwartete? *Mir wurde gesagt, dass ich es als leitender Angestellter besser hätte wissen müssen. Und ich denke, das stimmt.*

Nach unserer Erfahrung dauert es etwa sechs bis zwölf Monate, bis eine neue Führungskraft auf Kurs ist oder ins Schlingern gerät. Genau das passierte John. Und sobald dann ein wirkliches Problem auftaucht, kann es schwierig sein, die nötige Unterstützung zu bekommen, um die Situation zu retten.

WIR FRAGTEN, FÜHRUNGSKRÄFTE ANTWORTETEN @ TWITTER

F: Als Sie das erste Mal Mitarbeiter leiteten (nicht nur ein Projekt) – fühlten Sie sich ... #leadership

@ nilofer unbeholfen

@ TonyTSheng panisch, weil herauskommen könnte, dass ich nicht wusste, was ich tat. Was ja auch stimmte. lol

@ Mallory_C nervös, dass ich es richtig verbocken würde und dieser furchtbare, völlig ahnungslose Chef wäre – ich wollte ja, dass es eine gewinnbringende Erfahrung wird.

@ BigM5678 überwältigt. Es dauerte viele Jahre, bevor ich delegieren konnte, ohne zu denken, dass ich es lieber selbst erledigen sollte, oder zu befürchten, dass etwas schiefgehen könnte.

Dieses Buch richtet sich an diejenigen, die nach unserer Auffassung die wichtigste Rolle in einem Unternehmen spielen: Führungskräfte, die im direkten Kontakt mit den Mitarbeitern stehen – sogenannte Frontline Leader. Sie sind wichtiger, als Sie denken! Und jetzt sind Sie in der einzigartigen Situation, Ihr gesamtes Unternehmen positiv beeinflussen zu können, indem Sie nicht nur produktiv mit Ihrem Team arbeiten, sondern auch mit anderen Vorgesetzten, Kollegen in anderen Abteilungen, Kunden – einfach mit allen.

Bevor Sie auf den falschen Weg geraten, können wir Ihnen helfen, wichtige Fragen über Ihre Führungsqualitäten zu beantworten. Wir befähigen Sie, die Freuden einer Führungsposition früher zu erleben, indem Sie lernen, die authentischen und mächtigen menschlichen Emotionen zu kontrollieren, die Ihnen den Weg zum Erfolg versperren können. Und wir zeigen Ihnen, wie Sie die neuen Skills meistern, die man als Führungskraft braucht, um effizient zu arbeiten: andere coachen, Mitarbeiter aktiv einbinden, delegieren, Ihr neues Netzwerk anzapfen, Mitarbeiter einstellen und sogar ein Meeting leiten.

Wir haben dieses Buch geschrieben, um Ihnen zu helfen, Ihre neue Rolle als Führungskraft schneller zu meistern und gleichzeitig einiges von dem Ärger und Kummer zu vermeiden, den viele erleben. Und denjenigen, die vielleicht schon einige grundlegende Fehler begangen haben, können wir helfen, wieder alles in die richtigen Bahnen zu lenken.

„Frontline", „First-Time" – was ist damit gemeint?

Im Verlauf dieses Buches benutzen wir die Begriffe *Frontline* Leader und *First-Time* Leader häufig abwechselnd. „First-Time Leader" bezeichnet einfach Menschen, die entweder ihre ersten Führungsposition haben oder über den Einstieg in eine solche Position nachdenken. „Frontline" bezieht sich eher auf die Führungsebene. Ein Frontline Leader führt direkt einzelne Mitarbeiter. Das schließt Angestellte auf einer höheren Ebene aus – wie Manager der mittleren Führungsebene oder leitende Angestellte, die andere Führungskräfte managen. Synonyme Begriffe für Frontline Leader sind unter anderem: *Supervisor, Teamleiter, Vorarbeiter* oder *Manager*.

WIE UNTERSCHEIDET SICH DIESES BUCH VON ANDEREN BÜCHERN ÜBER LEADERSHIP?

Dieses Buch basiert nicht auf den Theorien eines Einzelnen, auf zusammengewürfelten Daten oder auf einer inspirierenden, wahren Geschichte über das Leiten einer Kampagne oder das Landen eines Flugzeugs unter schwierigen Bedingungen. (Einige dieser Bücher sind wunderbar und wir lieben sie. Aber sie sind einfach nicht das, was Sie jetzt brauchen.) Stattdessen liefern wir Ihnen spezifische und anwendbare Informationen darüber, was Sie tun sollten und wann Sie es tun sollten. Diese basieren auf einer Kombination aus praktischen Erfahrungen und Jahrzehnten solider Forschung.

Wir beziehen auch das mit ein, was wir gelernt haben, als wir Firmen halfen, Tausende von Entscheidungen über die Auswahl und die Beförderung von Frontline Leadern zu treffen. Wir legen Ihnen die Kompetenzen und Eigenschaften dar, die zu einer erfolgreichen Performance von Frontline Leadern führen, basierend auf intensiven Stellenanalysen, die wir in Hunderten von Firmen und Organisationen durchgeführt haben, und wir erklären Ihnen, wie Sie diese ab sofort selbst entwickeln können. Und was vielleicht am wichtigsten ist: Wenn wir etwas Best Practice nennen, dann basiert das auf Dutzenden von Studien, welche die positiven Auswirkungen dieser Best Practice auf die Performance verschiedener Unternehmen belegen.

Wir von DDI glauben, dass besseres Leadership eher eine Wissenschaft als eine Kunst ist. Aber dies basiert auf einem tiefen Respekt und Verständnis für die menschliche Seite der Mitarbeiterführung. Wir glauben, dass Menschen ihre Beziehungen in der Arbeit und im Leben transformieren können, indem sie ihr Verhalten in einfachen, klaren und messbaren Schritten verändern. Hunderte von Führungskräften, die ihre Position gerade angetreten hatten – genau wie Sie –, saßen mit uns zusammen, während wir sie ausbildeten und persönlich die Anweisungen in diesem Buch weitergaben. Sie werden auf den folgenden Seiten einige ihrer Geschichten hören.

Auch wenn Sie dieses Buch an jeder Stelle aufschlagen können, um sofort Lösungen für Ihre Probleme zu finden, hoffen wir, dass Sie zuerst etwas gut investierte Zeit mit dem ersten Teil verbringen. Diese neun Kapitel sind quasi die Essenz aus der Arbeit von DDI über den Anfang einer Karriere als Führungskraft und bieten die beste Grundlage für Ihren beruflichen Weg.

Im zweiten Abschnitt wollen wir die Schlüsselfertigkeiten, die Sie für Ihren Erfolg meistern müssen, etwas genauer unter die Lupe nehmen. Diese Kapitel über „Leadership-Skills und die Skills der Profis" können nacheinander gelesen werden oder Sie können direkt zu dem Kapitel springen, das Ihre aktuellen Fragen am besten beantwortet. Es erwartet Sie komprimierter und spezialisierter Content, der Ihnen hilft, die Haken und Ösen Ihrer neuen Position zu meistern. Sie werden auch Checklisten und Leitfäden für Diskussionen finden, die Sie sofort in Ihrem Berufsalltag anwenden können. Sehen Sie sich das immer und immer wieder an. Und auf unserer Microsite „Your First Leadership Job" finden Sie Links zu Bonuskapiteln, Onlinequellen, Content und Communitys, die Ihnen helfen, sich mit anderen Führungskräften in der Übergangsphase zu vernetzen. Sie sollten sich ein Bookmark für diese Seite setzen und oft darauf zurückgreifen:

www.YourFirstLeadershipJob.com

Das Buch enthält auch in jedem Kapitel Übungen, Fragebögen, Analysemethoden und andere interaktive Hilfsmittel. Wir laden Sie dazu ein, diese auszuprobieren. Sie wurden von Organisationspsychologen entworfen und haben sich über die Jahre bewährt. Nutzen Sie diese und Sie werden mehr Erfolg haben – und Ihren Job mehr genießen.

Zusätzlich zu den Forschungsergebnissen, die in diesem Buch zitiert werden, begegnen Sie auch echten Menschen, die ihre Erfahrungen als First-Time Leader mit Ihnen teilen. Jede Geschichte enthält einen Ratschlag, eine Einsicht, Erfolgsgeschichte oder Warnung. (Wir haben die Namen geändert und die Firmen unkenntlich gemacht, um die Offenheit zu fördern.) Wir haben auch Menschen über Facebook, LinkedIn, Twitter und Quora befragt und nach Geschichten und Inspiration gesucht, die sich aus ihrem Werdegang als Führungskraft ergeben. Die Ergebnisse unserer Fragen und Umfragen finden Sie im gesamten Buch verteilt.

Wenn Sie nur eine Lektion aus diesem Buch mitnehmen, sollte es folgende sein: Großartiges Leadership findet jeden Tag statt – auch in den kleinsten Dingen. Am deutlichsten wird das in Ihren Mitarbeitergesprächen sichtbar, in der Art, wie Sie andere beeinflussen und wie Sie mit den Menschen in Ihrem Team und Netzwerk interagieren. Der erste Schritt auf Ihrer Reise als Führungskraft sollte folgender sein: Sehen Sie sich nicht als Boss, sondern als jemand, der eine Kettenreaktion der Effizienz auslösen kann und sollte. Diese hat einen positiven Einfluss auf die direkten Mitarbeiter, die Kunden, Zulieferer, Kollegen und Vorgesetzten. Ihre Reise beginnt mit einem ganz bestimmten Schritt.

2.

Ein katalytischer Vorgesetzter ist jemand, der andere zum Handeln bewegt.

BIG BOSS ODER KATALYTISCHE FÜHRUNGSKRAFT?

Was macht eine großartige Führungspersönlichkeit aus?

IHR NEUER JOB: KATALYTISCHE FÜHRUNGSKRAFT

Der *Boss* hat sowohl in der Arbeitswelt als auch in der Populärkultur einen schlechten Ruf. In Filmen ist der Boss entweder ein gewissenloser Gangster oder ein skrupelloser Anführer. In Computerspielen ist der Boss das letzte, größte und schrecklichste einer Reihe von Monstern, die besiegt werden müssen. Am Arbeitsplatz sind Sie das nun. Sie haben ein Imageproblem. Suchen Sie auf Google nach „schlechter Chef" (Anm. d. Übers:

„Bad Boss" im Original) und Sie werden über 36 Millionen Einträge finden. Die Überschriften lauten beispielsweise: „Zehn Dinge, die nur schlechte Chefs sagen", „Was macht einen schlechten Chef schlecht?" oder unser Favorit: „Wie man 13 verschiedene Typen von dysfunktionalen, respektlosen und unehrlichen Diktatoren überlebt." Es gibt sogar mehrere Websites über schlechte Chefs. Eine davon – BadBosses.com – zeigt das Bild eines Menschen mit einem Wolfskopf. Unnötig zu erwähnen, dass Sie nicht der Wolf in Ihrem Büro werden wollen.

Werfen wir einen Blick auf Marian, Marketing- und Social-Media-Spezialistin und Texterin in der Kommunikationsabteilung einer mittelgroßen Universität. Sie hatte den klassischen schlechten Chef: Er kommunizierte nichts, setzte dem Team keine Ziele, verpasste Deadlines und das Zusammenspiel mit seinen Peers aus anderen Abteilungen war schlecht. Durch seine Ineffizienz hatte die Abteilung auf dem ganzen Campus einen schlechten Ruf.

Als Marians Boss unvermittelt entlassen wurde, war das ganze Team schockiert. *Wir hatten keine Vorstellung davon, wie unbeliebt er auch außerhalb des Teams gewesen war,* sagte sie. Aber als Marian ihn übergangsweise ersetzen sollte, gab es einen Haken an der Sache: Er hatte ausgehandelt, noch sechs Monate zu bleiben, und weigerte sich, Marians neue Position bekannt zu geben, geschweige denn sie einzuarbeiten.

All das wurde geheimgehalten. *Er sagte mir, er wolle nicht als Versager gesehen werden, aber das Ganze wurde wirklich unangenehm,* sagte sie. Während die Monate verstrichen, ohne dass ein Nachfolger genannt wurde, nahm die Nervosität des Teams darüber, wie es weitergehen sollte, zu und andere Abteilungen begannen offen zu revoltieren. Was alles noch schlimmer machte, war, dass der Noch-Chef diverse Universitätsprojekte in den Sand gesetzt und die Universitätsleitung damit schwer vor den Kopf gestoßen hatte. Die unangenehmen Überraschungen nahmen überhand. Marian, die halbtags angestellt war und demnächst ein Team von elf Mitgliedern leiten musste, hatte keine Ahnung, was sie tun sollte. *Das war sein Vermächtnis,* sagte Marian. *Und meine Befürchtung war, dass ich es nicht schaffen würde, die Dinge zum Besseren zu wenden.* (Wie Marian ihr neues Netzwerk nutzte, um ihr demoralisiertes Team wiederzubeleben, erfahren Sie in Kapitel 19 über Networking.)

Wenn wir Frontline Leader anleiten, benutzen wir ein Wort, das viel positivere Konnotationen hat, als einen Vorgesetzten als unverantwortlichen oder schrecklichen Boss zu bezeichnen: *Katalysator.* So wie ein bestimmter Stoff eine chemische Reaktion auslösen kann, so kann eine katalytische Führungskraft bei anderen Menschen zielgerichtetes Handeln auslösen. Diese Initialzündung kann eine Veränderung ineffizienter Abläufe bewirken, eine neue Idee für ein Produkt hervorbringen oder – und das ist wohl das Wichtigste – einen Geisteswandel herbeiführen.

Sowohl unsere Forschung als auch unsere Beobachtungen zeigen einen dramatischen Unterschied zwischen schlechten und sogar durchschnittlichen Führungskräften und denjenigen, die wir als katalytische Führungskräfte bezeichnen würden. Letztere haben ein Talent dafür, Engagement hervorzurufen, andere zu beteiligen und das meiste aus den Stärken der Mitarbeiter und ihren verschiedenen Blickwinkeln herauszuholen. Und sie beschuldigen nur selten andere. Vielmehr akzeptieren sie ihre Verantwortlichkeit dafür, die an sie gestellten Erwartungen zu erfüllen.

Abbildung 2.1 illustriert, worauf es bei katalytischen Führungskräften ankommt.

ABB. 2.1 | DIE KATALYTISCHE FÜHRUNGSKRAFT

+ Stellt Fragen und hört zu
+ Fördert Innovationen
+ Bietet ausgewogenes Feedback
+ Schafft Vertrauen
+ Konzentriert sich auf das Potenzial der Mitarbeiter
+ Schätzt die Zusammenarbeit und das Networking
+ Stärkt die Position von anderen
+ Begünstigt die Weiterentwicklung
+ Stimuliert und mobilisiert
+ Bringt Arbeitsabläufe und Strategie miteinander in Einklang

Ob Sie gerade erst anfangen oder schon ein paar Jahre Erfahrung als Vorgesetzter haben – eine katalytische Führungskraft zu werden ist harte Arbeit. Es geschieht nicht über Nacht. Die verbindende Eigenschaft großartiger katalytischer Führer ist ihr Ehrgeiz, noch besser zu werden. Sie arbeiten ständig an ihren Skills. Sie sind außerdem „selbstreflektiert" – sie fragen sich beim täglichen Blick in den Spiegel, wie sie noch bessere Vorgesetzte werden könnten.

Was haben bemerkenswertes Leadership und Sushi gemeinsam? Rich Wellins präsentiert auf unserer Microsite eine wirkungsvolle Methode, neu zu definieren, wie wir über Leadership denken.

Tool 2.1 ist ein Fragebogen zur Bewertung Ihrer derzeitigen Effizienz als katalytische Führungskraft. Es wird Ihnen helfen, Ihre Stärken und die Bereiche zu erkennen, an denen Sie noch arbeiten sollten.

TOOL 2.1

SELBSTBEWERTUNG FÜR KATALYTISCHE FÜHRUNGSKRÄFTE

Katalytische Leader finden Möglichkeiten, andere zum Handeln zu animieren. Sind Sie ein Katalysator? Um es herauszufinden, kreisen Sie die Zahl ein, die Ihr aktuelles Verhalten am besten repräsentiert. Zählen Sie als Nächstes alle Zahlen zusammen, um Ihren Katalysator-Index zu ermitteln. Zum Schluss kreuzen Sie in der rechten Spalte die drei Kästchen an, die diejenigen Bereiche markieren, an denen Sie arbeiten wollen.

ZEIGT VERHALTEN regelmäßig		ZEIGT VERHALTEN unregelmäßig	
Reden und mutmaßen	1 2 3 4 5	Fragen, zuhören und lernen	☐
Dirigieren und vorschreiben	1 2 3 4 5	Führen, ermöglichen, lenken	☐
Probleme identifizieren und Lösungen fordern	1 2 3 4 5	Anderen helfen, Probleme zu erkennen und zu lösen	☐
Kritisieren	1 2 3 4 5	Ausgewogenes Feedback bieten	☐
Alle Antworten haben	1 2 3 4 5	Nach Ideen fragen	☐
Informationen und Gefühle zurückhalten	1 2 3 4 5	Gedanken, Gefühle und Überlegungen teilen	☐

Drohen, einschüchtern, lähmen	1 2 3 4 5	Gedanken, Gefühle und Überlegungen teilen ☐
Konzentration auf Schwächen der Mitarbeiter	1 2 3 4 5	Konzentration auf Potenzial der Mitarbeiter ☐
Einseitige Abhängigkeit anderer fördern	1 2 3 4 5	Wechselseitige Abhängigkeit fördern ☐
Den Status quo erhalten	1 2 3 4 5	Kreativität und Innovation fördern ☐
Alles allein machen	1 2 3 4 5	Die Entwicklung anderer unterstützen ☐
Ego-Perspektive	1 2 3 4 5	Team-Perspektive ☐
Übernehmen und kontrollieren	1 2 3 4 5	Unterstützung ohne Abzug von Verantwortung ☐
Ihr Katalysator-Index		**(Summe der Werte)**

50-65 Sie sind bereits eine katalytische Führungskraft, aber Sie können sich noch verbessern, indem Sie an einigen Verhaltensweisen arbeiten.
30-49 Ein guter Anfang. Wählen Sie drei Bereiche, an denen Sie wirklich arbeiten wollen.
13-34 Als Führungskraft, die noch am Anfang steht, haben Sie viele Möglichkeiten, sich zu verbessern.

Faktoren des Erfolgs von Frontline Leadern genauer betrachtet

Während der vergangenen 40 Jahre hat DDI Hunderte von Jobanalysen in nahezu allen Branchen auf der ganzen Welt durchgeführt. Viele davon konzentrierten sich auf die Rolle des Frontline Leadership – dazu wurden unter anderem Interviews mit Führungskräften und ihren Vorgesetzten geführt, um Informationen über die Faktoren zu sammeln, die eine durchschnittliche von einer herausragenden Performance unterscheiden. Aus diesen akkumulierten Daten wird ein Erfolgsprofil extrahiert. Unsere Kunden nutzen dann ihre Erfolgsprofile als Bestandteil ihrer

Programme zur Bewerberauswahl, Beförderung, Leistungsbewertung und Entwicklung. Die vier Komponenten des Erfolgsprofils eines Frontline Leaders werden in Abbildung 2.2 gezeigt.

ABB. 2.2 | ERFOLGSPROFILE

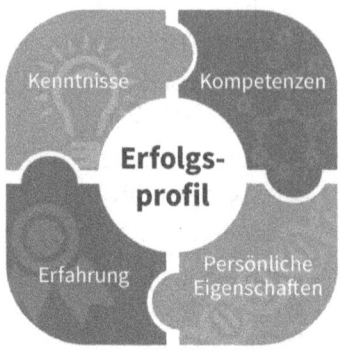

1. **Kenntnisse über das Unternehmen** – Das Wissen einer Person (*zum Beispiel über Produkte und Dienstleistungen der Firma*).

2. **Erfahrung** – Was jemand bisher gemacht hat (*zum Beispiel in einem Team ein spezielles Projekt bearbeitet*).

3. **Kompetenzen** – Die Fähigkeiten der Person (*das heißt Fertigkeiten oder Handlungsweisen wie Coaching oder das Treffen von Entscheidungen*).

4. **Persönliche Eigenschaften** – Was die Person ausmacht oder Charakteristika der Persönlichkeit (*zum Beispiel Eigenschaften wie gute Lernfähigkeit*).

In Tool 2.2 finden Sie viele der „Erfolgsfaktoren" von Frontline Leadern. Sehen Sie dieses Tool als Kompass an, der Sie in die richtige Richtung führt. Wenn Sie zum ersten Mal eine Führungsposition in Betracht ziehen, sollten Sie sich fragen, wie Sie im Vergleich mit diesen Erfolgsprofilen abschneiden. Wenn Sie schon eine Führungskraft sind, können Sie das Tool verwenden, um Ihr Wachstum und Ihre Entwicklung zu steuern. Suchen Sie einige Elemente aus, die vielleicht nicht so stark ausgeprägt sind, wie Sie das gerne hätten, und schließen Sie diese in Ihre Entwicklungsplanung mit ein. Aber genauso wichtig ist es, einige Ihrer Stärken auszuwählen und sie zu Ihrem Vorteil einzusetzen.

Ein freundliches Wort der Warnung: Man kann Wissen anhäufen und erfahrener werden. Man kann einige Verhaltensweisen ändern. Aber Charaktereigenschaften sind viel schwerer zu ändern. Zum Beispiel wird ein hoher Grad an Arroganz – man könnte es auch übersteigerte Selbstsicherheit nennen – wahrscheinlich Ihre Karriere torpedieren. Und Sie werden keinen Kurs finden, der Ihnen beibringt, weniger arrogant zu sein. Normalerweise sind es nicht die fehlenden Skills, die eine Führungskraft scheitern lassen. Meistens sind es persönliche Defizite. (Dies wird in den Kapiteln über die Skills der Profis noch weiter erläutert – besonders im Abschnitt über Bewerberauswahl und Mitarbeiterbindung.) Achten Sie also besonders auf diese Faktoren, wenn Sie den Schritt in eine Führungsposition wagen wollen, und seien Sie ehrlich mit sich selbst. Viele ehemalige Führungskräfte sagen, dass sie froh waren, wieder in die Rolle eines Teammitglieds zurückgekehrt zu sein. Für viele kann das die richtige Entscheidung sein!

TOOL 2.2

DIE ERFOLGSPROFILE VON FRONTLINE LEADERN

Schreiben sie ein „S" in jedes Kästchen, das Ihre Stärken repräsentiert. Und schreiben Sie ein „E" in jedes Kästchen, das einen Bereich mit Entwicklungspotenzial abdeckt.

KENNTNISSE

- ☐ Tief greifende Kenntnisse über Produkte, Dienstleistungen und Kunden Ihrer Firma
- ☐ Verständnis darüber, wie Ihr Team sich in die gesamte Organisation einfügt
- ☐ Vertrautheit mit den verschiedenen Richtlinien und Abläufen der Firma
- ☐ Geschäftssinn, inklusive Wissen über die Firmenstrategie, Wettbewerber, Supply Chains und Finanzkennzahlen
- ☐ Kenntnisse in Ihrem gewählten Betätigungsfeld *(zum Beispiel Finanzen, Marketing, IT)*

KOMPETENZEN

- ☐ Vertrauen schaffen
- ☐ Verantwortung delegieren
- ☐ Planen und organisieren
- ☐ Talente auswählen
- ☐ Veränderungen begünstigen
- ☐ Entscheidungen treffen
- ☐ Coaching
- ☐ Innovationen fördern
- ☐ Ein erfolgreiches Team aufbauen
- ☐ Netzwerke schaffen

ERFAHRUNG

- ☐ Ein interdisziplinäres Team oder Spezialistenteam leiten
- ☐ Anderen Feedback geben
- ☐ Coach/Mentor sein
- ☐ Schwierige Projekte planen und managen
- ☐ Eng mit internen und externen Kunden beziehungsweise Auftraggebern zusammenarbeiten
- ☐ Schwierige Entscheidungen treffen
- ☐ Praktische Erfahrung in einem oder mehreren Feldern haben *(zum Beispiel Verkauf, IT, Forschung und Entwicklung)*
- ☐ Kenntnisse der Firmenpolitik

PERSÖNLICHE EIGENSCHAFTEN

Wegbereiter

- ☐ Ist gerne mit Menschen zusammen
- ☐ Will beständig dazulernen
- ☐ Sehr erfolgs- und ergebnisorientiert
- ☐ Empfänglich für die Bedürfnisse und Bedenken anderer

Blockierer

- ☐ Sucht immer Lob und Bestätigung
- ☐ Hat ein übersteigertes Selbstbewusstsein und ist ablehnend gegenüber fremden Ideen
- ☐ Unfähig, die Absichten anderer zu erkennen

☐ Unentschlossen, kann keine Entscheidungen treffen
☐ Ist ein Mikromanager/Kontrollfreak
☐ Hat Schwierigkeiten, Gefühle zu kontrollieren

Fazit

Der Weg zur exzellenten Führungskraft ist lang und steinig. Wenn man sich jedoch aus den richtigen Gründen dazu entschlossen hat, ist dieser Weg ungeheuer lohnenswert. Vor einigen Jahren haben wir über 1.200 Angestellte befragt, was sie von ihren Vorgesetzten halten. Eine der Fragen war: *Was unterscheidet den besten Chef vom schlechtesten Chef, für den Sie je gearbeitet haben?* Leider denken nur 22 Prozent der Angestellten, dass sie momentan für den besten Chef arbeiten, den sie je hatten. Wie zu erwarten war, bewerteten sie die Wahrscheinlichkeit, dass ihr bester Vorgesetzter katalytische Verhaltensweisen zeigt, als zwei- bis dreimal höher. Fast 68 Prozent der Angestellten, die im Moment für ihren schlechtesten Chef arbeiten, denken über eine Kündigung nach. Und überraschenderweise sind nur elf Prozent bereit, „ihr Bestes zu geben". Bei den Angestellten, die für ihren besten Chef arbeiten, beläuft sich diese Zahl auf 98 Prozent![1]

In einer anderen Untersuchung fragten wir Angestellte, wie viel produktiver sie sein könnten, wenn sie wieder für den besten Chef arbeiten würden, den sie je hatten. Ein Viertel sagte, dass diese Zahl irgendwo zwischen 40 und 60 Prozent liege.[2]

Erklärung der Reflexionspunkte

Im Verlauf dieses Buches werden wir Sie immer wieder dazu auffordern, darüber nachzudenken, an welcher Stelle Ihrer Reise als Führungskraft Sie sich befinden. Wenn Sie ein Tagebuch führen, egal in welcher Form – ob Moleskine, Evernote oder digitales Diktiergerät –, dann sollten Sie Ihre Gedanken vielleicht aufschreiben. Nutzen Sie diese Selbstreflexion, um Ihren Fortschritt festzuhalten, sich über die nächsten Schritte klar zu werden und die Emotionen zu analysieren, die Ihre Leistungsfähigkeit untergraben könnten. Diese Beobachtungen können helfen, nützliches Feedback von vertrauenswürdigen Quellen zu erhalten und sich auf

FÜHRUNGSKRAFT – *Was nun?*

gehaltvolle Weise mit anderen auszutauschen – online oder im echten Leben. Sie taugen natürlich auch vorzüglich als Quelle für ihre Bestseller-Biografie, sobald Sie Topmanager geworden sind.

REFLEXIONSPUNKT

Was macht Ihnen an meisten Sorgen, wenn Sie sich Tool 2.2 noch einmal anschauen? Sehen Sie sich die Punkte an, die Sie mit einem „E" (Entwicklungspotenzial) markiert haben. Sind Ihre Sorgen berechtigt? Schreiben Sie einen oder zwei der Punkte auf eine monatliche Lernliste. Überlegen Sie sich, ein vertrauenswürdiges Mitglied Ihres Netzwerks um Ratschläge und Feedback zu bitten.

Sehen Sie sich dann die Kästchen an, die Sie mit einem „S" (Stärke) markiert haben. Welche davon können Sie zu Ihrem Vorteil einsetzen?

Wie wird Ihre Liste in sechs Monaten aussehen? Wie in zwölf Monaten?

3.

DEN ÜBERGANG ZUR FÜHRUNGSPOSITION MEISTERN

Die Einstellung, die Sie für den Erfolg brauchen

Als Mary beschrieb, wie sie sich in ihrer ersten Führungsposition fühlte, benutzte sie wiederholt den Begriff „fehl am Platz."

Manchmal sagte sie auch „völlig fehl am Platz" oder „komplett fehl am Platz", aber das Ergebnis war das gleiche. Marys erste acht Monate als Vorgesetzte machten ihr klar, wie unvorbereitet sie war. Sie war von einer Stellung in der Produktion in eine Position im Verkauf gewechselt, obwohl sie darin keine Erfahrung hatte, und sie hatte zum ersten Mal Führungsverantwortung. Über ein rein männliches Team mit zwölf Mitgliedern! Eine weibliche Führungskraft war eine Seltenheit in der männlich dominierten Branche der Chemieingenieure, aber Mary hatte keine Zeit, das Gefühl zu genießen, als sie diese unsichtbare gläserne Decke durchbrach. Stattdessen fand sie sich Auge in Auge mit einem wenig erfreuten Rivalen wieder. Eines ihrer neuen Teammitglieder war auf den Job vorbereitet worden, den sie jetzt hatte, und war nicht sehr erfreut darüber, den Kürzeren gezogen zu haben. Die Tatsache, dass der vorherige Chef beim Team sehr beliebt gewesen war, verschlimmerte alles noch. Wie konnte Mary überhaupt in seine Fußstapfen treten? Dieses schwindelerregende Gefühl, fehl am Platz zu sein, wurde durch ihr ständiges Bewusstsein verursacht, sich auf völlig unbekanntem Terrain zu bewegen, ohne die Werkzeuge, sich darauf zurechtzufinden.

In Kapitel 1 erwähnten wir unsere Forschung über den Stress, der durch den Übergang in eine Führungsposition verursacht wird. Erinnern Sie sich? Der Stresspegel befand sich irgendwo zwischen einer schweren Krankheit und der Aufgabe, einen Teenager großzuziehen. Klingen irgendwelche von Marys Stressfaktoren vertraut? Fast alle Führungskräfte, die wir interviewt haben, fanden sich in den ersten paar Monaten mit dem konfrontiert, was wir Herausforderungen des Übergangs nennen. Was sind Ihre?

REFLEXIONSPUNKT

Denken Sie zurück an das erste Mal, als Sie Ihren Freunden erzählten, dass Sie eine Stelle als Führungskraft bekommen (oder anstreben). Was hat Ihnen daran gefallen? Welche Auswirkungen versprachen Sie sich für Ihre Karriere? Sprachen Sie über Boni oder Macht? Den Wettbewerb mit anderen? Davon, Menschen oder bestimmten Aspekten ihres Jobs zu entfliehen, die Sie nicht mochten? Seien Sie ehrlich: Was treibt Sie wirklich an?

Später in diesem Kapitel werden wir uns die Herausforderungen des Übergangs etwas genauer ansehen, aber lassen Sie uns mit der Frage anfangen, wieso Sie überhaupt die Entscheidung getroffen haben, Führungskraft zu werden. Vielleicht haben Sie mit der Entscheidung gerungen, einen Job aufzugeben, in dem Sie gut waren – den Sie vielleicht sogar geliebt haben –, nur um eine unklar definierte neue Rolle voller neuer Risiken anzunehmen. Typischerweise gibt es zwei verschiedene

Situationen, die zu einer solchen Entscheidung führen. Im ersten Fall trifft man sie freiwillig – Sie haben eine Gelegenheit beim Schopf gepackt. Wenn das auf Sie zutrifft, dann besteht Ihre Herausforderung darin, sicherzustellen, dass Sie das Zeug dazu haben. Untersuchen Sie Ihre Motive. Haben Sie diesen Schritt unternommen, weil Sie mehr Macht, Geld oder Boni haben wollen? Dann könnte es sein, dass Sie mit dieser Entscheidung nicht glücklich werden. Es mögen zwar auch materielle Vorteile mit einer Beförderung verknüpft sein, aber Leadership bedeutet eher das Abgeben von Macht. Ein guter Leader setzt alles daran, sein Team wachsen zu sehen und in seinem Unternehmen oder seiner Organisation etwas zu bewirken. Alles Geld wird aber nicht genug sein, wenn Sie nicht darauf vorbereitet sind, die damit verbundene Arbeit zu tun.

Dann gibt es noch das andere Szenario: Sie wurden vielleicht gefragt, ob Sie eine Lücke in der Führungsebene schließen wollen. Auf diese Art aufzusteigen kann dazu führen, dass Sie sich aus völlig anderen Gründen fehl am Platz fühlen. Möglicherweise fühlten Sie sich unter Druck gesetzt – besorgt, dass eine Weigerung, die Position anzunehmen, einen Mangel an Ehrgeiz oder Hingabe zum Ausdruck bringen könnte. Oder Sie hatten vielleicht Angst, dass Sie bei wichtigen Vergaben oder künftigen Beförderungen übergangen werden könnten, wenn Sie sich diese Gelegenheit entgehen ließen oder es sich später anders überlegten. Diese Sorgen sind alle berechtigt.

Aber Sie sollten eine simple Tatsache bedenken, bevor Sie zu einer Stelle als Führungskraft Ja sagen, die Ihnen aufgedrängt wird. In unserer Studie zum Übergang in eine Führungsposition[1] haben wir über 600 Teilnehmer befragt, ob sie freiwillig eine Führungsposition gewählt haben oder ob sie dazu gedrängt wurden. Und dann fragten wir sie, wie das für sie ausgegangen war. Diejenigen, die dem Druck schließlich nachgegeben hatten, trafen am Ende tatsächlich eine Entscheidung: die Klinke in die Hand zu nehmen!

Unsere Studie zeigte, dass diese Menschen mit dreimal so hoher Wahrscheinlichkeit unzufrieden waren und mit doppelt so hoher Wahrscheinlichkeit in Betracht zogen zu kündigen als diejenigen, die eine solche Position freiwillig angestrebt hatten. Das ist ein bedeutender Beleg dafür, dass Sie lieber über Ihre wahren Karriereziele nachdenken sollten als über den sozialen Druck in Ihrer Firma, wenn Sie den Schritt in eine Position mit Führungsverantwortung wagen.

DER INHALT DER FRAGE

Also, sind Sie bereit? Wir wollen uns diese Frage etwas genauer ansehen. Was Sie sich wirklich fragen sollten, ist, ob Sie die nötige *Einstellung* oder das *Potenzial* zum Führen haben. Was ist der Unterschied? Wie in Kapitel 1 erläutert, ist Leadership ein Karriereweg, der Jahre in Anspruch nehmen kann. Niemand, den wir je getroffen haben, hatte beim Einstieg in seine neue Position sämtliche Fertigkeiten, Erfahrungen oder Kenntnisse, die erforderlich waren. Gute Führungskräfte lernen jeden Tag dazu. Sie müssen sich fragen: *Habe ich das Potenzial, mit der Zeit eine gute Führungskraft zu werden?*

Leader werden nicht geboren; sie werden geschaffen. Und zwar so wie alles andere auch – durch harte Arbeit.

– **Vince Lombardi,** amerikanischer Trainer im Profi-Football

Sehen wir uns Jack an, der ein hervorragender technischer Spezialist war. Er liebte es, mit Kunden zu arbeiten, und war sehr erfolgreich. Seine herausragende Leistung brachte ihm bald das Angebot ein, ein kleines Team zu leiten. Er nahm die Stelle an und hasste sie sofort. Obwohl er noch etwas abwartete, wollte er doch nach einem Jahr seinen alten Job wiederhaben. Da sie sein wahres Talent erkannte, ließ ihn die Firma gerne in seine alte Position zurückkehren. Und er war seitdem immer zufrieden und hochengagiert.

Jack war clever genug, seine eigenen Stärken und Fähigkeiten zu erkennen. Und noch cleverer war es, sicherzustellen, dass diese nicht verwässert wurden und er damit der Firma weiter von Wert sein konnte. Aber Jacks Cleverness kam noch anderweitig zum Tragen: Er wusste, ob er das Zeug dazu hatte oder nicht. Führungskraft zu sein war einfach eine Rolle, die ihm keinen Spaß machte. Und er lernte, dass es mehr als eine Möglichkeit gibt, zu wachsen und Erfolg zu haben. Jack hätte von Tool 3.1 profitieren können, um zu analysieren, ob er die mentalen Voraussetzungen mitbrachte, die man als Führungskraft braucht.

TOOL 3.1

EINSCHÄTZUNG IHRER MENTALEN VORAUSSETZUNGEN ALS FÜHRUNGSKRAFT

In unserer Arbeit mit Klienten haben wir einen Satz an Faktoren ermittelt, die das Potenzial haben, die Wahrscheinlichkeit für den Erfolg einer Führungskraft vorherzusagen. Wir haben diese Faktoren zu sieben Clustern mit Fragen konzentriert, die Sie genauer ansehen sollten, wenn Sie sich entscheiden, eine Führungsposition anzunehmen – oder eben nicht!

Nutzen Sie dieses Tool, um Ihre Stärken und ihre Motivation einzuschätzen. Wir empfehlen, sich diese Fragen immer wieder anzusehen, während Sie auf Ihrem beruflichen Weg als Führungskraft weiter voranschreiten. Sie können sie auch in Gesprächen mit Menschen aus Ihrem Netzwerk thematisieren.

1. Sind Sie wirklich motiviert, Menschen zu führen? Streben Sie eine höhere Position an, um Ihren Einflussbereich im Unternehmen auszudehnen?

2. Steigern Sie Leistung und Moral Ihres Gegenübers, wenn Sie mit anderen interagieren? Glauben Sie an die Stärken anderer? Betrachten Menschen Sie als Führungspersönlichkeit, auch wenn es nur inoffiziell ist?

3. Können Sie Selbstvertrauen ausstrahlen, ohne als Besserwisser gesehen zu werden? Vertrauen Ihnen die Menschen? Sind Sie bereit, Verantwortung für Ihre Handlungen zu übernehmen?

4. Sind Sie offen für konstruktive Kritik? Bitten Sie andere um Feedback? Kennen Sie Ihre eigenen Stärken und Schwächen?

5. Lernen Sie aus früheren Fehlern und Erfolgen? Wollen Sie etwas Neues lernen? Suchen Sie nach neuen Erfahrungen?

6. Verspüren Sie ein Gefühl der Dringlichkeit? Wollen Sie Dinge erledigt kriegen? Erholen Sie sich schnell von einem Rückschlag und verfolgen Sie weiter Ihr angestrebtes Ziel?

7. Können Sie effektiv auf unklare oder ambivalente Situationen reagieren? Können Sie auch Grauschattierungen wahrnehmen und nicht nur Schwarz und Weiß? Können Sie sich schnell an neue Menschen und Situationen anpassen?

WAS MEINEN WIR MIT „ÜBERGANG"?

Ein Übergang ist natürlich der Wechsel von einer bestimmten Tätigkeit zu einer neuen und anders gearteten Tätigkeit. In der heutigen Arbeitswelt gibt es Übergänge aller Arten und Größen. Das kann der Umzug in ein anderes Land sein, der Wechsel in eine andere Abteilung oder eine Firma zu verlassen, um in einer anderen anzufangen. All diese Übergänge bringen ein großes Maß an neuen Herausforderungen, Aufregung und Ängsten mit sich. Auch wenn Sie vielleicht schon viele Veränderungen an Ihrem Arbeitsplatz erlebt haben, werden wir ein wenig mehr Zeit damit verbringen, uns Ihre Entscheidung genauer anzusehen, eine Rolle als First-Time oder Frontline Leader zu übernehmen, da sie sehr spezifisch und einmalig ist. Und die Herausforderungen des Übergangs verschwinden nicht einfach nach den ersten ein bis zwei Monaten. Es kann ein Jahr oder sogar mehrere Jahre dauern, bis Sie sich an Ihre neue Rolle gewöhnt haben.

Um Ihnen einen kleinen Einblick in das große Ganze zu geben: Viele Firmen nutzen ein Modell, das von DDI vor über zehn Jahren eingeführt wurde und das wir die Führungskräfte-Pipeline nennen. Das Bild der Pipeline ist treffend, denn das Ziel ist es, sicherzustellen, dass ein ganzer Kader an Führungskräften bereitsteht, um von einer Ebene auf die nächste aufzusteigen. Abbildung 3.1 zeigt eine typische Pipeline mit vier Ebenen. Jede Bewegung von einer Ebene auf die nächste nennen wir *Übergang* oder *Wandel*. Die meisten von Ihnen, die dieses Buch lesen, vollziehen den Wandel vom einzelnen Mitarbeiter (Teammitglied) zur Führungskraft (Frontline).

ABB. 3.1 | ERFOLGSPROFILE

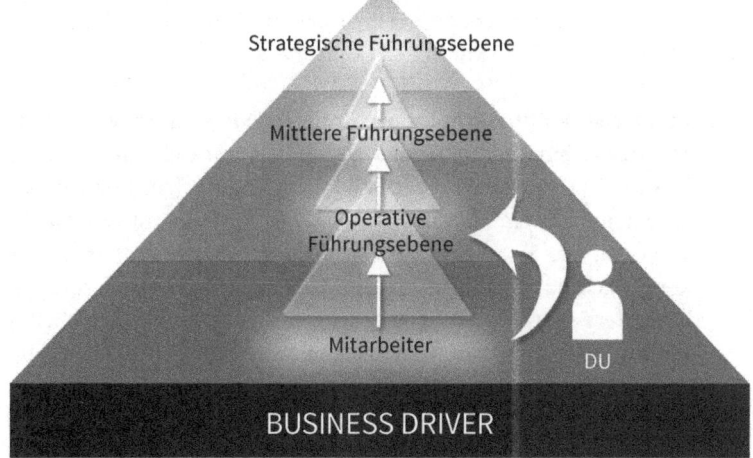

Strategische Führungsebene

Mittlere Führungsebene

Operative Führungsebene

Mitarbeiter

DU

BUSINESS DRIVER

Den Sprung nach oben machen

Jeder Übergang bringt einzigartige Herausforderungen mit sich und unterscheidet sich im Hinblick auf Verantwortung, Entscheidungen, Anzahl der direkt unterstellten Mitarbeiter und so weiter von den anderen. Als wir Führungskräfte in unserer Studie fragten, was für sie das Schwierigste an ihrem Übergang war, stand „Mit Ambivalenz zurechtkommen" ganz oben auf der Liste.[2] Die Prozentzahlen ergeben insgesamt über 100 Prozent, da Mehrfachnennungen möglich waren.

41 % Mit Ambivalenz und Unsicherheit zurechtkommen
38 % Arbeit von anderen erledigen lassen
35 % Mit der Unternehmenspolitik zurechtkommen
34 % Mitarbeiter miteinbeziehen und inspirieren
32 % Ein neues Netzwerk schaffen

In unserem ersten Fallbeispiel sah sich Mary mit einer stressigen Übergangsphase konfrontiert. Lassen Sie uns die Herausforderungen einmal genauer betrachten, vor denen Sie stehen werden, wenn Sie den Übergang in eine Frontline-Position vollziehen.

1. **Ihre Geisteshaltung verändern, während Sie vom einzelnen Mitarbeiter zu jemandem werden, der Arbeit von anderen erledigen lässt.** Als Leader müssen Ihr Stolz, Ihre Leidenschaft und Ihr Engagement von dem bestimmt werden, was Ihr Team tut – und nicht von dem, was Sie persönlich tun. Für Mitarbeiter mit einer sehr komplexen oder technischen Funktion ist diese Herausforderung besonders schwierig. Wir haben einen Rechtsberater der oberen Führungsebene interviewt, der seit 15 Jahren in seinem Beruf tätig war. Er wurde ausgewählt, ein großes Team zu leiten, das für Rechtsangelegenheiten, HR und eine Reihe weiterer entscheidender administrativer Prozesse verantwortlich war. Besonders in Bezug auf sein Team für Rechtsangelegenheiten hatte er die größten Schwierigkeiten, den Drang zu bekämpfen, alles selber zu erledigen statt zu delegieren. Sie können nicht Ihren alten Job machen und gleichzeitig lernen, Menschen zu führen. Und es wirkt sich negativ auf diejenigen aus, die für Sie arbeiten.

2. **Sich das Recht verdienen, zu führen.** Auch wenn Sie ausgewählt wurden zu führen, weil Sie anscheinend die Kompetenzen dazu mitbringen, so mögen das andere nicht so sehen. Häufig werden Sie Mitglieder in Ihrem Team haben, die Ihnen in Ihrer vorherigen Rolle gleichgestellt waren. Stellen Sie sich die Schwierigkeiten vor, die damit verbunden sind, jemandem Feedback zu geben, mit dem man eng zusammengearbeitet hat und vielleicht sogar außerhalb der Arbeit befreundet war. (Auch wenn Sie nicht Ihre früheren Peers führen, wird es einige in Ihrem Team geben, die glauben, übergangen worden zu sein, und die jetzt mit Ihnen als Chef klarkommen müssen.)

3. **Ein größeres und weitläufigeres Netzwerk aufbauen.** Ihr Potenzial, als Führungskraft Erfolg zu haben, wird nicht nur von Ihren Fähigkeiten abhängen, Ihre Mitarbeiter zu motivieren und zu beeinflussen, sondern auch davon, ob Sie positive Arbeitsbeziehungen mit den Menschen über Ihnen, unter Ihnen, innerhalb und außerhalb Ihrer Firma aufbauen können. Networking ist der Schlüssel zum Erfolg,

was wir noch ausführlich im Abschnitt „Leadership-Skills und die Skills der Profis" erläutern werden. Es bedeutet, gewinnbringende und positive Beziehungen mit Ihrem Vorgesetzten und Ihren Peers, aber auch mit Zulieferern und Kunden aufzubauen. Networking ist auch eine sehr effiziente Möglichkeit, von anderen zu lernen und Unterstützung zu erhalten. Als wir Führungskräfte fragten, wer ihnen beim Übergang in ihre neue Position am meisten geholfen hat, wurden Kollegen und Peers etwas mehr als doppelt so häufig genannt wie der eigene Vorgesetzte.[3] Effektives Networking ist ein Wechselspiel aus Geben und Nehmen. Ihr Einfluss wird wachsen, wenn Sie versuchen, auch Werte für andere zu schaffen und nicht nur für sich selbst.

Als Dale seine neue Stelle antrat, hatte er eine Herausforderung in Bezug auf Networking zu bewältigen: Sein Delivery-Team hatte einen schlechten Ruf bei der Verkaufsabteilung. Diese wandte sich stets an andere Delivery-Teams, um Aufträge erledigen zu lassen! Dale nahm sofort Kontakt mit Mitgliedern in Schlüsselpositionen der Verkaufsabteilung auf, um ihre Bedenken, Bedürfnisse und Vorschläge zu hören, die ihm alle dabei halfen, den Ruf seines Teams komplett ins Gegenteil zu verkehren. Er hält weiterhin Kontakt mit den Verkaufsleitern und sein Team ist mittlerweile sehr gefragt. Wie er uns berichtete, hat es allerdings fast eineinhalb Jahre gedauert, die Dinge zum Besseren zu wenden. Und bis es ihm gelang, fühlte er sich nicht wirklich wohl in seiner neuen Rolle.

4. **Strategie in Handeln umsetzen.** Obwohl Ihre neue Rolle natürlich auch strategische Komponenten hat, werden Sie den Großteil Ihrer Zeit damit verbringen, die Hauptzielsetzungen Ihrer Firma zu verfolgen. In Kapitel 9 werden wir Ihre Rolle als ausführender Arm der Firma erläutern. Obwohl Sie vielleicht aufgefordert werden, ein neues Produkt zu unterstützen oder ein neues IT-System zu implementieren, sind Sie wahrscheinlich nicht derjenige, der das Produkt entwickelt oder das neue System ausgewählt hat. Ihre Aufgabe wird sein, die Menschen an diesen Wandel heranzuführen und sie darauf einzuschwören, Sie müssen verschiedene Verantwortungsbereiche etablieren und andere coachen und unterstützen. Dies lässt sich sehr viel leichter erreichen, wenn die neue Richtung oder Strategie als richtig angesehen wird. Es ist sehr viel schwerer, unpopuläre Maßnahmen durchzuführen, die auf Widerstand stoßen oder die Sie selber nicht gutheißen.

Denken Sie daran, dass Sie jetzt ein Teil der Führungsriege Ihres Unternehmens sind. Sie haben zwei Möglichkeiten, wenn Ihnen eine Entscheidung des oberen Managements nicht gefällt: sich damit abzufinden oder zu versuchen, sie zu beeinflussen. Sehen Sie sich Kapitel 20 („Einfluss") an, um mehr darüber zu erfahren. Das ist ein wichtiger Punkt. Und wir müssen ehrlich mit Ihnen sein: In Ihrer ersten Führungsposition haben Sie wahrscheinlich nur begrenzten Einfluss auf Entscheidungen der höchsten Führungsebene. Aber sobald ein Beschluss grünes Licht erhalten hat, müssen Sie Ihre volle Unterstützung signalisieren und das auch an Ihr Team weitergeben, ohne mit der Wimper zu zucken. Nichts ist schädlicher für Ihre Glaubwürdigkeit als zu Ihrem Team zu gehen und zu sagen: *Ich brauche eure Hilfe dabei, die Anweisung XYZ auszuführen. Ich weiß, dass es hart wird, und ich persönlich stehe auch nicht dahinter, aber ...* Die nächsten Kapitel werden eine unerlässliche Lektüre sein, um zu lernen, wie man mit dieser und anderen kniffligen Situationen umgeht.

SICH VORBEREITEN: AUF DER ÜBERHOLSPUR

Wir haben bereits als Tatsache festgehalten, dass der Übergang zum Leadership stressig sein kann. Und dass sie bereit sind, diesen nächsten Karriereschritt zu gehen. Jetzt ist es Zeit, Ihre vielen neuen Herausforderungen etwas genauer anzugehen. Das wird Ihnen als frischgebackener Führungskraft einen bedeutenden Vorteil verschaffen.

Um Ihren Erfolg zu beschleunigen, müssen Sie als Erstes sicherstellen, dass Ihr Verständnis Ihrer Rolle sich mit dem deckt, was die Firma von Ihnen erwartet. Das erfordert ein wenig Detektivarbeit, da Sie mit anderen sprechen müssen. Besonders, wenn Sie introvertiert sind, kann Ihnen das am Anfang als überwältigende Aufgabe erscheinen. Aber die Gespräche, die Sie jetzt führen, werden Ihnen später nicht nur viel Ärger ersparen, sondern Ihnen auch dabei helfen, Ihr unheimlich wichtiges neues Netzwerk aufzubauen. Machen Sie sich sorgfältige Notizen.

Diese Kennenlerngespräche werden Ihnen dabei helfen, die Unternehmenskultur besser zu verstehen – wie sie formell und informell funktioniert. Um wirklich aufnahmefähig zu sein, müssen Sie dabei das Hintergrundrauschen von sich häufenden Anfragen, E-Mails, überflüssigen Meetings und offensichtlich sinnlosem Aktionismus reduzieren.

Mit anderen Worten – lernen Sie zu unterscheiden zwischen dem, was obligatorisch und dem, was fakultativ ist.

Wissen Sie, wie ich erfuhr, dass am Freitag keine Meetings stattfinden? Ich setzte mein erstes Meeting am Freitagmorgen an und niemand erschien. Wissen Sie, wie ich feststellte, dass ich wohl ein Problem mit der Unternehmenskultur hatte? Als niemand es für nötig hielt, mir zu sagen, dass am Freitag keine Meetings stattfinden.

– Heidi

Aber darin steckt auch eine große Chance. Sie werden es leichter vermeiden können, in alte und potenziell unproduktive Verhaltensweisen zurückzufallen – Vermeidungsverhalten, Mikromanagen, Konfrontationen und so weiter –, wenn Ihre berufliche Reise als Führungskraft Sie in unbekanntes Terrain führt und der Stress zunimmt. (Sehen Sie das als persönliche Absicherung.)

Fazit: Die Gespräche, die Sie jetzt führen, werden Ihnen helfen, die Antworten zu finden, die Sie brauchen, sobald Sie sich auf unbekanntes Terrain begeben.

WENDEN SIE SICH AN STAKEHOLDER

Um mit Ihren Gesprächen zu beginnen, wenden Sie sich an drei der wichtigsten Gruppen von Stakeholdern. Wir geben Ihnen einige Beispielfragen, aber Sie können jederzeit eigene hinzufügen.

Ihren Vorgesetzten. Er kann Ihnen helfen zu verstehen, wie Ihr Team die übergeordneten Businessstrategien unterstützen kann. Außerdem kann er Ihnen helfen, sich über Ihre Prioritäten und die an Sie gestellten Erwartungen klarer zu werden.

Beispiel: *Es würde mich freuen, Ihre Gedanken über die Stellung meines Teams innerhalb der Firma zu hören. Was hat in der Vergangenheit funktioniert? Was fehlt im Moment? Aus welchen Fehlern vorheriger Teamleiter könnte ich etwas lernen?*

Andere Führungskräfte. Ihre Kollegen im Management können Ihnen bei Ihrem Übergang behilflich sein, indem sie Ihnen die (geschriebenen und ungeschriebenen) Standardpraktiken des operativen Geschäfts erklären. Sie können Ihnen auch mit Einsichten helfen, die aus der funktionierenden Arbeitsbeziehung mit Ihrem Vorgesetzten hervorgehen.

Beispiel: *Können Sie mir sagen, welche Informationen Sie regelmäßig über unsere Abteilung erhalten? Welche Kennzahlen werden zum Beispiel turnusmäßig von der Finanzabteilung für ihre Berichte verwendet? Und welchen Tipp könnten Sie mir für die Zusammenarbeit mit meinem neuen Chef geben?*

Ihr Team. Ihre direkten Mitarbeiter können Sie über die ungeschriebenen Regeln der Zusammenarbeit informieren (zum Beispiel die bevorzugte Kommunikationsmethode, Traditionen im Team, an welchem Tag Pizza bestellt wird und so weiter), ihre Erwartungen an Sie und was in der Vergangenheit schiefgegangen ist (oder funktioniert hat).

Beispiel: *Sie waren wunderbare Zuhörer, als ich meine Ideen vorbrachte, aber jetzt würde ich gerne etwas von Ihnen hören. Was die Abläufe im Team betrifft – was hat da bisher für Sie funktioniert? Was würden Sie gerne ändern? Wie kann ich mit Ihnen daran arbeiten, das Team mit allem Notwendigen auszustatten?*

Tool 3.2 ist eine detaillierte Checkliste, die wir über die Jahre schon Tausenden von Führungskräften gegeben haben. Sie können damit an Ihren ersten Gesprächen mit Ihren neuen Kollegen feilen. Aber das ist nicht alles – führen Sie eine erweiterbare Liste mit den Dingen, die Ihnen an sich selber, der Firma und einzelnen Mitarbeitern während Ihrer ersten paar Monate im Job auffallen. (Erinnern Sie sich noch an die zwei Stunden Selbstreflexion pro Woche?) Fertigen Sie aus diesen Beobachtungen eine Liste mit Fragen an und legen Sie diese regelmäßig Ihrem Netzwerk aus Teammitgliedern, Vorgesetzten, Peers und HR-Mitarbeitern vor.

TOOL 3.1

WAS MUSS ICH WISSEN?

1. Lesen Sie die unten stehenden Fragen und markieren Sie diejenigen, die Sie nicht beantworten können.

2. Identifizieren Sie die drei wichtigsten Bereiche und nummerieren Sie diese in der Reihenfolge ihrer Wichtigkeit mit 1, 2 und 3.

3. Versuchen Sie, von Ihrem Team, Ihrem Vorgesetzten, HR oder anderen Führungskräften Antworten auf Ihre drei Fragen zu bekommen.

INTERAKTION MIT ANDEREN
Meine Teammitglieder, meine Kollegen und mein Vorgesetzter

☐ Welche Art der Kommunikation wird von anderen bevorzugt (persönlich, Telefon, E-Mail und so weiter)?

☐ Welche Art von Informationen werde ich erhalten, die ich früher nicht bekommen habe (Informationen der höheren Führungsebene, von HR oder von E-Mail-Verteilerlisten et cetera)?

☐ Welche Informationen brauchen meine Teammitglieder, andere Führungskräfte oder mein eigener Vorgesetzter von mir?

☐ Welche Art der Unterstützung kann ich von meinem Vorgesetzten, meinen Kollegen und meinem Team erwarten?

☐ Wer kann mir helfen, mich den Herausforderungen meiner ersten Führungsaufgabe zu stellen?

☐ Andere:

MEINE VERANTWORTUNGSBEREICHE
Was sollten meine Prioritäten sein?

☐ Der administrative Bereich?

☐ Das Managen/Führen meines Teams?

☐ Projekte zu bearbeiten?

☐ Coaching/Förderung anderer?

☐ Planung und Organisation?

☐ Entscheidungsfindung?

☐ Ein Budget einsetzen/überwachen?

☐ Informationen nach oben und unten weitergeben?

☐ Wo liegen die Grenzen meiner Befugnisse?

☐ Welche Fortbildungen und Ressourcen stehen
mir zur Verfügung?

☐ Andere:

DIE ERWARTUNGEN MEINES VORGESETZTEN

☐ Welche Ergebnisse braucht mein Vorgesetzter von mir im
nächsten Quartal/Halbjahr/Jahr?

☐ Was liegt in meinem Zuständigkeitsbereich?

☐ Wie sollten wir meinen Erfolg kontrollieren?

☐ Welche Informationen erwartet mein Vorgesetzter von
mir und wie oft?

☐ Welche Prioritäten hat mein Vorgesetzter für meinen
Aufgabenbereich?

☐ Andere:

ANLIEGEN DER FIRMA

☐ Wohin steuert die Firma (ihre strategische Ausrichtung)?

☐ Wie sieht der 3-Jahres-Plan aus? Wie der 5-Jahres-Plan?

☐ Wie unterstützt mein Team diese Pläne?

☐ Welche kürzlich vollzogenen oder bevorstehenden Änderungen in der Organisation werden Auswirkungen auf meine Gruppe haben?

☐ Was muss ich über die Unternehmenskultur oder die Kultur meiner Abteilung wissen?

☐ Andere:

IHRE ERSTEN SECHS MONATE

Wir hoffen, dieses Kapitel hat Ihnen geholfen, Ihre Entscheidung über eine Führungsposition zu bekräftigen, und zwar auf eine Weise, die für Sie und für die Menschen funktioniert, die Ihnen nahestehen. Jetzt können Sie sich mit einer neuen Perspektive tiefer in das Buch einarbeiten und die für Sie relevanten Informationen suchen, während Sie Fahrt aufnehmen und schneller und mit mehr Selbstsicherheit voranschreiten. Und was, wenn Sie festgestellt haben, dass Leadership nichts für Sie ist? Beglückwünschen Sie sich zu einer guten Entscheidung und widmen Sie Ihre Zeit und Energie dem Auf- und Ausbau der Fähigkeiten, die Sie brauchen, um weiterhin als einzelner Mitarbeiter Ihren Beitrag zu leisten. Aber tun Sie uns einen Gefallen: Suchen Sie eine Kollegin mit Potenzial, die sich für eine Führungsposition interessiert, und schenken Sie ihr dieses Buch. Sagen Sie ihr, dass Sie an sie glauben. Ihr Netzwerk wird Ihnen für diese Großzügigkeit danken. (Und auch die Autoren.)

Auf unserer Microsite finden Sie eine umfangreiche Checkliste der Schlüsselaktivitäten, die neue Führungskräfte innerhalb der ersten sechs Monate durchführen sollten. Nehmen Sie sich einen Moment Zeit, sich diese anzusehen, bevor Sie weiterlesen. Dieses Tool wird Ihnen helfen, Ihren Übergang in eine Führungsposition angenehmer zu gestalten, also sollten Sie das beim Lesen im Hinterkopf behalten.

 ## REFLEXIONSPUNKT

F: Wer hat an Sie geglaubt, noch bevor Sie es selber taten?

F: Wer in Ihrem Leben (oder Ihrem Team) braucht es, dass Sie an ihn/sie glauben?

4.

Man muss mindestens 20-mal „Gut gemacht!" hören, um diesen einen „Oh, @#$%!"-Moment zu vergessen. Und manchmal hilft nicht mal das.

IHR FÜHRUNGSSTIL, TEIL 1

Seien Sie authentisch

Es war ein Schrei, den man um die ganze Welt hörte. So fühlte es sich zumindest an.

Tanya arbeitete im Supply-Chain-Management eines Unternehmens der Luftfahrtindustrie. Solange sie als Einzelne ihren Beitrag leistete, war sie überragend in ihrem Job und hatte ein Talent dafür, Probleme vorherzusehen. *Ich fühlte mich, als könne ich „um die Ecke sehen" und wirklich etwas verbessern,* sagte sie. Als sie in ihre erste Führungsposition befördert und nach Florida versetzt wurde – ein zusätzlicher Bonus! –, war sie stolz und fühlte sich bereit dafür. Ihre Zeit war gekommen.

Eines Tages traf sich Tanya mit ihrem Team – einer Gruppe erfahrener Mitarbeiter, von denen viele auf der Karriereleiter weiter oben waren als sie. Voller Selbstvertrauen nutzte sie den Moment und sprach darüber, wie begeistert und privilegiert sie sich fühlte, weil sie das Team leiten durfte, und sprach anerkennend über die einzigartige Rolle ihres Teams innerhalb der Firma. So weit, so gut. Sie war gut vorbereitet und hatte viele neue Ideen, die bereits in anderen Bereichen der Firma eingesetzt wurden und von denen sie glaubte, dass sie auch die Leistung ihres Teams sofort verbessern könnten, indem sie die Effizienz erhöhten, Fehler eliminierten und – das Wichtigste von allem – die Torschlusspanik am Ende eines Projekts reduzierten. *Sie lächelten, nickten und stellten tolle Fragen,* erinnerte sie sich.

Dann war sie an der Reihe mit Zuhören.

Alle im Team erzählten abwechselnd von Projekten, von dem, was sie erreicht hatten, und von Schwierigkeiten, die sie überwunden hatten. Alles lief reibungslos. Dann verteilte ein Mitarbeiter das monatliche Dashboard des Teams, ein gewöhnlicher Bericht, der früher an diesem Tag dem Operations-Team übergeben worden war. Als Tanya den Bericht sah, geriet sie in Panik. *WAS?*

In diesem einen Moment zerstörte Tanya alles, wofür sie gearbeitet hatte.

Ihr Aufschrei beförderte das Team aus seiner kollektiven Komfortzone in eine ängstliche Abwehrhaltung. *Dieser Bericht ist also eben an MEINEN Chef gegangen? Wer in unserem Team hat ihn kontrolliert?* verlangte sie zu wissen.

Ich war besorgt über den Eindruck, den das Operations-Team von mir haben würde. Und ich sagte es ihnen, erzählte sie. *Ich beschwerte mich über die Grammatik, die Absätze, die Formatierung und die Daten. Einfach über alles.* Sie schrie die Mitarbeiter an, weil sie zugelassen hatten, dass der Bericht in dieser Form rausging. Stumm vor Schock saß die Gruppe da, während Tanya damit fortfuhr, sie abzukanzeln. Als sie – begleitet von trockenem Schlucken und Stirnklatschen – diese Geschichte in einer Leadership-Training-Session erzählte, waren acht Jahre vergangen. Doch ihr Fehler schmerzte sie immer noch. *Ich wurde von jedem im Team als Hitzkopf und Perfektionistin abgestempelt,* sagte sie. Wahrscheinlich wurden, so vermutete sie, auch noch schlimmere Ausdrücke gebraucht. In Momenten wie diesen gibt es keine Möglichkeit, einen Notruf abzusetzen. Aber es sollte eine geben. *Es war ein Totalschaden.* Ihr schlechter Ruf eilte ihr noch Jahre später voraus.

MACHEN SIE EINEN GUTEN ERSTEN (ODER ZWEITEN) EINDRUCK: IHR FÜHRUNGSSTIL

Die meisten Menschen erleben Momente, in denen sie etwas bedauern, das sie gesagt oder getan haben oder versäumt haben zu tun. Das ist menschlich. Aber für eine frischgebackene Führungskraft können diese menschlichen Momente schnell überhandnehmen und echten Schaden anrichten, wenn man nicht aufpasst. In Kapitel 3 erläuterten wir einen der vielen Gründe, warum das so ist: Man kann leicht unterschätzen, wie tief greifend der Übergang vom normalen Mitglied der Belegschaft zur Führungskraft ist. Wie Tanya werden Sie wahrscheinlich dem ersten Zusammentreffen mit Ihrem neuen Team mit nervöser Erwartung sowie mit einer mentalen Checkliste des einzigartigen Beitrags bewaffnet entgegensehen, den Sie immer durch Ihre Arbeit geliefert haben. Wenn also Ihr neues Team Ihnen zum ersten Mal gegenübertritt und Ihre Anweisungen erwartet, ist es verständlicherweise darüber besorgt, wie dieser Beitrag *ihm* das Leben schwerer machen kann.

Die Menschen, die Ihnen nun Rechenschaft schuldig sind, werden schnell ein Urteil über Ihre Fähigkeiten als Führungskraft fällen, das Ihren Ruf auf unvorteilhafte Weise beeinflussen kann.

Die Menschen, die Ihnen nun Rechenschaft schuldig sind, werden schnell ein Urteil über Ihre Fähigkeiten als Führungskraft fällen, das Ihren Ruf auf unvorteilhafte Weise beeinflussen kann, besonders, wenn Sie noch damit beschäftigt sind, die ganze Bandbreite der Aufgaben Ihrer neuen Position zu meistern. Denken Sie über die einfache Wahrheit nach, mit der sich Kunden konfrontiert sehen: Wenn sie mit einem Produkt keine guten Erfahrungen machen, werden sie es nicht noch einmal kaufen. Und sie werden sich wahrscheinlich bei anderen darüber beschweren. Die Gewitterwolke, die durch schlechte Mundpropaganda heraufzieht, kann die Erfolgsaussichten eines Produkts für lange Zeit verdunkeln. Ob Sie also erst seit 30 Sekunden Ihre neue Führungsposition bekleiden oder schon eine Weile dabei sind und Ihr Ruf eine Frischzellenkur vertragen könnte – Sie müssen sich konstant im größeren Rahmen dessen, was Sie über Ihre neue Rolle denken, entwickeln und darin operieren. Dieses Kapitel wird Ihnen dabei helfen. Wir machen Sie mit drei Attributen vertraut, die Ihnen helfen, einen positiven *Führungsstil* zu entwickeln – einen, der Vertrauen fördert und Ihr wahres Selbst widerspiegelt.

WAS IST DAS BESONDERE AN EINEM BESTIMMTEN FÜHRUNGSSTIL?

Obwohl es nicht den einen perfekten Weg gibt, ein Leader zu sein, so existieren doch klar identifizierbare Vorgehensweisen, welche die wirklich effizienten Führungskräfte von den durchschnittlichen oder schlechten unterscheiden. Untersuchungen[1] haben ergeben, dass es drei Hauptattribute gibt – wir nennen sie *Leadership-Differentiatoren* –, die Ihnen Selbstvertrauen geben und Ihre Fähigkeit steigern, eine Gruppe zu führen. Machen Sie sich diese zu eigen und Sie werden von Anfang an erfolgreich sein. Sie lauten:

• Seien Sie authentisch.

• Bringen Sie das Beste in den Menschen zum Vorschein.

• Seien Sie empfänglich für Feedback.

Es wäre natürlich für jeden lobenswert, diese Eigenschaften zu besitzen, egal in welchem Bereich jemand arbeitet. Gute Leader erkennen im Verlauf ihrer Karriere – früher oder später – immer ihren wahren Wert. Untersuchungen zeigen ganz klar, dass diese Differentiatoren auch künftigen Erfolg prognostizieren können. Diese Information ist auch an zwei anderen Fronten wichtig für Sie. Es kann sein, dass Sie als Führungskraft nicht nur andere coachen, sondern auch in der Position sind, künftige Peers und Teammitglieder auszuwählen. Suchen Sie bei anderen nach diesen Attributen. (Wir werden das noch in den Profi-Kapiteln über Bewerberauswahl und Coaching genauer erläutern.) Auch wenn Sie noch keine Führungskraft sind, können diese Fertigkeiten Ihnen helfen, einen guten Eindruck als Teil der Belegschaft zu hinterlassen und sich zudem als aussichtsreicher Kandidat für eine künftige Beförderung hervorzutun. Und andere werden öfter mit Ihnen zusammenarbeiten wollen. Was durchweg positiv ist!

Jeder von uns hat in seinem Leben gutes und eher mittelmäßiges Leadership erfahren – ob von den Eltern, von Lehrern oder in der Arbeit. Aufgrund dieser Erfahrungen haben die meisten eine Vorstellung davon, was sie täten – oder vermeiden würden –, wenn sie eine Führungsposition bekämen. Verwenden Sie Tool 4.1, um basierend auf Ihren Erfahrungen einige Beispiele für Leadership festzuhalten, die Sie nachahmen oder vermeiden sollten. Diese Erfahrungen genauer zu analysieren wird Ihnen dabei helfen, Ihre eigenen Werte zu erkennen, und erlaubt Ihnen, Ihr authentisches Selbst klarer zum Vorschein zu bringen.

TOOL 4.1

NIEMALS TUN/IMMER TUN

Als ich darüber nachdachte, Führungskraft zu werden, nahm ich mir vor:

NIEMALS FOLGENDES ZU TUN	IMMER FOLGENDES ZU TUN

Denken Sie darüber nach:
Wieso haben Sie sich vorgenommen, diese Dinge niemals zu tun?
Hatten sie schmerzliche Konsequenzen? Haben sie die Moral oder
die Produktivität beeinflusst?

Wieso haben Sie sich vorgenommen, diese Dinge immer zu tun?
Wie haben sich andere deswegen gefühlt? Welche positiven Effekte
hatten sie auf die Gruppe?

Spoiler-Alarm: Gehen Sie dieses Tool mental durch, denn es ist
notwendig, um die letzte Übung im nächsten Kapitel zu machen.
Also lassen Sie es nicht aus! Es ist wichtig.

SEIEN SIE AUTHENTISCH

Wenn es Ihnen wie den meisten Menschen geht, die gerade ihre erste
Führungsposition bekommen haben, dann müssen Sie wahrscheinlich
einige Überzeugungsarbeit leisten. Nancy nahm kürzlich an einem DDI-
Kurs für Anfänger im Management teil und brachte ein ziemlich typisches
Problem mit. Sie war so darauf konzentriert, die technischen Fertigkeiten
zu erlernen, die sie brauchte, um einen Job als Leiterin eines Teams von
IT-Analysten zu kriegen, dass sie sehr überrascht war – und auch ein
wenig verletzt –, als das Team nicht sehr erfreut war, sie am Ruder zu
sehen. *Ich habe nie richtig eingeschätzt, wie schwer es sein würde, Mitarbeiter zu führen,* erzählte sie uns.
Nancy vollzog den Übergang von der einzelnen Mitarbeiterin, als die
sie nur für sich selbst verantwortlich war, zur Leiterin eines Kernteams
von sechs Mitgliedern mit einer erweiterten Mannschaft von 30. Um die
Herausforderung komplett zu machen, standen viele Mitglieder der erweiterten Mannschaft höher in der Hierarchie der Firma. *Sie sind Direktoren, aber ich bin nur eine Ingenieurin ohne Titel,* erklärte sie. Zudem
war sie die einzige Frau im Team. *Ich konnte sie nicht dazu bringen,
Meetings zu besuchen oder auch nur zurückzurufen. Ich dachte die ganze
Zeit: „Wieso hören die nicht auf mich? Werden sie jemals mit mir zusammenarbeiten?" Ich hatte Angst.* Das war nichts Persönliches – es lag nur
daran, dass sie ein unbekannter Faktor in einer sehr wettbewerbsorien-
tierten Umgebung war. *Mir wurde klar, dass ich lernen musste, mit den
Leuten zu reden und ihr Vertrauen zu gewinnen. Aber dann merkte ich,
dass ich gar nicht wusste, wie.*

Was Nancy mit ihrem neuen Team erlebte, ist unter Neulingen in Leitungspositionen nicht ungewöhnlich. Das Team kannte sie nicht – sie musste das Vertrauen der Mitglieder gewinnen und dabei spielt es eine große Rolle, dass man Authentizität zeigt. Vielleicht fragen Sie sich, was Authentizität in diesem Fall bedeutet.

Authentisch zu sein bedeutet, dass *Ihre Handlungen widerspiegeln, was Sie glauben* und fühlen und dass es keinen Widerspruch gibt zwischen dem, was Sie tun, und dem, was Sie sagen.

Sie zeigen Authentizität, wenn Sie:

- Das Richtige tun, auch in schwierigen Situationen.

- Menschen mit Respekt behandeln.

- Vertrauen zwischen den Mitarbeitern fördern.

- Versprechen und Verpflichtungen einhalten.

- Fehler zugeben.

- Jemandem Anerkennung zollen, wenn es angebracht ist.

- Sich öffnen und Ihre Gedanken, Gefühle und Überlegungen mitteilen, wenn es angebracht ist.

- Selbstvertrauen ausstrahlen, aber Arroganz vermeiden.

Demgegenüber können Führungskräfte, die nicht authentisch sind, einen lähmenden Effekt auf die Teams ausüben, die sie führen. Diese Vorgesetzten neigen dazu:

- Informationen vorzuenthalten.

- Teammitglieder gegeneinander auszuspielen oder einzelne zu bevorzugen.

- Teammitglieder zu ignorieren, die ihnen nicht zustimmen.

- Spannungen und Konflikte am Arbeitsplatz zu ignorieren.

- Andere ihrer eigenen Fehler zu beschuldigen.

- Anerkennung selber einzuheimsen.

- Ihr Verhalten radikal zu ändern, um autoritärer zu klingen.

- Den Eindruck zu erwecken, alles zu wissen.

Wenn man das im Hinterkopf behält, ist es kein Wunder, dass die Bedeutung der Authentizität von Führungskräften in unseren Arbeitsgruppen mit leitenden Angestellten oft die höchste Zustimmung erfuhr – quer durch alle Kulturen, Industriezweige und Berufsfelder. Geschäftsführer machen sich Gedanken darüber, wie ihre Führungskräfte wahrgenommen werden. Und das sollten Sie auch. Wieso? Authentizität wird von Integrität vorangetrieben, die wiederum Vertrauen schafft – der grundlegende Katalysator bei den am besten angesehenen und beliebtesten Arbeitgebern. Diese haben glücklichere, engagiertere, produktivere und kreativere Angestellte. Wenn Ihnen die Menschen vertrauen, ist das nicht nur gut für Ihren Ruf – es ist auch gut fürs Geschäft.

So ziemlich das Schwerste daran war, den Menschen zu sagen, dass wir nicht nur ihre Jobs vernichteten, sondern ihr gesamtes Leben.
Die gesamte Produktionsabteilung war Geschichte. Und es war notwendig, dass sie genauso hart weiterarbeiteten, bis der Umbau abgeschlossen war. Sie taten es, weil sie mir vertrauten. Wir sind wie eine Familie. Ich höre zu. Ich sage Menschen die Wahrheit. Und sie sehen, wie ich für sie kämpfe.

— **Ursula Burns,** CEO von Xerox, über die Entscheidung, Xerox 2001 vor dem Bankrott zu retten, indem die gesamte Produktionsabteilung eliminiert wurde. Gut 40 Prozent der Belegschaft wurden entlassen.[2]

Ihr authentisches Ich entwickeln

Wie Nancy und Tanya haben Sie die Führung einer Gruppe von Menschen übernommen, deren Zukunft nun mit Ihrer verknüpft ist. Und sie trauen Ihnen noch nicht wirklich. Es gibt nur einen Weg, das zu überwinden – indem Sie selbstbewusst, ehrlich und offen mit ihnen interagieren.

Sie zeigen Integrität durch konsequente, ausgefeilte und ehrliche Gespräche und Verhaltensweisen. Und Sie werden sich dabei selbst treu bleiben und Vertrauen gewinnen, ohne unangemessene Offenheit. Das meinen wir mit *Authentizität*. Aber Ihren Führungsstil zu schaffen geht darüber hinaus, nur authentisch zu sein. In Kapitel 5 untersuchen wir noch zwei weitere Differentiatoren – das Beste in den Menschen zum Vorschein zu bringen und empfänglich für Feedback zu sein.

Starkes Ego oder großes Ego? Fakten zum Nachdenken

Als neue Führungskraft ist es ratsam, die Zukunft im Auge zu behalten. Wird das, was Sie tun, Ihr Ego aufblasen oder stärken? Authentische Führungskräfte mit starken Egos haben den Mut und die Bescheidenheit, einen Fehler zuzugeben. Schon allein das Zugeben eines Fehlers stärkt die Glaubwürdigkeit bei den Angestellten. Menschen, die Authentizität ausstrahlen, haben keine Angst davor, ihre Gefühle mitzuteilen, und werden als selbstbewusst, aber nicht als arrogant angesehen. Und sie müssen nicht immer im Mittelpunkt stehen. In „Der Weg zu den Besten" (2001)[3] erstellt Jim Collins Profile von elf sehr erfolgreichen Top-Leadern mit starken Egos, die nicht jeder kennt. Trotzdem liegen die durchschnittlichen Renditen ihrer Firmen um den Faktor 6,9 über dem Marktdurchschnitt – mehr als zweimal so groß wie die Unternehmensleistung von General Electric unter der Führung des legendären Jack Welch. Im Gegensatz dazu suchen große Egos das Rampenlicht, heischen nach Anerkennung und schwingen große Reden. Donald Trump, dessen Firmen schon viermal Insolvenz beantragt haben, wird von den meisten als Leader mit einem großen Ego angesehen.

REFLEXIONSPUNKT

Betrachten Sie die folgenden drei Punkte und erinnern Sie sich dabei an die schreiende Tanya aus unserer Geschichte am Anfang des Kapitels:

1. Was hätte Tanya ihrem Team in Bezug auf seinen Fehler sagen sollen?

2. Haben Sie sich je in einer ähnlichen Situation befunden (oder jemanden dabei beobachtet)? Was hat Ihnen (oder der anderen Person) dabei geholfen, mit der Situation umzugehen? Was hat nicht geholfen?

3. Wo ziehen Sie persönlich die Grenze zwischen Authentizität und übertriebener Offenheit?

5.

Große Leader wissen, dass ihr Erfolg auf dem der Menschen basiert, die sie führen.

IHR FÜHRUNGSSTIL, TEIL 2

Bringen Sie das Beste in den Mitarbeitern zum Vorschein und seien Sie empfänglich für Feedback

Wie Sie noch aus dem vierten Kapitel wissen, zeigen erfolgreiche Leader Authentizität. In diesem Kapitel werden wir die beiden anderen Schlüsseldifferentiatoren kennenlernen:

- Bringen Sie das Beste in Menschen zum Vorschein.
- Seien Sie empfänglich für Feedback.

BRINGEN SIE DAS BESTE IN MENSCHEN ZUM VORSCHEIN

Wir haben festgestellt, dass die besten Leader die angeborene Fähigkeit haben, jeden um sie herum voranzubringen. Nachdem Sie neu im Leadership sind, empfehlen wir Ihnen, den 1960 erschienen Klassiker der Managementliteratur „Der Mensch im Unternehmen"[1] Ihrer Leseliste hinzuzufügen. Das Buch beschreibt zwei Arten von Führungskräften: Theorie X und Theorie Y. Die Vorgesetzten nach Theorie X sind bekannt als Mikromanager, die befehlen und kontrollieren. Im Gegensatz dazu glauben die Führungskräfte nach Theorie Y, dass Menschen mit Würde und Respekt zu behandeln sind, dass sie ehrlich sind und man ihnen vertrauen kann. Die Chefs nach Theorie Y sind diejenigen, für die jeder arbeiten will und welche die meisten Beförderungen für ihre Mitarbeiter herausholen. In Krisenzeiten scharen sich die Menschen um diese Personen. Sie sind sehr zugänglich, empfänglich für Feedback und sorgen für diejenigen, die unter ihrer Aufsicht arbeiten. Und sie zeigen das auch.

Gegen Ende des 20. Jahrhunderts verfasste Bill Byham, Gründer von DDI, eine humorvolle Erzählung über den Unterschied zwischen Theorie-X- und Theorie Y-Leadership mit dem Titel *„Zack! Der Motivationsblitz"*. Es wurde eines der Top-10-Managementbücher der 1990er-Jahre[2] und sein Konzept über Empowerment der Angestellten hat sich in der heutigen herausfordernden Geschäftswelt sehr gut bewährt. Byham schrieb, dass Führungskräfte, die andere mit dem Motivationsblitz treffen, „Verantwortung abgeben, ein Gefühl der Zuständigkeit erzeugen, Befriedigung über das, was man erreicht hat, vermitteln, Vollmacht über die Abläufe übertragen, den Menschen Anerkennung für ihre Ideen verschaffen und das Wissen, dass sie von Bedeutung für die Firma sind".[3] Es ist wichtig zu verstehen, dass dieses Engagement für eine konstante Verbesserung den Mitarbeitern nicht übergestülpt oder aufgezwungen werden kann; es kann nur dann vollständig erreicht werden, wenn man ihr Empowerment fördert.

Man sieht also, dass sowohl McGregors als auch Byhams Beobachtungen sich bewährt haben. Managementbücher und Wirtschaftsmagazine sprechen von unserer Zeit berechtigterweise als dem Zeitalter der Zusammenarbeit – eine optimistische Ära, in der Probleme durch Crowdsourcing gelöst werden, Geschäftsmöglichkeiten entwickelt werden und räumlich weit voneinander entfernte Teams aus allen Winkeln der Welt rund um die Uhr kreativ zusammenarbeiten. Obwohl es also zutrifft, dass neue Technologien auch neue Möglichkeiten der Zusammenarbeit schaffen, so hat doch der Typ des Leaders, der in dieser Umgebung erst richtig aufblüht – jemand, der sich traditioneller Führung und den althergebrachten Kontrollstrukturen entzieht – schon immer existiert. Und es ist genau dieser Personenschlag, der heutzutage als Führungskraft Erfolg hat. Machen Sie sich keine Sorgen, wenn Sie in dieser Hinsicht kein Naturtalent sind – Sie können immer dazulernen. Kluge Fragen zu stellen und sich die Antworten anzuhören ist ein Schlüssel dazu. In den Kapiteln 6 und 7 führen wir fünf Grundprinzipien ein, die Ihnen als katalytischer Führungskraft helfen, Ihre Mitarbeiter mit dem Motivationsblitz zu treffen.

Bei allem, was wir tun, geht es darum, die Menschen dazu zu bringen, offener zu sein, kreativer und mutiger. Gefragt zu werden, ob man sich ansehen könnte, was alles möglich ist, statt gesagt zu bekommen, wie man es machen soll – das ist Empowerment.

– Jack Dorsey, Mitgründer von Twitter und Square

Als neuer Manager in einer Werkzeugfabrik in England hatte Carey plötzlich alle Hände voll zu tun. Er war verantwortlich für ein kleines Team von Designern, *und dann hatte ich noch eine Handvoll Leute in der Produktion – etwa 22 Werkzeugmacher. Alles zusammen etwa 30 Personen.* Aber er hatte ein viel größeres Problem, als sich nur vor seinen ehemaligen Peers aus dem Design beweisen zu müssen – die Werkzeuge selber. Das Produkt zu kontrollieren und gegebenenfalls zu korrigieren, während es vom Design in die Produktion gereicht wurde und auch später, hatte als System versagt. Die Fehlerquote war zu hoch. *Der ganze Prozess vom Entwurf bis zur Fertigung des Produkts musste genauestens untersucht und dann komplett umgestaltet werden,* sagte Carey. *Also habe ich den ganzen Prozessablauf gekippt.* Carey traf die Entscheidung, die Lösung im Team ausarbeiten zu lassen. Jeder, der zu irgendeinem Zeitpunkt des Prozesses ein Werkzeug in die Hand nahm, war an der Neugestaltung beteiligt. *Ich versammelte alle, um jedes Produkt genau unter die Lupe zu nehmen und seinen Entstehungszyklus durchzugehen.* Dann diskutierten sie verschiedene Szenarios in der Gruppe. Die Veränderungen, die sie an der Art und Weise vornehmen mussten, wie sie allein und als Team arbeiteten, waren schwerwiegend genug, um einen Produktionsstau zu verursachen, wenn er nicht vorsichtig war. *Wir entwarfen einen Prozess mit einer Checkliste – und für*

FÜHRUNGSKRAFT - Was nun?

jeden Werkzeugentwurf gab es eine Checkliste für jede einzelne Phase. Und das funktionierte wirklich gut. Carey, der als Teenager einen nationalen Wettbewerb der Auszubildenden gewonnen hatte und Abendkurse in CAD besucht hatte, um seine erste Stelle als Werkzeugmacher zu bekommen, wusste, dass diejenigen, welche die Komponenten entwarfen, seine größte Hoffnung waren, den Arbeitsablauf neu zu gestalten. *Ich will nicht, dass es sich anhört, als wolle man jemanden manipulieren, aber wenn man alle früh genug miteinbezieht und sie an den meisten Entscheidungen beteiligt, die sie treffen müssen, um sich zu verändern, dann ist man auf Erfolgskurs. Sie können wichtigen Input für ein realistisches Bild des Ergebnisses liefern. Es wird so etwas wie Gemeinschaftsbesitz.*

Man braucht Win-Win-Denken, um anderen zu helfen, das Beste aus sich rauszuholen. Großartige Leader haben diese Perspektive. Sie wissen, dass ihr eigener Erfolg vom Erfolg derjenigen abhängt, die sie führen, und dass eine ihrer wichtigsten Pflichten darin besteht, sich um die Fähigkeiten, das Können, die Interessen und die Anstrengungen der Teammitglieder zu kümmern. Es ist nie zu spät, diese positive Anschauung zu etablieren und ihr zur Geltung zu verhelfen.

Um das Beste in anderen hervorzubringen, sollten Sie:

• Ihr Team dazu ermutigen, Neues auszuprobieren.

• Talente und Fähigkeiten anderer pflegen und verbessern.

• sich die Zeit nehmen, herauszufinden, was Ihr Team motiviert, und die Aufgaben in Übereinstimmung mit den Skills und Interessen der Mitglieder verteilen.

• die Anstrengungen der anderen loben.

• Mitarbeitern Informationen über Dinge geben, die sie betreffen.

• der Stärke anderer vertrauen.

• ihnen auf sichere Art gestatten, aus Fehlern zu lernen, damit sie Risiken besser einschätzen können.

• andere auf gemeinsame Ziele einschwören.

TOOL 5.1

SETZEN SIE EIN TREFFEN UNTER VIER AUGEN MIT JEDEM TEAMMITGLIED AN

Um das Beste aus Ihrem Team herauszuholen, müssen Sie genauer hinsehen und die Skills, Fähigkeiten und Motive der Mitglieder kennenlernen. Diese Mitarbeitergespräche sind anders als diejenigen in Kapitel 3. Dabei ging es um *Sie*. Jetzt geht es um Ihr *Team*. Tool 5.1 wird Ihnen bei diesen Gesprächen helfen.

Es ist eine einfache Checkliste, die wir schon unzähligen neuen Führungskräften gegeben haben, um ihnen bei der Vorbereitung ihrer ersten Kennenlerngespräche mit ihren direkten Mitarbeitern zu helfen. Informieren Sie jedes Teammitglied schon im Voraus über den Zweck dieser Meetings. Nutzen Sie die aufgelisteten offen gehaltenen Fragen, um ein Gespräch zu beginnen. Schummeln Sie nicht, indem Sie auf die Arbeit bezogene Konversation machen! Vor allem sollten Sie Offenheit für Fragen bezüglich Ihrer Person signalisieren.

☐ Was genießen Sie bei Ihrer Arbeit am meisten? Wieso?

☐ Was vermissen Sie am meisten an den Jobs, die sie früher hatten? Wieso?

☐ Was mögen Sie an Ihrem jetzigen Job am wenigsten? Wieso?

☐ Wie gehen Sie mit Stress um oder bauen ihn ab?

☐ Um Sie in Ihrem Job zu unterstützen, was müsste ich verändern an …

☐ Ihrer Arbeitsumgebung?

☐ dem Inhalt Ihrer Arbeit?

☐ der Art, wie Sie Ihre Arbeit erledigen?

☐ Welche Form der Anerkennung bevorzugen Sie oder lehnen Sie ab?

Diese Kennenlerngespräche sind unglaublich nützlich. Sie zeigen Ihre Qualitäten als Zuhörer und geben Menschen das Gefühl der Wertschätzung. Tja, vielleicht können Sie sogar das ein oder andere lernen! Aber wahrscheinlicher ist, dass Sie eine Grundlage von Zufriedenheit und Vertrautheit schaffen, die Ihre ersten Monate als Führungskraft für alle angenehmer gestaltet. Sicher kann es vorkommen, dass ein Mitglied des Teams einiges aus seinem Verantwortungsbereich langweilig oder unmotivierend findet. Je besser Sie die Menschen verstehen, mit denen Sie arbeiten, desto einfacher wird es, ihnen zum Erfolg zu verhelfen.

Und Fragen kostet nichts.

SEIEN SIE EMPFÄNGLICH FÜR FEEDBACK

Unsere ersten beiden Differentiatoren waren darauf konzentriert, wie man am besten mit Menschen interagiert – indem man authentisch ist und das Beste in anderen hervorbringt. Sie helfen ihnen, erfolgreich zu sein und *teilen* Ihr Feedback mit – sowohl das positive als auch das Feedback zu Bereichen mit Entwicklungspotenzial. Aber was passiert, wenn das Feedback für Sie bestimmt ist?

Für diesen letzten Differentiator werden wir untersuchen, wie Ihre Teammitglieder und andere Mitarbeiter sich revanchieren können und in Ihnen das Beste hervorbringen können, indem sie *Ihnen Feedback geben*.

Carolyn ist Logistikmanagerin für eine Non-Profit-Organisation, die eine Essensausgabe betreibt und soziale Dienstleistungen anbietet. Auch wenn sie Erfahrungen als Servicekraft hatte und gute Managementerfahrung als Ehrenamtliche, war Carolyn nicht auf die anspruchsvolleren Aufgaben ihres neuen Jobs vorbereitet, für den sie auf breiter Ebene logistisch planen und Entscheidungen auf der Basis bestimmter Daten treffen musste. Sie wurde ins kalte Wasser geschmissen. *Ich weiß nicht viel über Tabellenkalkulation,* sagte sie. *Ich arbeite lieber mit Menschen.* Ihr Supervisor, der ihren Job fünf Jahre lang gemacht hatte, war eher der Typ „Alphamännchen" (sehr ehrgeizig, wettbewerbsorientiert und stressanfällig) und vertrat einen Laissez-faire-Ansatz. Er schubste sie einfach am tiefen Ende ins Wasser. *Ich fühlte mich, als würde ich das niemals lernen. Die Verantwortung lastet sehr auf einem, wenn man weiß, dass draußen in der Kälte eine Schlange älterer Leute wartet. Ich hatte Angst davor, Fehler zu machen.* Als sie dann tatsächlich einen Fehler machte – nämlich nicht rechtzeitig eine Lieferung an eine neue Zweigstelle zu organisieren –, brach in ihrem Team für eine halbe Stunde Chaos aus. *Ich glaube, ein paar Leute waren verwirrt oder ein wenig verärgert, aber ich habe etwa drei Tage nicht geschlafen.* Statt aufzugeben, bat Carolyn ihren Chef und ein paar ihrer Teammitglieder um Feedback zu diesem Vorfall. *Wir sprachen alles durch,* sagte sie, *und ich erhielt gute, ganz konkrete Ratschläge. [Mein Chef] bat mich, alles aufzuschreiben – wo ich Fehler gemacht hatte und was ich tun würde, um sie zu beseitigen,* eine Übung, durch die sie sich der Vision ihres Chefs für ihren Job verbundener fühlte. Aber ihre mitteilsame Art half ihr noch auf andere, unerwartete Weise.

Ich fühlte mich sehr niedergeschlagen. Einer meiner Angestellten verließ zur selben Zeit das Gebäude wie ich, drehte sich um und sagte: „Wissen Sie was? Sie werden das hinkriegen! Es gibt eine Menge zu lernen, aber Sie werden das schaffen – Sie haben das Herz am rechten Fleck."

Ihre Bemühungen, offen und authentisch zu sein, hatten sich ausgezahlt. *Dass er so etwas Bestärkendes sagte, hat mir in diesem Moment wirklich geholfen.*

Carolyn zeigte eine kraftvolle Mischung aus Eigenschaften, die ihr durch die ersten paar beschwerlichen Tage im Job halfen: Belastbarkeit, mentale Stärke, Bescheidenheit und die Fähigkeit, einem Fehlschlag effizient zu begegnen, ohne die Haltung zu verlieren. Da befindet sie sich in guter Gesellschaft. Die Trainerin der amerikanischen Turn-Olympiamannschaft, Mary Lee Tracy, wurde mit den Worten zitiert, dass eine Eigenschaft ihre Elite-Athleten von anderen unterschied: *Athleten machen Fehler, genau wie andere Menschen. Was aber wichtig ist und was ich mir bei künftigen Topathleten genau ansehe, ist ihre Reaktion auf einen Fehler. Es ist sehr wichtig, dass sie nicht nur Fehler machen, sondern auch aus diesen Fehlern lernen.*[4]

Die Untersuchungen über Leadership bestätigen das. Eine der Variablen, die sich im Laufe der Zeit als Vorzeichen für den Erfolg einer Führungskraft erwiesen haben, ist die persönliche „Empfänglichkeit für Feedback"[5]. Diejenigen, die im Allgemeinen nach Feedback suchen und es nutzen und außerdem Fehler als Lernchancen begreifen, neigen dazu, erfolgreicher in der Rolle des Vorgesetzten zu sein. Das Konzept des *fail forward* sollte für alle Führungskräfte gültig sein. Aber es funktioniert nur, wenn Sie bereit sind, Feedback zu verlangen und auch zu akzeptieren – von den Menschen, die in der Position sind, Ihre Arbeit zu beurteilen.

Failing forward bedeutet kontinuierlich nach neuen Ansätzen und Lösungen für ein bestehendes Problem zu suchen. Sie erreichen vielleicht immer noch nicht das angestrebte Ziel, aber Sie bewegen sich nach vorne, lernen und nähern sich der Lösung des Problems. Versagen bedeutet dagegen, dass Sie die erwünschten Resultate nicht erzielen, weil Sie aufgegeben haben, es zu versuchen, oder weil Sie immer und immer wieder das Gleiche machen.[6]

– Mary Lee Tracy,
Trainerin der US-Turn-Olympiamannschaft

Zuerst einmal fragen ...

Was wir von Ihnen fordern, ist schwerer, als es sich anhört, das wissen wir aus Erfahrung. Die meisten Führungskräfte finden es ziemlich schwierig, um Feedback zu bitten. Niemand will sich eine Blöße geben – besonders nicht in der Geschäftswelt. Zum Teil ist das psychologisch begründet: Empfänglichkeit für Feedback ist etwas, das man sich früh im Leben aneignet und das als Erwachsener schwer zu erlernen sein kann, wenn man sich nicht anstrengt. Aber nach persönlichem Wachstum zu streben ist keine Schwäche. Führungskräfte, die niemals falsch liegen, bekommen normalerweise die Auswirkungen von schlechter Arbeitsmoral und einer hohen Mitarbeiterfluktuation zu spüren (was schlecht fürs Geschäft ist). Und sie machen dieselben Fehler immer und immer wieder, was echte Probleme für eine Firma verursachen kann.

Jedoch kann jeder die Kunst erlernen, um Feedback zu bitten und es zu nutzen. Es liegt natürlich an Ihnen, die ersten Schritte zu tun.

Um Ihre Empfänglichkeit für Feedback zu zeigen, sollten Sie ...

- mehrere Quellen nach Feedback über Ihre Führungsqualitäten befragen und es nutzen.

- konstruktive Kritik akzeptieren und aufgrund dieses Feedbacks handeln.

- Defizite eingestehen.

- Bescheidenheit an den Tag legen.

- hohe Anforderungen an sich selber stellen.

ZIEHEN SIE WEITERE KREISE

Bei Feedback lautet die Devise nicht „Weniger ist mehr", sondern „Viel hilft viel". Je mehr Meinungen Sie sammeln, desto wahrscheinlicher ist es, dass Sie verstehen, was Ihnen die Menschen wirklich sagen wollen.

Ziehen Sie es in Betracht, folgende Personen(kreise) zu befragen:

- **Ihren Vorgesetzten** nach seinem Blickwinkel darauf, wie gut Sie das Team führen, wie Sie mit ihm kommunizieren und wie gut Sie mit Peers zusammenarbeiten.

- **Ihre Peers** nach ihren Ansichten über Ihre Zusammenarbeit mit anderen Abteilungen und nach Erkenntnissen, die aus der Zusammenarbeit mit Kunden entstehen.

- **Ihre direkten Untergebenen,** die Ihnen sagen können, ob Sie Ihre Erwartungen verständlich formulieren und angemessen nach Input für wichtige Entscheidungen fragen.

- **Ihre Kunden** nach ihrer Sicht der Dinge in Bezug auf Ihre Leistung und die Ihres Teams.

Wir haben aus diesen Stichpunkten eine 6-Monats-Checkliste auf unserer Microsite erstellt, damit man sie sich leichter merken kann.

Zu guter Letzt: Seien Sie dankbar für Feedback

Nur zu behaupten, dass man offen dafür ist, Feedback zu erhalten, ist das eine. Es aber wirklich dankbar anzunehmen ist etwas anderes. Besonders wenn das Feedback einige unangenehme Überraschungen für Sie bereithält. Das kann sich wie eine Hiobsbotschaft anhören. Aber Sie können lernen, Feedback als das Geschenk zu betrachten, das es tatsächlich ist.

Lassen Sie uns das etwas ausführen. Stellen Sie sich vor, ein Kollege tippt Ihnen auf die Schulter und sagt: *Ich muss Ihnen etwas sagen: Es sieht so aus, als würden Sie nicht immer ganz mitkriegen, was in Ihrem Team so vor sich geht. Vielleicht sehen Sie es auch, aber Sie tun nichts dagegen.* So etwas zu hören ist unerfreulich. Sie haben nun die Wahl, wie Sie darauf reagieren wollen. Die natürliche Reaktion wäre vermutlich, dass Sie sich in die Defensive gedrängt fühlen und etwa Folgendes sagen: *Ich weiß ganz genau, was in meinem Team vorgeht. Wie können Sie es nur wagen, etwas anderes zu behaupten?* Wie wird Ihre Körpersprache dabei aussehen? Verschränken Sie die Arme und gehen in Abwehrhaltung? Werden Sie finster dreinschauen?

Führungskräfte, die offen für Feedback sind, danken zunächst demjenigen, der ihnen dieses Geschenk macht, und stellen dann Fragen, um die Einzelheiten in Erfahrung zu bringen. Und das sind die Führungskräfte, die Erfolg haben werden.

Hoffentlich nicht! Die beste Reaktion wäre es, dieses Feedback zu akzeptieren und zu versuchen, es **nachzuvollziehen. *Danke, dass Sie mir das sagen,*** wäre ein guter Anfang. Bedenken Sie, dass nicht jeder geübt darin ist, Feedback zu geben. Und viele lassen die Details aus, die erst das ganze Bild ergeben und das Feedback erträglicher machen. Es liegt an Ihnen, durch sinnvolle Fragen die Informationen zu erhalten, die Ihnen dabei helfen, das Beste aus diesem Geschenk zu machen, das Sie eben erhalten haben. Führungskräfte, die offen für Feedback sind, danken zunächst demjenigen, der ihnen dieses Geschenk macht, und stellen dann Fragen, um die Einzelheiten in Erfahrung zu bringen. Und das sind die Führungskräfte, die Erfolg haben werden.

Sie mögen keine Überraschungen beim Feedback? Dann bitten Sie regelmäßig bei Teambesprechungen oder Einzelgesprächen um das Feedback der Teammitglieder. Dies signalisiert die Bereitschaft, eine Umgebung des Vertrauens mit Raum für kontinuierliche Verbesserung zu schaffen. Aufgrund von Feedback auch zu handeln ist noch besser, denn es demonstriert, dass Sie an sich arbeiten, was Sie menschlicher und zugänglicher macht.

Die Suche nach Feedback als Merkmal des Leaders

Die Forscher Jack Zenger und Joseph Folkman haben das Verhalten von 51.896 Führungskräften über drei Jahre in Bezug auf ihren Umgang mit Feedback untersucht.[7] Sie fanden heraus, dass …

- **Führungskräfte, die häufiger um Feedback bitten, als stärker angesehen werden.** Führungskräfte, die aktiv Feedback einforderten und nach Möglichkeiten suchten, sich zu verbessern, wurden zu 86 Prozent als effizient angesehen. Sie führten die Liste an. Die Führungskräfte, die laut Umfrage als am wenigsten offen für Feedback angesehen wurden, erreichten nur 15 Prozent.

- **die Neigung, um Feedback zu bitten, mit dem Alter abnimmt.** Die meisten Menschen bitten am Anfang ihrer Karriere häufiger um Feedback, aber die Tendenz dazu nimmt mit dem Alter ab.

- **Führungskräfte, die in der Hierarchie höher stehen, seltener um Feedback bitten.** 64 Prozent aller Vorgesetzten, die direkt unterstellte Mitarbeiter haben, bitten um Feedback, aber nur 43 Prozent der Senior Leader.

Kurz gesagt: Feedback ist wichtig! Der ständige Verzicht auf die Bitte um Feedback zu Ihrem Führungsstil kann negative Auswirkungen auf Ihre Karriere haben. In einer Studie, die man an einer Stichprobe mit 462 Führungskräften durchführte, die in einem Unternehmen der Fortune 500 arbeiteten, ergab, dass 77 von ihnen mit einem Durchschnittsalter von 50 Jahren nach durchschnittlich 18 Jahren Beschäftigungsdauer gebeten wurden, die Firma zu verlassen. Eine Analyse von Daten aus einem 360-Grad-Feedback, das zwei Jahre vor ihrer Entlassung stattfand, ergab einen signifikanten Unterschied in Bezug auf das Ausmaß, in dem Führungskräfte Anstrengungen unternahmen, sich infolge des Feedbacks anderer zu ändern.[8]

IHR FÜHRUNGSSTIL =
IHR VERMÄCHTNIS ALS LEADER

In Kapitel 4 baten wir Sie, über die Dinge nachzudenken, die Sie „immer tun wollten", und die Dinge, die Sie „niemals tun wollten", als Sie Ihre

Ich sah den Engel im Marmor und meißelte, bis ich ihn befreit hatte.

– Michelangelo zugeschriebenes Zitat

Stelle als Führungskraft antraten. Da Ihre täglichen Entscheidungen Ihrem persönlichen Führungsstil Gestalt verleihen, ist es unerlässlich, darüber nachzudenken, wodurch Sie sich – möglicherweise schon vor dem Antritt Ihrer Stelle – selbst blockieren. Zur selben Zeit beginnen Sie aber damit, Ihr Vermächtnis als Leader zu schaffen. Und Sie wollen ja sichergehen, dass Sie darauf wirklich stolz sein können.

Traditionellerweise bezeichnet man als Vermächtnis das, was Sie hinterlassen, wenn Sie *nicht mehr da sind.* Wir sehen das etwas anders: Ihr Vermächtnis ist etwas, dem Sie aktiv in der *Gegenwart* Gestalt verleihen, damit Sie selbst, Ihr Team und Ihre Firma *jetzt* davon profitieren können. Sehen Sie es als Ihren lebenden und sich entwickelnden Stil. Wenn das für Sie zu poetisch klingt – es ist auch so gedacht. Dies ist die wahre Kunst des Leaderships: Ein Meister der Interaktion zu werden, um mit der Zeit das Beste in sich und anderen zum Vorschein zu bringen.

TOOL 5.2

Bevor Sie sich dem nächsten Kapitel zuwenden, sollten Sie Tool 5.2 nutzen. Was Sie dabei lernen, erweitert das, was Sie in diesem Kapitel getan haben – besonders insofern es einen Bezug zu der Vielzahl von Gesprächen hat, die Sie mit buchstäblich jedem in Ihrem Arbeitsleben führen werden. Ihr Vermächtnis vorher zu skizzieren wird Ihnen helfen, diese Gespräche lohnender, kraftvoller und authentischer zu machen.

MEIN VERMÄCHTNIS, MEIN FÜHRUNGSSTIL

Denken Sie über das Vermächtnis nach, das Sie aufbauen wollen und wie Differentiatoren Ihnen dabei helfen können, ihrem Führungsstil Gestalt zu geben. Sie sollten ein Statement dessen verfassen, was Sie erreichen wollen, um als Führungskraft eher proaktiv statt reaktiv vorzugehen. Was sollen Ihre Teammitglieder über Sie sagen? Um das zu tun ...

- denken Sie darüber nach, welche Rolle die drei Leadership-Differentiatoren für Ihr Vermächtnis spielen.

- denken Sie daran: Egal wie wichtig Geschäftsergebnisse sind – sie lassen sich nur mithilfe anderer Menschen erzielen.

- Es folgen einige Beispiele dafür, was Ihr Statement zu Ihrem Vermächtnis enthalten könnte:

- Eine Umgebung schaffen, in der Feedback akzeptiert und geschätzt wird.

- Die Menschen spüren lassen, dass ihre Meinungen und Einsichten zum Erfolg des Teams beigetragen haben.

- Zuhören können; Menschen das Gefühl geben, geschätzt zu werden.

- Menschen zutrauen, Entscheidungen zu treffen; Menschen mit Respekt behandeln.

Und jetzt folgen als Anregung die Statements einiger Führungskräfte von weltweit führenden Unternehmen, mit denen wir in den vergangenen Jahren zusammengearbeitet haben. Wie Sie sehen werden, haben einige ein oder zwei Sätze geschrieben, während andere einen längeren Text verfassten:

Beispiel 1: *Ich bin ein ergebnisorientierter Leader und lege an mich selbst und andere hohe Maßstäbe an. Ich suche nach Möglichkeiten, das selbstständige Denken anderer zu fördern, um dann ihre Anstrengungen würdigen zu können und ihren Erfolg zu feiern.*

Beispiel 2: *Ich bin ein Leader, der Vertrauen durch wertorientiertes Leadership fördert und sich an Eigenschaften wie Leistungsbereitschaft, Verantwortung für den eigenen Aufgabenbereich, Bescheidenheit und Integrität orientiert. Ich werde das erreichen, indem ich ...*

- in meinen Handlungen konsequent und fair bin.

- meinen Worten Taten folgen lasse.

- zugänglich bin.

- Mitarbeiter teilhaben – teilhaben – teilhaben lasse.

Beispiel 3: *Ich würde meinen Führungsstil gerne beschreiben als jemand, der authentisch ist, Talente fördert und aktiv am Business beteiligt ist. Als authentischer Leader möchte ich gerne als aufrichtig und unverfälscht gesehen werden und als jemand, der ein leidenschaftliches Interesse daran hat, Führungskraft zu sein. Als Talentförderer suche ich ständig nach neuen talentierten Mitarbeitern und danach, wie man sie für sich gewinnt und fördert. Am wichtigsten ist aber, dass ich unseren Mitarbeitern helfen will, Karriere zu machen. Um aktiv im Business zu stehen, lerne ich ständig Neues über die wettbewerbsorientierte Geschäftswelt hier in China, um etwas über unseren Industriezweig dazuzulernen, aber wichtiger noch, um zu lernen, wie man eine zukunftsfähige und profitable Firma leitet. Leadership ist also für mich ein andauernder Lernprozess. Vor diesem Hintergrund hoffe ich von Ihnen beständiges Feedback darüber zu erhalten, wie ich mich in diesen drei Schlüsselbereichen schlage. Vielen Dank.*

Jetzt sind Sie dran
Schreiben Sie ein Statement über Ihr Vermächtnis:

_____

_____

_____

_____

_____

_____

_____

_____

Die besten Gespräche - regelmäßig, klar, authentisch und gelegentlich schwierig - geben Mitarbeitern ein Gefühl von Verständnis, Wertschätzung, Motivation und lassen sie wissen, dass man ihnen vertraut.

6.

LEADERSHIP IST KOMMUNIKATION, TEIL 1

Wie Mitarbeiter sich gehört, geschätzt und motiviert fühlen

Hier ein kleines Geheimnis* über Leadership: Es geht tatsächlich darum, eine Verbindung zu anderen Menschen herzustellen.

Für einige von Ihnen – die Schüchternen, die Introvertierten, die Ungeduldigen oder diejenigen, die sich einfach nur überfordert fühlen – mag das eine unangenehme Überraschung sein, aber es ist tatsächlich eine der wichtigsten Einsichten, die wir Ihnen vermitteln können. Und wie

---

* Im Gegensatz zu einem kleinen schmutzigen Geheimnis handelt es sich hier um mehr als eine Abkürzung. Es ist der Königsweg!

wir Ihnen im Verlauf des Buches schon mehrfach versprochen haben, ist die effektive Kommunikation, die Sie mit Menschen aus allen Bereichen Ihres Lebens verbindet, wissenschaftlich fundiert. Tatsächlich hängt Ihr Erfolg – im Leadership und im Leben – von den Unterhaltungen ab, die Sie mit Menschen in Ihrer Umgebung führen. Ehrlich.

Wie man Erfolg hat, indem man aus Beziehungen Kapital schlägt

Im Jahre 2010 hat McKinsey & Company eine wichtige Studie veröffentlicht, die unsere Aufmerksamkeit erregte. Die Autoren glauben, dass die Fähigkeit, die Kunst der zwischenmenschlichen Interaktion zu beherrschen – was wir *Kommunikation* nennen – das Potenzial hat, einen echten Wettbewerbsvorteil für Individuen und Unternehmen zu erzielen.[1] Die Autoren haben sogar zu Ehren dieser Entdeckung den treffenden Begriff *Beziehungskapital* geprägt, um die Fähigkeit von Arbeitskräften auf allen Ebenen zu beschreiben, Kommunikation gewinnbringend einzusetzen.

Um Beziehungskapital in Aktion zu erleben – hier ein kleiner Abriss eines typischen Arbeitstags von Tacy:

• Small Talk mit dem Nachbarn über die Baustelle am Ende der Straße

• Arbeitsbeginn mit einem Mitarbeiter-Meeting über die wöchentlichen „drei großen Schwerpunkte"

• Ihren Chef um Rat fragen für die Preisgestaltung bei einem außergewöhnlichen Angebot

• Einem Teamleiter ihre Bedenken bezüglich einer bevorstehenden Deadline mitteilen

- An einer Konferenzschaltung mit den Mitgliedern des Kampagnen-
ausschusses einer Non-Profit-Theatergruppe teilnehmen, an der sie
aktiv beteiligt ist (während des Mittagessens!)

- Das Innovationscamp treffen und coachen, das von den Teams
Technology und Consulting geleitet wird

- Auf dem Flur einem Teammitglied eine Restaurantempfehlung für
seine bevorstehende Reise nach New York geben

- Nach Hause kommen und ihren Teenager dezent (wer's glaubt!) auf
seinen morgigen Stundenplan hinweisen und seine Hausaufgaben
kontrollieren – natürlich alles, während sie das Abendessen kocht.

- Während sie mit den Hunden nach dem Abendessen Gassi gehen,
mit ihrem Bruder Carter über das Elterndasein, Freundschaft und
Herausforderungen in der Arbeit plaudern

All diese Gespräche bedeuten den Menschen, die sie führen, etwas.
Einige sind geplant, andere geschehen spontan. Und die Fähigkeit, sie
alle scheinbar mühelos zu führen, entscheidet über Erfolg oder Nieder-
lage als Führungskraft, Elternteil oder Freund.

DDI hat Hunderte von Studien darüber durchgeführt, was erfolgreiches Leadership ausmacht. Und wir verstehen mittlerweile, was gute
Führungskräfte tun: Sie fördern Innovationen, coachen andere für deren
Erfolg, stellen die Bedürfnisse der Kunden in den Mittelpunkt, treffen
gute Entscheidungen und fördern künftige Talente.

Wir wissen also, *was* gute Leader tun – bleibt noch die Frage, *wie* sie
es tun. Bei all diesen Untersuchungen sticht eine Tatsache hervor: Wenig
von dem, was Führungskräfte tun, tun sie allein. Deswegen schwören wir
auf das Konzept des Vorgesetzten als Katalysator. Katalytische Führungskräfte stecken nicht mehr in der Rolle des Hauptakteurs, Entscheidungs-
trägers oder Problemlösers, sondern verlagern ihren Schwerpunkt darauf,
Coach, Unterstützer und Ratgeber zu sein. Um das zu erreichen, führen
sie jeden Tag Dutzende von Gesprächen – mit Angestellten, Aktionären,
Peers, Vorgesetzten und Kunden.

Und die besten Gespräche – regelmäßig, klar, authentisch und gelegentlich schwierig – geben Mitarbeitern ein Gefühl von Verständnis, Wertschätzung, Motivation und lassen sie wissen, dass man ihnen vertraut.

Es ist kein Zufall, dass diese Gespräche der Schlüssel zu einem wirklich engagierten Team sind und unserer Meinung nach auch der Schlüssel zu einem glücklichen Leben sowohl in der Arbeit als auch im Privatleben. Und bedenken Sie, dass all die Interaktionen, die heutzutage so häufig in anderen Formaten stattfinden – per E-Mail, Textnachricht, Telefon, Chat oder Firmennetzwerk – im Grunde natürlich auch nur eine andere Art des Gesprächs mit einem echten Menschen am anderen Ende der Leitung sind.

Dieses Kapitel wird Ihnen die Fertigkeiten vorstellen, die Sie brauchen, um jede Möglichkeit des zwischenmenschlichen Kontakts in Ihrem Leben optimal zu nutzen. Mit der Zeit werden Ihnen diese Fertigkeiten in Fleisch und Blut übergehen. Und wir versprechen Ihnen, dass der Lohn dafür genauso befriedigend – und vielleicht genauso überraschend – sein kann wie in der folgenden Geschichte.

Ich wollte Ihnen nur schreiben, um von einer Begebenheit zu erzählen, die sich ereignete, kurz nachdem ich an Ihrem Kurs teilgenommen hatte. Ich habe einen 15-jährigen Sohn mit mehreren Verhaltensauffälligkeiten, mit denen wir nicht umgehen konnten. Wir waren gerade dabei, eine Intervention vorzubereiten, um ihn von seinen destruktiven Verhaltensweisen abzubringen. In der Nacht, als ich von Ihrem Kurs nach Hause kam, diskutierten meine Frau und ich schweren Herzens die Schritte der Intervention. Als ich meine Aktentasche aufmachte, lag das Übungsblatt, das wir im Leadership-Kurs durchgenommen hatten, ganz oben. Ich zog es heraus und füllte jeden Abschnitt so aus, als würde ich zu meinem Sohn sprechen. Ich konzentrierte mich darauf, zuzuhören und ihn zu fragen, wie es ihm geht. Ich merkte, dass ich darin in der Vergangenheit nicht besonders gut gewesen war. Ich ging ins Zimmer meines Sohnes und fing an, mit ihm zu reden. In den letzten zwei Wochen haben wir uns häufiger unterhalten als die ganzen Jahre zuvor. Ich weiß, dass ich kein ganz einfacher Schüler Ihres Kurses war, aber diese Vorgehensweise hat ihn vollständig verändert. Ich habe einen neuen Sohn und es wird keine Intervention geben. Ich glaube, was ich in Ihrem Kurs gelernt habe, funktioniert.

– DDI-Kursteilnehmer

PRAKTISCHE UND PERSÖNLICHE BEDÜRFNISSE

Die Ratschläge in den nächsten zwei Kapiteln basieren auf mehr als 45 Jahren Erfahrung von DDI im Assessment, bei Arbeitsplatzuntersuchungen und beim Designen von Entwicklungsprogrammen. Wir haben die Verhaltensweisen und Skills identifiziert, die zu mehr Effizienz in der Kommunikation und beim Aufbau von Beziehungen führen. (Besuchen Sie die „Your First Leadership Job"-Microsite, um einen vollständigen Bericht über die wissenschaftliche Analyse von persönlichen und praktischen Bedürfnissen zu lesen.)

Wir haben einen Grundbestand an essenziellen Fertigkeiten identifiziert, die jeder beherrschen muss, um erfolgreich Beziehungen aufzubauen und Aufgaben erledigt zu bekommen. Diese Fertigkeiten zu erlernen ist ein Prozess, der das gesamte Leben der Menschen verändert. Viele werden Führungskraft, weil es der nächste logische Schritt in ihrer Karriere war – mehr Geld, mehr Prestige, überschwängliches Lob und Anerkennung im Familienkreis. Die meisten Menschen wissen, was sie von einer Führungsposition erwarten, aber nicht, was sie bereit sind, dafür zu *geben*. Die Skills, die in den nächsten zwei Kapiteln beschrieben werden, helfen Ihnen, mehr von Ihrer Rolle als Führungskraft zu *profitieren,* aber auch, anderen mehr zu *geben*.

Das fängt mit einer einfachen Wahrheit an: Menschen kommen zur Arbeit sowohl mit praktischen Bedürfnissen (etwas zu leisten) als auch mit persönlichen Bedürfnissen (respektiert und wertgeschätzt zu werden). Das gilt genauso für Ihr Team. Und wenn Sie schon länger als ein paar Tage in Ihrem neuen Job zugebracht haben, dann werden Sie feststellen, dass Ihre direkten Mitarbeiter Ihnen einen steten Strom an Problemen liefern, die Sie „lösen" sollen – meistens Probleme mit anderen Mitarbeitern. Es mag verlockend erscheinen, in den Ring zu springen und die praktischen Seiten dieser Probleme in Angriff zu nehmen. Es scheint das zu sein, was ein wahrer Leader tun sollte. Keine Emotionen – einfach das Problem lösen! Aber in Wahrheit muss man immer die persönlichen Bedürfnisse Hand in Hand mit den praktischen Bedürfnissen betrachten.

Menschen kommen zur Arbeit sowohl mit praktischen Bedürfnissen (etwas zu leisten) als auch mit persönlichen Bedürfnissen (respektiert und wertgeschätzt zu werden).

Stellen Sie es sich folgendermaßen vor: *Praktische Bedürfnisse* sind die „Route", die Sie einschlagen müssen, um sicherzustellen, dass Ihre Interaktionen mit anderen zum anvisierten Ziel führen. *Persönliche Bedürfnisse* können unterwegs immer ins Spiel kommen. Diese effizient anzusprechen kann Ihnen helfen, Blockaden auf diesem Weg zu beseitigen. In Kapitel 8 werden wir uns mit den *Gesprächsrichtlinien* der praktischen Seite zuwenden. Und um Ihnen zu helfen, sich um die persönlichen Bedürfnisse anderer zu kümmern, werden wir Ihnen hier die *Gesprächsgrundsätze* vorstellen. Sie mögen sich am Anfang sehr simpel anhören – wie die guten Ratschläge, die man von den Eltern oder Lehrern bekommen haben mag. Aber sie wirken Wunder!

Die fünf Gesprächsgrundsätze müssen Sie nicht nach einer vorgegebenen Reihenfolge anwenden; nutzen Sie sie je nach Bedarf während jeder beliebigen Phase eines Gesprächs. Und wenn wir ein wenig mehr ins Detail gehen, werden Sie sehen, dass diese Gesprächsgrundsätze der Weg sind, um das Beste in Ihnen und anderen zum Vorschein zu bringen.

DIE GESPRÄCHSGRUNDSÄTZE

Ziel: Den persönlichen Bedürfnissen der Menschen entgegenkommen

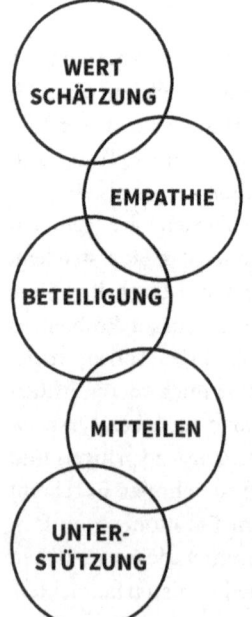

WERT SCHÄTZUNG — Selbstwertgefühl erhalten oder erhöhen.

EMPATHIE — Mit Empathie zuhören und antworten.

BETEILIGUNG — Bitten Sie um Hilfe und fördern Sie die Beteiligung der Mitarbeiter.

MITTEILEN — Teilen Sie Gedanken, Gefühle und Überlegungen mit. *(So bauen Sie Vertrauen auf.)*

UNTERSTÜTZUNG — Bieten Sie Ihre Unterstützung an, ohne jemandem Verantwortung wegzunehmen. *(So bauen Sie ein Gefühl der Mitbestimmung auf.)*

SELBSTWERTGEFÜHL ERHALTEN
ODER ERHÖHEN

Als meine Vorgesetzte mir sagte, dass die Leute aus unserem Team nicht gerne mit mir zusammenarbeiteten, war ich schockiert. Als ich fragte, warum, sagte sie mir, dass ich abgehoben wirke und anscheinend nicht mit anderen Menschen zusammenarbeiten wolle. „Wir dachten, Sie seien anders", sagte sie. „Sie sind einfach keine offenherzige Person." Anders? Nicht offenherzig? Was sollte das heißen? Ich dachte: Bin ich wirklich so? Bin ich wirklich diese Person? Diese unbeliebte, nicht offenherzige Person? Wie konnte ich weiter mit diesen Menschen zusammenarbeiten? Ich fühlte mich, als wäre mein Leben vorbei.

– Amy

Selbstwertgefühl hat in letzter Zeit einen schlechten Ruf bekommen, ein Treppenwitz der Geschichte für eine Generation, die dazu tendiert, überbehütend mit ihren Kindern umzugehen. (Zumindest in einigen Teilen der Welt.) In einer Umgebung, in der es schon preisverdächtig erscheint, Mitglied eines Teams zu sein, anstatt sich durch eigene Leistungen hervorzutun, ist das Gefühl, selbst etwas wert zu sein, zum Synonym für Lobhudelei und einen Mangel an Disziplin geworden. Tatsächlich ist es aber eines der wichtigsten Konzepte, die man im Hinterkopf behalten sollte, wenn man mit Menschen zusammenarbeitet.

Im vorigen Fallbeispiel berichtete Amy von dem erbarmungslosen Feedback, das sie erhielt und das einen niederschmetternden Effekt auf sie hatte, der monatelang anhielt. Es waren nicht nur ihre Memos, die ein wenig dünn mit Daten unterfüttert waren, oder ihr Präsentationsstil, der ein wenig Feinschliff benötigte; ihre ganze Persönlichkeit wurde als problematisch angesehen. Traurigerweise wäre dieses Feedback gänzlich vermeidbar gewesen.

Selbstwertgefühl bezieht sich einfach nur darauf, wie Sie über sich selber denken. Sind Sie gut genug? Sind Sie eine geachtete Persönlichkeit? Werden Sie respektiert? Leisten Sie einen wertvollen Beitrag in der Welt? Sind Ihre wesentlichen Qualitäten für andere sichtbar?

Als Führungskraft haben Sie die erstklassige Gelegenheit, bei jeder Interaktion mit anderen deren Meinung über sich selber zu beeinflussen. Dies ist eine der machtvollsten zwischenmenschlichen Fähigkeiten, die

Sie einsetzen können, und eines der wertvollsten Geschenke, die Sie den Menschen in Ihrem Unternehmen machen können.

Beachten Sie das „oder" in unserem ersten Gesprächsgrundsatz: „Selbstwertgefühl erhalten oder erhöhen." Wenn Sie mit Menschen interagieren, haben Sie zwei Möglichkeiten: entweder ihre Meinung über sich selbst zu erhalten (das heißt, sie nicht dazu zu bringen, sich schlechter zu fühlen) oder dieser Meinung einen positiven Schub zu geben. Bei vielen Interaktionen haben Sie Gelegenheit, die guten Ideen zu würdigen, die vorgebracht wurden, oder die Anstrengungen anzuerkennen, die unternommen wurden – und dadurch das Selbstwertgefühl anderer zu steigern.

In anderen Fällen war die Performance mangelhaft und die Situation erfordert statt eines Kompliments oder Anerkennung eine Kurskorrektur. Wenn jemand zur Tür hinausgeht, sollte er sich nicht schlechter fühlen als zu Beginn des Gesprächs. Jemanden runterzumachen, indem man ihn herabwürdigt oder ihm das Gefühlt gibt, für den Job persönlich ungeeignet zu sein – wie es Amys Vorgesetzter mit ihr gemacht hat – kann sehr verletzend sein und man erholt sich nur schwer davon. Und es ist unnötig. Selbst bei diesen schwierigen Gelegenheiten können – und sollten – Sie wenigstens das Selbstwertgefühl Ihres Gegenübers erhalten.

Wie sich herausstellte, ist die verschlossene Amy eine kluge Person – Generation Y und gerade mit dem Studium fertig geworden. Sie hatte in ihrem bisherigen Leben überwiegend mithilfe eines Smartphones kommuniziert und hatte Probleme mit Interaktionen in einer Büroumgebung. Also handelte sie. Sie versuchte, von Kollegen, denen sie vertraute, nützliches Feedback darüber zu bekommen, wie sie besser mit ihren Teamkollegen kommunizieren könnte. Sie kittete die Beziehungen zu ihren Kollegen und gewann langsam ihr Selbstvertrauen zurück. Aber es dauerte fast ein Jahr, bis sie sich wirklich besser fühlte, und weitere vier, bis sie ihre nächste Beförderung bekam. Und sie vertraute ihrem Vorgesetzten nie mehr. Nachdem sie nun selbst eine Führungskraft ist, sagt sie das, was viele sagen: *Ich werde niemals jemanden so behandeln, wie ich behandelt wurde.* Aber es war ein harter Weg, diese Lektion zu lernen.

Die Psychologie nutzen

Erinnern Sie sich an Ihren Psychologie-Einführungskurs? Selbstwertgefühl ist das zweithöchste Bedürfnis in Maslows Hierarchie.[*2] Und es kann von nahezu allen Interaktionen mit anderen beeinflusst werden. Das Konzept des Selbstwertgefühls erlangte in den späten 1960er-Jahren Popularität, wobei der Psychotherapeut Nathaniel Branden und der Psychologe Stanley Coopersmith eine Vorreiterrolle einnahmen. Bis zum heutigen Tage wurden etwa 536 Studien, 769 Artikel und 80 Bücher über den Einfluss von Selbstwertgefühl auf die Arbeitsleistung geschrieben.

Einige der dokumentierten Folgen eines hohen Selbstwertgefühls sind: hohe Zufriedenheit mit Karriere und Beruf, bessere Motivation und höheres Engagement, hohe Qualität der geleisteten Arbeit, Verbesserung der persönlichen und beruflichen Beziehungen und mehr Innovation am Arbeitsplatz. Individuen, die das Selbstwertgefühl anderer erhalten oder erhöhen, werden im Allgemeinen als hocheffizient angesehen und kommen in den Genuss verbesserter Kommunikation innerhalb des Teams und verringerter Spannungen am Arbeitsplatz. Sie neigen auch dazu, Angestellte zu führen, die eine höhere Zufriedenheit und Performance im Beruf aufweisen und über größere Loyalität und mehr zwischenmenschliches Vertrauen verfügen.

---

* Abraham Maslow (1943) entwickelte eine Bedürfnishierarchie, um menschliche Motivationen zu erklären. Es muss immer erst die niedrige(re) Bedürfnisebene erfüllt sein, bevor man zur nächsten voranschreiten kann. Maslows Pyramide beginnt mit physiologischen Bedürfnissen (Essen, Wasser, Schlaf) und bewegt sich weiter zu Sicherheitsbedürfnissen, dann zu sozialen Bedürfnissen, Individualbedürfnissen und auf der höchsten Ebene Selbstverwirklichung (volle Entfaltung des persönlichen Potenzials).

WIR HABEN NACHGEFRAGT, SIE HABEN ÜBER FACEBOOK GEANTWORTET

e Kipp – Ich hatte einen Vorgesetzten, der mir einmal gesagt
„Kipp, Sie werden niemals irgendwas erreichen, weil Sie kein
ebrühter, harter Hund sind." Den Rest meiner Karriere habe ich
ucht, seine Behauptung zu widerlegen.

n das Selbstwertgefühl anderer erhält

zentrieren Sie sich auf die Fakten, nicht auf die Person. Das
twertgefühl anderer Menschen kann beschädigt werden, wenn
as Gefühl haben, Sie greifen sie persönlich an, oder wenn sie er-
müssen, was Sie wirklich meinen. Ein Satz wie: „Normalerweise
Sie eines der pünktlichsten Mitglieder unseres Teams, aber im
n Monat kamen sie oft zu spät zu Meetings" wird eher das Selbst-
efühl erhalten als folgender Kommentar im Mitarbeiter-Meeting:
n Sie ein Problem mit Pünktlichkeit?" Mit diesem zweiten
entar zerschlagen Sie offensichtlich einiges an Porzellan.

**ktieren und unterstützen Sie andere, indem Sie sie nicht in
hublade stecken.** Jemanden in eine Schublade zu stecken
rletzend sein – sie ist unhöflich, er ist unsensibel oder diese
ist völlig unkooperativ. Solche Einordnungen können dazu
dass Menschen glauben, ihr Ruf stehe auf dem Spiel, und
nun für immer gebrandmarkt sind, egal, was sie tun. Ein
maß an Respekt zu zeigen und Etikettierungen zu vermei-
n wesentlicher Leadership-Skill.

ären, indem man clevere Fragen stellt. Zu vermuten, was
m oder eine Schwierigkeit verursacht hat, ist genau das – eine
g. Offene Fragen können Ihnen helfen, Motive zu ergründen.
„Was, denken Sie, hat die Verspätung verursacht?" ist viel
zu fragen „Versuchen Sie persönlich das Projekt zu sabo-
was Ihren Gesprächspartner garantiert in die Defensive

Wenn also das Erhalten des Selbstwertgefühls anderer das Minimum ist, das Sie erreichen sollten – wie stellt man es dann an, es zu erhöhen? Wieder ist die Antwort relativ einfach: Machen Sie ein ehrlich gemeintes Kompliment. Aber viele sind dem tendenziell eher abgeneigt.

Wenn wir die First-Time Leader, die unsere Kurse besuchen, fragen, wieso sie nur widerstrebend ihre direkten Untergebenen loben, dann haben sie typischerweise eine ganze Liste an Gründen dafür (siehe unten). Was sind Ihre Ausreden?

- „Ich bin zu beschäftigt."

- „Weil ich den ganzen Tag im Problemlösungs-Modus bin und versuche herauszufinden, was falsch lief und was ich wieder in Ordnung bringen muss."

- „Weil ich nicht will, dass die Leute denken, ich bevorzuge jemanden."

- Niemand gibt *mir* je positives Feedback!"

- „Wenn ich jemandem positives Feedback gebe, dann wird er nachlässig, weil er glaubt, das ist das erforderliche Leistungsniveau."

- „Wir erwarten in unserer Firma exzellente Leistungen, also ist Lob unnötig."

Okay, wir haben es verstanden! Aber wir haben auch festgestellt, dass die meisten Führungskräfte, die damit Probleme haben, einfach nicht wissen, wie, warum und wann sie ein Kompliment machen sollten. Und sie haben Angst, schwach oder unauthentisch zu erscheinen oder Autorität zu verlieren, wenn sie es verpfuschen. Nichts davon muss zutreffen.

Spezifisch und ernst gemeint

Der Trick beim Komplimentemachen oder beim Steigern des Selbstwertgefühls, wie wir es nennen, ist relativ einfach. Ein Kompliment muss aufrichtig sein – Sie meinen es ehrlich und es trifft tatsächlich zu – und spezifisch. Untersuchungen und auch unsere Erfahrungen zeigen, dass jemand nicht automatisch alles schleifen lässt, weil er ein Kompliment erhält. Ganz im Gegenteil. Tatsächlich ist schmeichelhaftes Feedback eines Vorgesetzten motivierend. Wieso? Weil es die Menschen daran erinnert, dass sie echten Wert besitzen und dass ihr Beitrag wichtig ist. Dass sie als der gesehen werden, der sie sind, und dass sie Bedeutung haben. Und die größte Überraschung daran: Wenn Sie jemandem ein ernst gemeintes Kompliment machen, werden Sie sich selber gut fühlen. (Ja, wir verfügen sogar über empirische Daten, die nahelegen, dass es besser ist, Komplimente zu machen als sie zu erhalten.[3]) Und das wird Sie zu einem besseren, ruhigeren und optimistischeren Vorgesetzten machen. Und wer würde nicht gerne für so jemanden arbeiten?

REFLEXIONSPUNKT

Wer in Ihrem Team sollte wissen, was Sie wirklich von ihm denken? Wer in Ihrem Leben? Welches Feedback oder Kompliment können Sie diesen Menschen geben, das wirklich etwas bewegen und ihr Selbstwertgefühl erhalten oder steigern würde?

Wann sollte man also jemandem ein Kompliment machen? Natürlich dann, wenn eine Mitarbeiterin sich spürbar verbesserte, ein Ziel erreichte, ein schwieriges Problem löste oder während einer stressigen Zeit über sich hinauswuchs, um etwas beizutragen. Zuweilen – und dafür braucht man Übung – kann man auch ein Kompliment machen, wenn man etwas beobachtet hat, das diejenige gar nicht über sich selber weiß, was ihr jedoch Freude machen würde zu erfahren. Das kann Zufall sein, aber es muss wahr sein. Und das Schöne daran: Es zeigt der Person, dass Sie auf einer tieferen Ebene wissen, wer sie wirklich ist.

WIR HABEN NACHGEFRAGT, SIE HABEN GEANTWORTET
@ Twitter und Facebook

F: Was war das tollste Kompliment, das Sie je von Ihrem Vorgesetzten erhalten haben?
FB Jennifer Fader Scott Sie bringen uns alle zum Lachen, wenn es gerade nicht gut läuft.

@ mrsshanebennett Ein ehrlich gemeintes Dankeschön.
FB Lori Wurm Weitzman Die Kinder lieben Sie, vertrauen Ihnen und verlassen sich auf Sie. Wir können uns glücklich schätzen, Sie zu haben.
FB Dimitry Elias Leger Ich habe Sie am Anfang unterschätzt.
@ kevinmercuri Eine kurze und prägnante E-Mail, die lautete: „Ich bin wirklich glücklich über Ihre Performance… Sie helfen dieser Agentur zu wachsen."
FB Robin Beers Sie sind die Beste bei dem, was Sie tun.
@ iROKOHope Er sagte mir, und ich zitiere: „Sie machen das Unmögliche möglich: Mich wie einen Menschen aussehen zu lassen…"
FB Chris Allieri Sie sind furchtlos in einem Raum voller Fremder. Das ist gut.
@ davidcuddy [Ein Vorstand] kam vorbei und fragte, wer das geschrieben habe. Ich dachte, er fand es schrecklich, also sagte ich, dass du es warst. Wie sich herausstellte, mochte er es. ROFL.
FB Justin Holland Sie scheinen um die Ecke schauen zu können.
FB Hugh Weber Sie stellen tolle Fragen.

War das nicht eine schöne Liste? Natürlich ist die Herausforderung bei Twitter, dass man nur 144 Zeichen schreiben kann und so nicht die ganze Geschichte hinter dem Lob erfährt. In Wahrheit beinhaltet das Steigern von Selbstwertgefühl mehr als nur solche kurzen Nettigkeiten.

Kurze Sätze des Lobs fühlen sich zwar gut an, erzielen aber aus zwei Gründen nicht immer den erwünschten Effekt. Erstens können sie sich abgedroschen anhören. Zum Beispiel hat uns Ellen erzählt, dass ihr Vorgesetzter gerne alles als „umwerfend" bezeichnete. Er sagte es jedem, jeden Tag, jede Woche, über alles. Selbst wenn es also als Kompliment gedacht war, fühlte sich dieses bestimmte Wort unehrlich an. Zweitens fehlt es kurzen und bündigen Komplimenten an Spezifität. Spezifisch zu sein ermutigt Menschen, weiterhin ihre guten Ideen beizusteuern, lässt sie genau wissen, was sie zum Erfolg des Teams beigetragen haben, und motiviert sie, dieses, wenn nötig, wieder zu tun.

WICHTIGE TIPPS

Selbstwertgefühl erhalten oder erhöhen

Um Selbstwertgefühl zu *erhalten* ...

• konzentrieren Sie sich auf die Fakten.
• respektieren und unterstützen Sie andere.
• klären Sie Motive.

Um Selbstwertgefühl zu *erhöhen* ...

• erkennen Sie gute Gedanken und Ideen an.
• würdigen Sie Verdienste.
• drücken Sie Ihr Vertrauen aus und zeigen Sie es auch.
• seien Sie spezifisch und ernsthaft.

Gut oder exzellent?

Lesen sie die folgenden Aussagen von Führungskräften. Wählen Sie aus beiden Alternativen die *effektivere* Anwendung des Gesprächsgrundsatzes „Selbstwertgefühl" aus.

F1. A. Danke, dass Sie mir davon erzählt haben. Ich kann Ihnen gar nicht sagen, wie sehr mir das helfen wird, das Problem in den Griff zu kriegen.

B. Weil Sie mir von dem Problem erzählt haben und mit mir an einer Lösung gearbeitet haben, konnten wir Irritationen anderer Mitarbeiter vermeiden. Danke, dass Sie etwas dazu gesagt haben.

F2. A. Weil Sie sich freiwillig gemeldet hatten, am Montag das Meeting zu leiten, konnte ich meine Großmutter zu ihrem Arzttermin fahren.

B. Ich bin froh, dass ich Sie treffe. Ich wollte Ihnen sagen, wie sehr ich es schätze, dass Sie mir letzten Montag geholfen haben. Danke!

ANTWORTEN: F1. Die richtige Antwort ist Aussage B. Sie nennt genaue Gründe, wieso eine bestimmte Handlung bei der Lösung des Problems hilfreich war. F2. Die richtige Antwort ist Aussage A. Sie begründet detailliert, wieso die Unterstützung hilfreich war.

MIT EMPATHIE ZUHÖREN UND ANTWORTEN

Denken Sie an das letzte Mal, als Sie wirklich aufgeregt waren und Ihrem Chef, einem Vorgesetzten oder einem Kollegen reinen Wein eingeschenkt haben – in allen emotionalen und glorreichen (oder eher weniger glorreichen!) Details. Als Sie fertig waren, hat Ihr Gegenüber vermutlich kurz innegehalten und gesagt: *Ich weiß genau, wie Sie sich fühlen.* Was war Ihre erste Reaktion darauf? War es: *Nein, wissen Sie nicht?* Einer der häufigsten Fehler, die man machen kann, ist es, eine Phrase wie *Ich weiß, wie Sie sich fühlen* zu verwenden, die zwar mitfühlend klingt, aber im Grunde nichts bedeutet. Viele setzen noch eins drauf, indem sie eine eigene Leidensgeschichte zum Besten geben – etwas entfernt Ähnliches –, wie um zu beweisen, dass sie *wirklich wissen*, wie Sie sich fühlen.

Aber statt Sie aufzumuntern haben sie nur bewiesen, dass sie Ihnen nicht wirklich zugehört haben. Oder schlimmer noch – Sie fühlten sich wahrscheinlich abgefertigt. Mit einem Streich wurde wertvolle Zeit verschwendet, weil die Diskussion sich nicht mehr um Sie drehte und man Sie dann auch noch weiter von sich stieß und eine Lösung in weite Ferne rückte. Kommt Ihnen das bekannt vor?

Zuhören und mit Empathie antworten sind in Kombination zwei der machtvollsten Skills, die Sie meistern können.

Zuhören und mit Empathie antworten sind in Kombination zwei der machtvollsten Skills, die sie meistern können. Warum? Wenn man mit einer emotional aufgeladenen Situation zu tun hat, reduzieren diese Verhaltensweisen sofort die Spannungen und kühlen die aufgeheizte Stimmung ab. Und bevor sich die Dinge nicht wieder beruhigt haben, kann man nicht produktiv sein. Aber leider lassen sich diese beiden Fertigkeiten auch am schwierigsten erlernen. Emotionen – jeglicher Art – am Arbeitsplatz neigen dazu, Menschen nervös zu machen. *Drama! Das soll aufhören!* Als Führungskraft ist die Versuchung groß, die Situation zu entschärfen, indem man den Mitarbeitern sagt, (1) dass Sie es schon verstehen, (2) dass sie ihre Gefühle im Griff haben sollen und (3) was sie tun sollen, um das Problem so schnell wie möglich aus der Welt zu schaffen. (Vielleicht haben Sie im Privatleben bereits die Feststellung gemacht, dass es nicht besonders gut funktioniert, einer aufgebrachten Person zu sagen, sie solle nicht so gefühlsduselig sein.) Um erfolgreich zu sein, müssen Sie ihr eigenes Unbehagen im Griff haben und dieser Versuchung widerstehen, denn es wird nicht funktionieren und auch nichts zur Verbesserung Ihrer Beziehung beitragen.

Hier eine Anleitung, wie man ein empathisches Mitarbeitergespräch richtig plant:

1. Zeigen Sie, dass Sie erkennen, was die Person fühlt, indem Sie die gezeigten Gefühle mit eigenen Worten beschreiben.

2. Zeigen Sie Empathie.

3. Stellen Sie eine Frage über die Situation.

Erzählung von Tacy:

Als mein 14-jähriger Sohn Spencer anfing, daheim Trübsal zu blasen, konnte ich sehen, dass es nicht nur die Hormone waren. Er hatte zum ersten Mal in seinem jungen Leben Abschlussprüfungen und der Endspurt zur Prüfungswoche verlief nicht sehr gut. Aber er entzog sich meinen Bemühungen, ihn aufzuheitern oder ihm bei der Vorbereitung zu helfen. Ich versuchte alles Mögliche: *Sohnemann, was ist los?* (Schweigen) *Was beschäftigt dich?* (Schweigen) *Was denkst du?* (Mehr Schweigen) *Wie kann ich helfen?* Ich erntete noch weiteres, längeres Schweigen, gefolgt von – endlich – einem monotonen: „*Das ist gerade alles ganz verrückt.*"

Da ich endlich einen Zugang gefunden hatte, ermutigte ich ihn: *Erzähl mir davon*, und das tat er. Die Augen immer noch nach unten gerichtet und immer noch mürrisch, murmelte er etwas davon, dass er all diese kurz aufeinander folgenden Tests schreiben musste, was er vorher noch nie machen musste. Und er sagte: „*Mom, ich weiß nicht, wie ich das alles auf einmal schaffen soll.*"

Ich sagte zu ihm: *Ich denke, dass du Angst hast und unter einer Menge Druck stehst. Du hattest noch nie Abschlussprüfungen. Kommt das in etwa hin?* Heureka! Der Durchbruch! Er sah mich an und fing an, sich zu öffnen, und erzählte mir, dass er sich überfordert fühlte und die anderen in seiner Klasse so viel weiter zu sein schienen. Nur indem ich Empathie gezeigt hatte, um seine Gefühle zu würdigen und zu benennen, half ich ihm, sich zu öffnen und das Problem rationaler anzugehen. Es brach das Eis zwischen uns und wir konnten zusammen an der Lösung des Problems arbeiten.

Empathie funktioniert sowohl im Beruf als auch daheim. Wir haben Videoanleitungen für viele unserer Kurse entwickelt, um die Kunst der Anerkennung, Empathie und emotionalen Verbindung zu analysieren. Hier ein kleiner Ausschnitt mit Steve, Leiter eines Projektteams, welches das veraltete Betriebssystem der Firma updaten soll. Das bisher reibungslos laufende Projekt hat mit dem Herannahen der Deadline einen Zacken an Dringlichkeit und Anspannung zugelegt, worunter die Zusammenarbeit der Teammitglieder leidet. Alex, der Steve unterstellt ist, hat Schwierigkeiten, seinen Workload in den Griff zu kriegen.

Alex: *Ich musste gestern länger bleiben. Und am letzten Freitag kam Marcia zum etwa 20. Mal an diesem Tag zu mir. Unterbricht mich mitten in dieser komplizierten Berechnung. Ich sag's dir, Steve, da hätte ich einfach nur…*

Steve: *Alex, ich weiß, dass du besonders in den letzten paar Wochen unter enormem Druck gestanden hast* [Empathie]. *Die meisten*

*merken das auch mittlerweile. Einige wenden sich deswegen schon
nicht mehr mit Fragen oder Vorschlägen an dich. Und deswegen
wollte ich mit dir sprechen.*

Alex: *Über was? Darüber, dass ich unter Stress stehe, oder darüber, dass
die anderen ein Problem damit haben?*

Steve: *Nun, eigentlich beides. Setz dich. Du bist sehr beschäftigt – das
weiß ich* [Empathie]. *Wir sind außerdem gerade in einem kritischen
Stadium des Projekts. Wenn wir also dein Fachwissen nicht nutzen
können, wenn wir es brauchen – wenn du nicht für uns da bist –
dann können wir die Frist nicht einhalten und unser Zeitplan
gerät ins Wanken. Und das kann Auswirkungen auf die gesamte
Firma haben.*

Untersuchungen zeigen: Leader, die Empathie mit ihren Mitarbeitern
zeigen, werden als bessere Coaches wahrgenommen.[4] Angestellte, die
glauben, dass ihre Vorgesetzten empathisch sind, tendieren dazu, engagierter bei der Arbeit und weniger gestresst, depressiv oder ängstlich zu
sein.[5]

Identifizieren Sie Fakten und Gefühle

Es gibt durchaus die Möglichkeit, *Ich weiß, wie Sie sich fühlen* auf eine
Weise zu sagen, dass es die Menschen nicht nur akzeptieren, sondern sich
deswegen auch besser fühlen. Zwei Worte sollen Sie daran erinnern, wie
man das macht: „Fakten" und „Gefühle". Wenn Sie jemandem mit Empathie
antworten, dann besteht der erste Schritt darin, die Fakten, die Sie eben
gehört haben, kurz zu reflektieren, damit das Gegenüber weiß, dass Sie
überhaupt zugehört haben. Als Steve im vorangegangenen Beispiel sagt:
*Alex, ich weiß, dass du besonders in den letzten paar Wochen unter enor-
mem Druck gestanden hast*, zeigt er damit, dass er zugehört hat und Alex'

*Ein empathisches Statement
zeigt, dass Sie verstehen, was eine
Person sagt – aber dem nicht
notwendigerweise zustimmen.*

missliche Lage versteht. Es wäre von Steve falsch gewesen, mit *Ich weiß, wie
du dich fühlst* oder *Ich hab selbst schon unter ähnlichem Druck gestanden*
anzufangen, denn das hätte den Fokus von Alex weg verlagert.

Ein Grundsatz, den es zu beachten gilt: Empathie ist nicht das Gleiche wie Zustimmung. Ein empathisches Statement zeigt, dass Sie verstehen, was eine Person sagt – aber dem nicht notwendigerweise zustimmen. Noch ein weiteres Beispiel. Stellen Sie sich vor, eine Mitarbeiterin Ihres Teams kommt sich wie das fünfte Rad am Wagen vor. Eine empathische erste Reaktion darauf könnte sein: *Es muss unangenehm sein zu denken, dass Ihre Gruppe absichtlich nicht in den Entscheidungsfindungsprozess eingebunden wird.* Sie haben ihr eine Chance gegeben, sich mitzuteilen. Unserer Erfahrung nach ist es einfacher für Menschen, sich auf die vorliegende Aufgabe zu konzentrieren, wenn sie die Möglichkeit hatten, ihrem Ärger Luft zu machen, und sicher sind, dass Sie verstehen, worum es geht. Sie können dann damit anfangen, Ideen, Lösungen und Handlungsansätze zu entwickeln, weil sie darauf vertrauen, dass Sie verstehen, welche Auswirkungen die Situation auf sie hat.

Als Nächstes sollten Sie zeigen, dass Sie das Gefühl verstehen, das die Person zum Ausdruck bringt – und warum. Und zu diesem Zweck sollten Sie fortfahren, aufmerksam zuzuhören, und dann das Gefühl benennen. Steve nannte Alex' Emotionen „unter Druck stehen" und „beschäftigt sein".

Es sollte noch angemerkt werden, dass Empathie nicht nur für die emotional negativ aufgeladenen Zeiten reserviert ist. Wenn Mitarbeiter stolz sind auf das Erreichte oder glücklich, eine schwierige Aufgabe abgeschlossen zu haben, dann erlaubt ihnen die Empathiebekundung eines Vorgesetzten, sich im Ruhm des Augenblicks zu sonnen. Dabei zeigen Sie wieder durch das Differenzieren zwischen Fakten und Gefühlen, dass Sie zuhören und ihre Mitarbeiter verstehen! Und das baut Beziehungen auf. So könnten Sie zum Beispiel einfach nur einer von vielen sein, die einem Kollegen gratulieren. Oder Sie könnten aus der Menge herausstechen, indem Sie etwas sagen wie: *Der Ausdruck auf Ihrem Gesicht lässt erkennen, dass Glückwünsche angebracht sind. Sie müssen zufrieden sein* [Gefühl], *wie die Verkaufspräsentation gelaufen ist* [Fakten]. *Ich bin zuversichtlich, dass wir das Geschäft kriegen!* [Selbstwertgefühl]. Eine Aussage wie diese könnte viel bewirken, wenn es darum geht, eine Arbeitsbeziehung zu festigen.

Verstehen Sie mich?

Zuhören kann den entscheidenden Unterschied ausmachen, einen Job zu finden oder zu verlieren, eine wichtige Deadline zu erfüllen oder zu verpassen, sich wie der Teil eines Teams oder wie das fünfte Rad am Wagen zu fühlen. Doch obwohl Zuhören einer der wichtigsten kommunikativen Skills ist, erhält es oft nicht die ihm gebührende Wertschätzung. Die meisten Menschen schätzen das Sprechen höher ein!

Eine Falle, in die Führungskräfte oft tappen, ist, dass sie gerade so viel wie eben nötig zuhören. Das heißt, wir hören zu, bis wir die Antwort kennen, unterbrechen dann und fangen selber zu reden an. Manchmal hören wir auch zu und stimmen nicht mit dem Gehörten überein, also wollen wir sofort etwas erwidern. Dann hört man nur zu, um zu widersprechen. Zu anderen Gelegenheiten sind wir so begeistert über die vorgebrachten Ideen, dass wir sofort ins Gespräch einsteigen, um daran anzuknüpfen, und dabei dem anderen das Wort abschneiden, noch bevor er seinen Satz beenden und alle seine Ideen mitteilen kann.

> *Zuhören kann den entscheidenden Unterschied dazwischen machen einen Job zu finden oder zu verlieren, eine wichtige Deadline zu erfüllen oder zu verpassen, sich wie Teil eines Teams oder wie das fünfte Rad am Wagen zu fühlen.*

Wenn man sich auf das einstellt, was andere sagen, dann achtet man wirklich auf die Gefühle hinter den Worten. Man hört zu mit *Empathie – versteht andere und ist empfänglich für ihre Gedanken, Gefühle und Erfahrungen.*

Die Fähigkeit, *mit Empathie zuzuhören und zu antworten*, ist eine zwischenmenschliche Fertigkeit, die Ihre Gespräche am Arbeitsplatz und im privaten Bereich verbessern kann. So können Sie erfahren, wie andere sich fühlen, und Ihr Verstehen signalisieren, wenn Sie auch nicht notwendigerweise zustimmen. Das ist der Schlüssel zu einem offenen Dialog und effektiver Kommunikation.

Hören Sie mit der Intensität zu, mit der Sie sonst sprechen.

– **Lily Tomlin**, Schauspielerin, Comedian, Schriftstellerin, Produzentin

WICHTIGE TIPPS:

Mit Empathie zuhören und antworten

- Reagieren Sie auf Fakten und Gefühle.
- Entschärfen Sie negative Emotionen.
- Zeigen Sie auch Empathie mit positiven Gefühlen.

War das Empathie?

Lesen Sie die folgenden Aussagenpaare und entscheiden Sie, ob es effektive oder ineffektive Beispiele für den Gesprächsgrundsatz Empathie sind.

F1. Sie scheinen alle beunruhigt zu sein über die Richtung, die wir bei diesem Projekt eingeschlagen haben.

    A. Effektiv   **B.** Ineffektiv

F2. Das ist schlecht, aber ich bin sicher, Sie werden es schaffen, die Prioritäten in Ihrem Zeitplan neu zu setzen.

    A. Effektiv   **B.** Ineffektiv

F3. Sie sehen wirklich entspannt aus. Sie hatten sicher einen wundervollen Urlaub.

    A. Effektiv   **B.** Ineffektiv

ANTWORTSCHLÜSSEL: F1. A: Effektiv mit klarer Nennung von Fakt und Gefühl; F2. B: Ineffektiv, da das Gefühl nicht benannt wurde; F3. A: Effektives Beispiel von Empathie, um ein positives Gefühl zu benennen.

UM UNTERSTÜTZUNG BITTEN UND BETEILIGUNG FÖRDERN

Merken Sie sich folgenden Satz: *Sicher, ich bin froh, dass ich helfen kann. Sagen Sie mir, was Sie über den bisherigen Ablauf denken.* Dies, oder eine Abwandlung davon, ist eine der schnellsten Methoden, andere an der Lösung der täglichen Probleme zu beteiligen, denen Sie sich gemeinsam gegenübersehen. Die Mitarbeiter haben Erwartungen an ihre Jobs, die über die reine Bezahlung hinausgehen. Sie wollen ...

• mitbestimmen, wie sie ihre Arbeit machen.

• in Entscheidungen, die sie betreffen, einbezogen sein.

• Input über Veränderungen, die sie implementieren müssen.

• an den Lösungen ihrer eigenen Probleme beteiligt sein.

Wie wir im zweiten Kapitel ausgeführt haben, ist es Ihre Aufgabe als neue Führungskraft, Arbeit mithilfe anderer erledigt zu bekommen. Die effektivste Methode, das zu erreichen, besteht darin, weniger Zeit mit der Darlegung Ihrer Ideen und dem zu verbringen, was *Ihrer* Meinung nach getan werden sollte (und von den Mitarbeitern die Ausführung zu erwarten), und mehr Zeit damit zu verbringen, die Ideen *Ihres Teams* und was es denkt zu erfragen. Dieser Ansatz hat mehrere handfeste Vorteile. Erstens stehen die Chancen gut, dass die Teammitglieder bereits einen Teil der Antworten haben. Zweitens ist das Bitten um Input ein anderer Weg, sie wissen zu lassen, dass Sie ihre Meinungen, ihr Wissen und ihre Fähigkeiten schätzen. Drittens können Sie sehen, wie clever die Mitarbeiter sind und wie sie denken. Und viertens stehen Menschen meistens mehr hinter ihren eigenen Ideen und sind motiviert, diese umzusetzen.

Dieser Gesprächsgrundsatz hilft Ihnen, von der Expertise und den originellen Ideen ihrer wichtigsten Ressource zu profitieren. Andere zu beteiligen kann ein Klima der Kooperation fördern, das Menschen inspiriert, bei der Arbeit ihr Bestes zu geben.

Mehr fragen als sagen

Der antike griechische Philosoph Epiktet wird mit den Worten zitiert: *Der Mensch hat zwei Ohren und eine Zunge, damit er doppelt so viel hören kann, wie er spricht.* Tatsächlich gibt es Untersuchungen, die nahelegen, dass es einen Maßstab gibt, den wir bei unseren täglichen Gesprächen anstreben sollten. Als echter Profi ist es Ihre Aufgabe, Informationen zu sammeln, und nicht, sie zu verteilen. Ein Aufmerksamkeitsdefizit kann die Zusammenarbeit zwischen Abteilungen lähmen, Karrieren ausbremsen und Probleme mit der Produktivität, dem Vertrauen und dem Engagement verursachen.

Statt eine durchschnittliche Führungskraft zu sein, die 70 Prozent der Zeit den Mitarbeitern *sagt,* was sie zu tun haben, und nur 30 Prozent der Zeit um Input bittet, versuchen Sie, wie die besten Leader vorzugehen, die zu 70 Prozent nach Input fragen und nur zu 30 Prozent Anweisungen erteilen.[6]

Das mag sich zu Anfang nicht intuitiv anfühlen, aber alte Angewohnheiten sind das größte Hindernis, wenn es darum geht, andere zu beteiligen. Bei vielen von uns ist die Neigung, *nicht* um Rat zu fragen, aus einer Reihe von Gründen fest verankert: weil wir denken, dass wir damit Schwäche zeigen, oder weil wir wie der große Held erscheinen wollen. Oder weil wir denken, dass wir ein Nein als Antwort erhalten und alles selbst machen müssen. Was auch immer der Grund ist, nehmen Sie sich vor, Ihre Art im Umgang mit anderen zu verändern – fragen Sie um Rat und Unterstützung und vermeiden Sie es, zu viele Anweisungen zu geben. Fragen, die andere miteinbeziehen, sollten offen gehalten sein und etwa folgendermaßen aussehen:

- *Aufgrund Ihrer Erfahrung – was meinen Sie, wo wir anfangen sollten?*

- *Welche Ideen haben Sie?*

- *Wie können wir das besser machen?*

- *Was sollen wir tun?*

- *Denken Sie, dass dieser Plan für Sie funktioniert?*

FÜHRUNGSKRAFT - *Was nun?*

Erkennen Sie es jetzt oder zahlen Sie später den Preis dafür

DDI hat Hunderttausende von Führungskräften auf der ganzen Welt befragt, wie sie die fünf Gesprächsgrundsätze in ihren alltäglichen Interaktionen nutzen. Das Entscheidende ist, dass diese Daten nicht auf Antworten in Fragebögen beruhen, sondern auf *Beobachtungen des tatsächlichen Verhaltens von Führungskräften*.

Eine Analyse dieser Assessments von Frontline- und Senior-Level-Führungskräften zeigt eine Reihe von häufigen Fehlern, die bei Interaktionen gemacht werden. Obwohl man in einem bestimmten Bereich vielleicht eine echte Stärke vorweisen kann, ist es insbesondere die Kombination dieser Elemente, die zum Erfolg führt. Die Kombination verschiedener Verhaltensweisen führt zu effizienten und produktiven Interaktionen am Arbeitsplatz. Und diese Daten legen nahe, dass es noch eine Menge Raum für Verbesserungen gibt.

Sich zu sehr auf die eigenen Ideen zu verlassen ist eine verbreitete Neigung unter Führungskräften, die effektive Kommunikation sabotiert. Vielleicht haben Sie schon selber mit so jemandem zusammengearbeitet. Das ist nicht wirklich lustig! Von den Frontline Leadern, die wir bewertet haben, waren 25 Prozent weniger als effizient darin, Mitarbeiter zum Beisteuern von Ideen zu animieren.[7] Und selbst wenn Sie andere ermutigen, sich an Diskussionen und Entscheidungen zu beteiligen, so könnten Sie doch die nächste Gelegenheit verpassen, sie zusammen mit den diskutierten Ideen wirklich an Bord zu holen. Wir nennen das „vollen Einsatz bringen". Die Hingabe der Menschen zu gewinnen, mit denen Sie arbeiten, ist eine der Hauptaufgaben in Ihrer neuen Position als Führungskraft.

Die Fähigkeit, effiziente Gespräche zu führen, ist auf jeder Führungsebene entscheidend. Es ist also entschuldbar, dass wir alle angenommen haben, Führungskräfte der höheren Führungsebenen hätten diese Skills gemeistert, als sie die Karriereleiter erklommen. Schließlich sind sie schon länger dabei, richtig? Nichts könnte weiter von der Wahrheit entfernt sein. Unsere

96

Assessment-Daten haben ergeben, dass Führungskräfte der höheren Ebenen tatsächlich schlechter darin sind, Fragen zu stellen und die Teilnahme anderer zu fördern (36 Prozent sind weniger als effizient).[8] Es steht viel auf dem Spiel. Je weiter oben eine Führungskraft steht, desto mehr Schaden können schlecht geführte Gespräche für die gesamte Firma anrichten – und umso unwahrscheinlicher wird es, dass man jemanden findet, der einem hilft, sich zu verbessern.

REFLEXIONSPUNKT

Denken Sie an Ihre letzte Unterhaltung mit einem Teammitglied zurück. Wie war Ihr Verhältnis von „Fragen" zu „Sagen"? Überprüfen Sie Ihr Verhalten in zwei Wochen wieder. Wie ist das Verhältnis dann? Verbringen Sie mehr Zeit damit, Fragen zu stellen und Informationen zu gewinnen als anderen Anweisungen zu geben? Sie sollten erwägen, Ihr Team um eine Bewertung Ihrer Position auf dieser Skala zu bitten, um Ihre Vermutungen zu verifizieren.

Der Gesprächsgrundsatz Beteiligung geht darüber hinaus, unsere natürliche Neigung als Führungskraft zu unterbinden, Probleme selbst zu lösen statt andere um Input zu bitten. Es geht darum, die Art zu verändern, wie Dinge erledigt werden. Um Unterstützung zu bitten ist ein Zeichen der Stärke, nicht der Schwäche. Es verschafft Ihnen mehr Spielraum und gibt Ihnen mehr Zeit und Energie. Wenn man um Unterstützung bittet, geht es darum, wertvolle Ressourcen anzuzapfen, um schnellstmöglich das beste Ergebnis mit dem geringsten Einsatz an Mitteln zu erzielen. Lassen Sie die Mitarbeiter wissen, dass Sie um Unterstützung bitten, weil Sie ihren Einsatz und ihr Talent schätzen, und nicht, weil Sie bis zum Hals in Arbeit stecken.

Überlegen Sie, was Sie gewinnen können, wenn Sie Fragen stellen: die Chance, eine echte Verbindung herzustellen; einem Kollegen das Gefühl geben, geschätzt zu werden; etwas schneller oder besser erledigt kriegen; Ihre eigene Zeit und Ihre Begabungen optimal einsetzen können.

Es gibt allerdings einige Fallstricke, die es zu vermeiden gilt. Um Unterstützung zu bitten und Beteiligung zu fördern bedeutet nicht, Meinungen von jedem zu allem einzuholen. Manche Menschen sind einfach nicht in der Position, etwas Wertvolles beizutragen, und wir wissen, dass es den Arbeitsprozess verlangsamt, wenn man jeden um Rat fragt. Unnötig zu erwähnen, dass Sie nicht jede Idee gebrauchen können, die Sie erhalten. Stattdessen ist es Ihr Job, die richtige(n) Person(en) für die vorliegende Aufgabe zu finden und sich nicht zu sehr auf immer die gleichen Leute zu verlassen. Je mehr Sie über Ihr Team wissen, desto effektiver können Sie dessen kollektives Wissen nutzen und umso stärker wird es.

Obwohl es verlockend sein kann, Ihre Last auf mehrere Schultern zu verteilen, sollten Sie beim Formulieren Ihrer Fragen vorsichtig sein. Vermitteln Sie anderen das Gefühl, Anteil am Erfolg zu haben. Zum Beispiel: *Jim, in Anbetracht Ihrer großen Erfahrung im Umgang mit dieser Ausrüstung – welche technischen Probleme sollten wir im Verfahrenshandbuch ansprechen?*

Oder: *Diese Änderung wird den Prozess Ihrer Gruppe beeinflussen, also brauchen wir Ihre Ideen. Sandy, was denken Sie, wie gut Plan A funktionieren wird?* Oder: *Mark, ich war beeindruckt, wie Sie das Team während der letzte Umstellung geleitet haben. Könnten Sie sich vorstellen, diesem Komitee vorzustehen?*

Ein letzter Gedanke zu diesem Gesprächsgrundsatz über etwas, das für neue Führungskräfte schwierig sein kann: Manchmal machen Mitarbeiter Vorschläge, die aus irgendeinem Grund nicht realisierbar sind. Sie können deren Selbstwertgefühl erhalten, wenn Sie erklären, wieso diese Idee nicht durchführbar ist. Noch besser ist es, das Für und Wider gegeneinander abzuwägen, um ihnen zu helfen, die Risiken und Nachteile zu verstehen. Wenn möglich sollten Sie an die verwertbaren Aspekte ihrer Ideen anknüpfen.

WICHTIGE TIPPS:

Um Unterstützung bitten und Beteiligung fördern

- Machen Sie Beteiligung der Mitarbeiter zu Ihrer obersten Priorität.

- Entfesseln Sie die Kreativität Ihrer Mitarbeiter durch Fragen.

- Fördern Sie Verantwortung durch Beteiligung.

Für Neulinge in der Position des Frontline Leaders gehören die Gesprächsgrundsätze Selbstwertgefühl, Empathie und Beteiligung zu den mächtigsten Skills, die sie meistern können. Wenn Sie diese als ernsthaft anzustrebende Ziele betrachten, werden Sie immer eine gute Führungskraft sein.

Identifizieren Sie den Gesprächsgrundsatz

Bisher haben wir drei Gesprächsgrundsätze vorgestellt und gezeigt, wie diese Ihnen den Weg zu effizienter Kommunikation weisen können. In diesem Quiz werden Sie alle drei in Aktion sehen. Lesen Sie die folgende Situationsbeschreibung und kreisen Sie die Gesprächsgrundsätze ein, die in der Aussage einer Führungskraft eine Rolle spielen.

Es tut mir leid, dass Sie das Meeting verpasst haben. Ich weiß, dass Sie sich darauf gefreut haben und begeistert waren, die Daten mitzuteilen, die Sie gesammelt hatten [**F1.** Selbstwertgefühl/Empathie/Beteiligung]. *Ihre Charts waren hilfreich. Alle haben das gesagt. Sie haben einige komplexe Informationen hervorgehoben und das Meeting lief dadurch deutlich schneller ab.* [**F2.** Selbstwertgefühl/Empathie/

Beteiligung]. *Es haben sogar einige Leute angefragt, ob Sie für ihre Abteilungen ähnliche Analysen durchführen könnten. Ich wollte nachfragen, wie wir am besten dieser Bitte nachkommen könnten* [**F3.** Selbstwertgefühl/Empathie/Beteiligung]. *Ich weiß, dass Sie im Moment bis zum Hals in anderen Projekten stecken* [**F4.** Selbstwertgefühl/Empathie/Beteiligung], *also habe ich mich gefragt, welche Ideen Sie haben, um das zu ermöglichen* [**F5.**Selbstwertgefühl/Empathie/Beteiligung].

ANTWORTEN: F1. Empathie; F2.Selbstwertgefühl; F3. Beteiligung; F4. Empathie; F5. Beteiligung

Im nächsten Kapitel werden wir die letzten zwei Gesprächsgrundsätze vorstellen und untersuchen, wie Sie diese nutzen können, um Vertrauen und Ownership in Ihrem Team aufzubauen.

7.

LEADERSHIP IST KOMMUNIKATION, TEIL 2

Wie man Vertrauen schafft und eigenverantwortliches Handeln fördert

Im vorigen Kapitel haben Sie gelernt, wie die ersten drei Gesprächsgrundsätze genutzt werden, um Ihren Teammitgliedern das Gefühl zu geben, geschätzt, gehört und beteiligt zu werden. Die zwei Gesprächsgrundsätze, die in diesem Kapitel behandelt werden, ermöglichen es Ihnen, das Vertrauen Ihrer Mitarbeiter zu fördern und ihnen zu helfen, Verantwortung für ihren eigenen Erfolg zu übernehmen.

TEILEN SIE GEDANKEN, GEFÜHLE UND ÜBERLEGUNGEN MIT *(UM VERTRAUEN ZU SCHAFFEN)*

Vertrauen ist hier der Schlüsselbegriff.

Rhea lernte auf die harte Tour, dass Vertrauen nicht umsonst zu haben ist. Als sie den Job der Verkaufsdirektorin für ein Ingenieurbüro übernahm, erwartete sie, dass sie einige Leute sofort verlieren würde. *Das passiert einfach,* dachte sie. Aber nur ein paar Monate, nachdem sie die Stelle angetreten hatte, entschied ihr Topverkäufer Aaron, sich einem anderen Team innerhalb der Firma anzuschließen. Das war ein potenziell schwieriges Problem und Rhea wusste, dass sie sich sorgfältig auf seinen Weggang vorbereiten musste. Die Deals, an denen Aaron gearbeitet hatte, waren komplex und hatten ein kritisches Stadium erreicht. Um die Situation noch brenzliger zu machen, arbeitete er mit den größten Kunden der Abteilung zusammen. *Ich bat ihn, seinen Kunden nicht zu sagen, dass er weggehen würde,* sagte Rhea. *Ich brauchte Zeit, um Ersatz zu finden, und das konnte etwa zwei Monate dauern.*

Einen Monat später erhielt Rhea eine dringliche E-Mail von Aarons größtem Kunden – von demjenigen, den sie am wenigsten verärgern wollte –, der wissen wollte, was mit seinem Konto passieren würde, jetzt wo Aaron weggehe. Rhea war sehr aufgebracht. Man muss zu ihren Gunsten festhalten, dass sie sein Vorgehen nachzuvollziehen versuchte, nachdem sie davon erfuhr. *Aaron ist ein Verkäufer, der enge Beziehungen mit seinen Kunden unterhält und mit vielen sogar gut befreundet ist,* erzählte Rhea. *Rückblickend hätte ich wissen müssen, dass es unmöglich war, von ihm zu verlangen, seinen bevorstehenden Wechsel in der Firma seinen Kunden zu verschweigen.* Sie konfrontierte ihn in ihrem Ärger und er wurde sehr defensiv. Er sagte: *„Diese Leute sind meine Freunde. Sie verstehen das einfach nicht. Sie waren noch nie im Verkauf, also wissen Sie nicht, welche Beziehungen sich mit diesen Menschen entwickeln können",* sagte Rhea. Sie beschloss, Aaron eine negative Leistungsbeurteilung zu geben, weil er seine eigenen Beziehungen über die Interessen der Firma gestellt hatte. *Ich hoffte, er würde in Zukunft zweimal darüber nachdenken, so etwas zu tun,* sagte sie. Aber sie bezweifelte es. *Er war einfach der Meinung, er würde ihnen etwas Wichtiges vorenthalten.*

Am Arbeitsplatz kann man durch das Mitteilen von Gedanken, Gefühlen und den Überlegungen hinter Entscheidungen eine vertrauensvollere Umgebung schaffen. Wenn Führungskräfte und Teammitglieder sich öffnen, ermutigen sie andere (direkte Mitarbeiter, Kollegen, sogar die Kunden), das Gleiche zu tun. Nicht nur macht es jeden produktiver, es hilft auch Teamleitern, knifflige Situationen zu vermeiden, wie die, in der sich Rhea wiederfand. Sie hatte angenommen, dass Aaron tun würde, was er zugesagt hatte. Aber da sie versäumt hatte, ihm die komplizierten Gründe zu erklären, wieso seine Kooperation nötig war, verpasste sie eine Möglichkeit, sein Verständnis zu gewinnen. Und daher sah er ihre Bitte, eine Zeit lang Stillschweigen zu bewahren, nur als Empfehlung und nicht als Erwartung.

Was aber noch entscheidender war: Weil sie Aaron nicht dazu gebracht hatte, über die Beziehung zu seinen Kunden zu sprechen – besonders darüber, wie er ihr Vertrauen gewann –, schuf sie die Möglichkeit für eine unangenehme Überraschung, welche die Firma Geld und Mitarbeiter ihre Jobs kosten konnte. Hätte sie die Überlegungen hinter ihrer Entscheidung mit ihm geteilt, hätte sie mit Aaron zusammen an einer Lösung arbeiten können, die für alle Seiten befriedigend gewesen wäre.

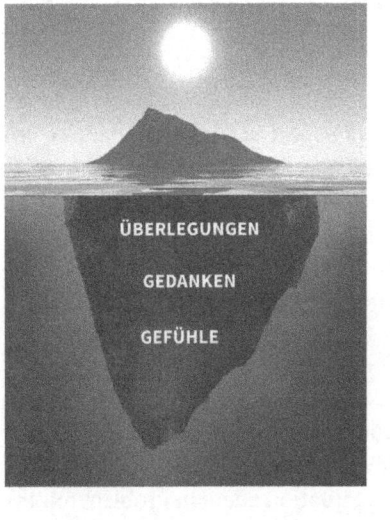

Ihre Gedanken, Gefühle und die Gründe für Ihre Entscheidungen mitzuteilen lässt erkennen, dass Sie Ihren Mitarbeitern genügend vertrauen, um sie sehen zu lassen, was in Ihnen vorgeht. Sie können Ihr Vertrauen und Ihren Respekt den Menschen gegenüber zeigen, indem Sie mit ihnen über diese vertraulichen Dinge sprechen. Dies hilft ihnen, Sie zu verstehen, und ermutigt sie, Ihnen gegenüber offen zu sein. Und in dem Maß, in dem Vertrauen und Verstehen wachsen, wird die Kommunikation offener und effizienter.

Um zu verstehen, wie dieser Gesprächsgrundsatz funktioniert, stellen Sie sich vor, Sie sind ein Eisberg – ein Teil von Ihnen ist über der Wasseroberfläche, wo Menschen ihn sehen können. Das ist der Teil, den Sie auch bereitwillig anderen zeigen. Aber wie bei einem Eisberg liegt der größte Teil von dem, was Sie ausmacht – Ihre Motive, Glaubenssätze,

Emotionen, Gedanken und Beweggründe –, unter der Oberfläche. Das ist Ihr Innenleben. Beim Gesprächsgrundsatz des Mitteilens geht es genau darum.

Mitteilen von Überlegungen

Überlegungen mitzuteilen hilft Mitarbeitern, neue Ideen und Entscheidungen zu verstehen und zu akzeptieren. Wenn sie wissen, wieso etwas getan wurde, arbeiten sie besser, weil sie nicht spekulieren müssen – sie wissen, was vor sich geht. Dieser Kontext hilft jedem, besser zu arbeiten. Es ist tatsächlich so einfach.

Andrew arbeitete als Designer für eine Technologiefirma. Als er zum dritten Mal innerhalb eines Monats auf der Arbeit erschien und feststellen musste, dass man alle Projekte seines Teams an andere Teams verteilt hatte, wurde er wütend. War die Arbeit nicht gut? War das einfach die Standardprozedur? *Nicht nur, dass uns keiner sagte, was vorging oder warum das passierte, mein Vorgesetzter sagte, ich solle einfach die uns neu zugeteilte Arbeit erledigen und aufhören, so „dramatisch" zu sein,* erzählte er. Aber es schien, als würde ihn jeder anlügen. *Wir sahen* [unseren Supervisor] *in den Meetings, bevor es passierte, und er schien offensichtlich nicht erfreut zu sein über das, was vorging.*

Was wäre gewesen, wenn Andrews Supervisor gesagt hätte: *Hey, Ich verstehe, dass Sie frustriert sind wegen unserer Vorgehensweise, Projekte neu zu verteilen. Es mag willkürlich erscheinen oder so aussehen, als hätten wir kein Vertrauen in Sie. Aber das stimmt nicht. Lassen Sie mich erklären, was wir genau machen und warum.* Hätte diese Begründung einen Unterschied gemacht? Wir sind sicher, dass es so ist.

Mitteilen von Gedanken

Ihre Gruppe wird davon profitieren, wenn Sie Ihre Herangehensweise an Aufgaben, Probleme oder Situationen oder einfach nur Ihr Wissen und Ihre Meinung über eine Situation oder ein Problem mit ihr teilen. Aber wie Sie noch aus unserer Erläuterung des Gesprächsgrundsatzes Beteiligung wissen, sollten Sie mehr fragen als sagen – also teilen Sie nur die Gedanken, Meinungen und Erfahrungen mit, auf die andere aufbauen können. Wägen Sie genau ab und achten Sie darauf, die Gedanken anderer nicht zu ignorieren oder das Gespräch an sich zu reißen.

Ergreifen Sie die Chancen, die sich bieten, um Ihre eigenen Erfahrungen mitzuteilen, besonders wenn Sie auch von ihren Fehlern berichten und was Sie aus ihnen gelernt haben. Wenn Ihnen die Erfahrung eine Lektion erteilt hat, die anderen helfen kann, so sollten Sie diese auf jeden Fall zur Sprache bringen. Enthüllungen dieser Art sind ein wirkungsvolles Mittel, um Vertrauen aufzubauen. Führungskräfte werden auch weiterhin ihre Probleme haben, Arbeit mithilfe anderer erledigt zu bekommen, wenn die Teammitglieder ihnen nicht vertrauen.

Hier einige Beispiele, wie man Gedanken mit Mitarbeitern teilt:

- **Teilen Sie eine Erfahrung mit:** *Als ich das erste Mal ein Meeting leitete, verbrachte ich eine Menge Zeit mit der Vorbereitung. Aber ich dachte nicht daran, irgendjemanden nach Ideen für eine Agenda zu fragen, also vergaß ich eine Menge wichtiger Themen.*

- **Teilen Sie eine Idee mit:** *Im Großen und Ganzen ist das ein vernünftiger Plan. Sie sollten aber vielleicht erwägen, ein wenig Zeit zwischen zwei Tests einzuplanen, um Änderungen vorzunehmen, und dann einen neuen Test am verbesserten Produkt zu starten.*

Gefühle angemessen mitteilen

Wie Sie über ein Mitglied Ihres Teams oder über ein Problem denken, liegt oft weit unter der Wasseroberfläche am Fuß des Eisbergs verborgen. Und manchmal ist es sehr schwierig, diese Gefühle an die Oberfläche steigen zu lassen.

Gefühle mitzuteilen ist eine exzellente Methode, um zu kommunizieren und Vertrauen aufzubauen. Wenn Menschen sehen, dass Sie ihnen genug vertrauen, um Gefühle mit ihnen zu teilen, dann werden sie sich wahrscheinlich auch Ihnen gegenüber öffnen. Dieses gegenseitige Vertrauen fördert gegenseitiges Verstehen und gute Arbeitsbeziehungen und kann sich etwa folgendermaßen anhören: *Ehrlich gesagt bin ich ein wenig besorgt, dass wir das*

> *Vertrauen ist wie die Luft, die wir atmen. Wenn sie da ist, bemerkt es niemand wirklich. Aber wenn sie weg ist, merkt es jeder.*
>
> **– Warren Buffett,**
> *Vorsitzender und CEO von Berkshire Hathaway Inc.*

Feedback, das wir von unseren Partnern bekommen haben, nicht nutzen. Wenn wir nicht wenigstens einige der vorgeschlagenen Änderungen umsetzen, verlieren wir vielleicht ihre Unterstützung. Weil dies für eine Führungskraft zu Beginn eine Herausforderung sein kann, geben wir Ihnen ein paar weitere Tipps: Wenn Sie anderen von Ihren Gefühlen erzählen, sollten Sie am besten mit etwas Persönlichem anfangen, wie etwa Ihrem Gemütszustand, mit schlechten Entscheidungen, die Sie in der Vergangenheit getroffen haben, und den damit einhergehenden, nicht beabsichtigten Konsequenzen oder mit Ihren Schwächen und Unvollkommenheiten. Persönliche Bekenntnisse wie diese helfen Teammitgliedern und anderen Mitarbeitern, Sie besser zu verstehen. Sie vertiefen auch Ihre Beziehung zu ihnen, während sie gleichzeitig eine wichtige Lehre erteilen. Aber wie bei allem anderen sollten Sie abwägen, ob diese Enthüllungen auch angebracht sind. Teilen Sie nur Gefühle mit, die einen *direkten* Bezug zur vorliegenden Situation haben und von denen Ihre Zuhörer auf die eine oder andere Weise profitieren. Wenn zum Beispiel jeder im Team sich über den neuen, für die ganze Firma geltenden Audit-Prozess beschwert, dann ist es weder hilfreich noch einem Leader angemessen, wenn Sie Ihrem Ärger in einem halbstündigen Plädoyer auf der Gesellschafterversammlung Luft machen. Stattdessen sollten Sie die Situation zu Kenntnis nehmen und Empathie mit Ihrem Team zeigen, während Sie zusammen versuchen, das Problem hinter sich zu lassen.

Wollen Sie Vertrauen aufbauen? Teilen Sie sich mit

Wieder einmal müssen wir Neil Rackham[1] für seine maßgebliche Studie über effektives Verkaufsverhalten in großen multinationalen Konzernen danken. Rackhams Forschungen bezogen sich auf den positiven Effekt von Kommunikationstraining und die Wichtigkeit von Motivation und Emotionen in Arbeitsgesprächen. Er zeigte, dass Führungskräfte ihre eigenen Gedanken und Gefühle offenlegen müssen, um Vertrauen aufzubauen. Seiner Forschung nach ist Vertrauen in die Führung für Mitarbeiter unerlässlich und das Ausmaß ihres Vertrauens hat einen Einfluss auf die gesamte organisatorische Effektivität und die Effizienz der Teamarbeit sowie auf die Zufriedenheit der Mitarbeiter mit den Vorgesetzten und den allgemeinen Grad an Innovation.

Aber Vorsicht. Sie können nichts vor Leuten enthüllen, welche die Informationen gegen Sie verwenden könnten oder sie aus dem Zusammenhang reißen, oder wenn es unlauter wäre, es zu tun. Wenn Sie Zweifel haben, sollten Sie Ihre Überlegungen mit Ihrem eigenen Supervisor oder einem Vertreter der HR-Abteilung auf Herz und Nieren prüfen.

Machen Sie das Mitteilen zu einem aktiven und andauernden Teil Ihres Lebens und Ihres Führungsstils. Etwas offenzulegen sollte nicht nur in Reaktion auf ein einmaliges Ereignis erfolgen. Und auch wenn man sich vor einer Gruppe offenbaren kann, ist es effektiver, wenn es im Einzelgespräch erfolgt. Je länger Sie mit Ihrem Team zusammenarbeiten, desto mehr Möglichkeiten werden Sie finden, Ihre Gefühle und Einsichten auf natürliche und authentische Art und Weise mitzuteilen

REFLEXIONSPUNKT

Denken Sie an eine Zeit zurück, als Sie von einer wichtigen Veränderung in der Arbeit überrascht wurden. Was ist passiert? Wie haben Sie sich dadurch gefühlt? Was hätte Ihr Chef Ihnen vorher mitteilen können, das hilfreich gewesen wäre? Wie hat es danach die Beziehung zu Ihrem Chef beeinflusst? Zu Ihren Kollegen?

WICHTIGE TIPPS:

Teilen Sie Gedanken, Gefühle und Überlegungen mit (*um Vertrauen aufzubauen*)

- Enthüllen Sie im angemessenen Rahmen Gefühle und Einsichten.

- Benennen Sie das Warum hinter einer Entscheidung, Idee oder Veränderung.

- Stellen Sie sicher, dass Ihre Ideen, Meinungen und Erfahrungen die anderer ergänzen – nicht ersetzen.

- Seien Sie ehrlich – Einblick in Ihre wahren Gefühle zu geben baut vertrauensvolle Beziehungen auf und kann anderen helfen, eine Angelegenheit in einem neuen Licht zu sehen.

Gefahren beim Mitteilen vermeiden

Lesen Sie die folgenden Aussagen und wählen Sie die beste Antwort.

F1. Sie können gar nicht genug über sich preisgeben, weil Ihre Gefühle mitzuteilen sehr nützlich ist, um Vertrauen aufzubauen.

    A. Wahr   **B.** Falsch

F2. Wenn Sie es versäumen, die Überlegungen hinter einer Entscheidung mitzuteilen, oder wie Sie darüber denken, dann ... (*Wählen Sie die beste Antwort.*)

    A. riskieren Sie, dass die Bedenken der Mitarbeiter überhandnehmen, besonders wenn die Entscheidung unpopulär ist.

    B. geben Sie den Menschen nicht die Informationen, die sie brauchen, um die Entscheidung erfolgreich umzusetzen.

    C. mindern Sie Ihre Effizienz als Führungskraft.

    D. Alle genannten Antworten sind richtig.

ANTWORTEN: F1. Die richtige Antwort ist B. Es ist möglich, zu viel preiszugeben. Also achten Sie darauf, Dinge nur im angemessenen Rahmen zu enthüllen. F2. Die richtige Antwort ist D. Wenn Sie auf unangemessene Weise Informationen oder zu viel über sich selbst preisgeben, fühlen sich die Menschen unbehaglich oder Sie dominieren die Unterhaltung und bewirken, dass sich andere verschließen und anfangen, Ihnen und Ihrem Urteilsvermögen zu misstrauen.

GEBEN SIE UNTERSTÜTZUNG, OHNE VERANT-
WORTUNG ZU ENTZIEHEN *(UM OWNERSHIP ZU SCHAFFEN)*

Dieser Gesprächsgrundsatz ist wohl der geradlinigste, was die Umsetzung angeht. Als Führungskraft müssen Sie verschiedenen Menschen Aufgaben übertragen. Sie müssen sichergehen, dass diese tun, worum Sie sie gebeten haben. Und Sie müssen ihnen die Unterstützung geben, die sie brauchen, um dabei erfolgreich zu sein. Ihr Job ist es, sicherzustellen, dass alle Ihre Mitarbeiter produktiv und engagiert sind und ihr volles Potenzial ausschöpfen. Sie sollten niemandem eine übertragene Aufgabe wegnehmen und jemand anderem zuteilen – oder sie gar selbst erledigen. Das wird nicht nur das Selbstwertgefühl der Mitarbeiter untergraben und ihr Vertrauen zerstören, sondern Sie auch auslaugen.

Bei diesem Gesprächsgrundsatz geht es um Ownership – darum, Ihrem Team zu helfen, sinnvolle Arbeit zu leisten und gleichzeitig seine Verantwortlichkeit zu erhalten. Wie Sie noch aus Kapitel 2 wissen, sorgt eine katalytische Führungskraft dafür, dass andere von selber tätig werden. Dieser Gesprächsgrundsatz ist eine grundlegende Taktik der Mitarbeiterführung, die Sie auf Ihrem Weg zur katalytischen Führungskraft, die anderen hilft zu wachsen und Erfolg zu haben, unbedingt einsetzen müssen.

Ein erstklassiger Artikel der *Harvard Business Review* mit dem Titel „Wer hat den schwarzen Peter?"[2] (Anm. d. Übers: im Original „Who's got the monkey?") erklärt dieses Prinzip sehr gut. Der Artikel erzählt die packende Geschichte eines überlasteten Managers, der unbeabsichtigt alle Probleme seiner unterstellten Mitarbeiter zu seinen eigenen machte. Wenn zum Beispiel ein Angestellter ein Problem hat und der Manager sagt: *Lassen Sie mich darüber nachdenken und ich melde mich wieder bei Ihnen,* dann ist der schwarze Peter gerade aus der Hand des Angestellten in die Hand des Vorgesetzten gewandert. Im Endeffekt landen damit alle Aufgaben in der Hand des Vorgesetzten. Er hat die Angestellten nicht angemessen in ihrer Entwicklung unterstützt, sondern ihnen alle Verantwortung wieder abgenommen. Wieso? Weil er wahrscheinlich dachte:

• *Es geht bestimmt schneller, wenn ich es selber mache.*

• *Sie sind wahrscheinlich sowieso zu beschäftigt, um es selber zu erledigen.*

• *Ich mag diese Arbeit gar nicht abgeben. Ich mache sie zu gerne selber. Vielleicht nur dieses eine Mal.*

Wenn eine Gruppe Ownership über eine Aufgabe erlangt, dann ist sie nicht nur verantwortlich dafür, dass sie erledigt wird, sondern auch für die geistige Arbeit dahinter. Um dieses Gefühl des Ownerships zu kultivieren, kann eine Aussage wie die folgende Wunder wirken: *Sie haben schon drei Monate mit diesem Kunden gearbeitet und sind am besten geeignet, dieses Problem zu lösen. Ich weiß, dass Sie sich Sorgen machen, wer all die Telefongespräche annehmen soll, während Sie mit ihm arbeiten. Wie kann ich dabei helfen? Lassen Sie uns überlegen, wer sonst noch ans Telefon gehen kann, während Sie an dem Problem mit diesem Kunden arbeiten.*

Sie können der Versuchung, die Arbeit an sich zu reißen, widerstehen, wenn Sie ...

• die Person oder Gruppe dazu bringen, zu ermitteln, wie viel und welche Art an Unterstützung sie braucht. Nehmen Sie nicht an, dass sie von selber weiß, an wen sie sich wenden muss.

• Gehen Sie nicht davon aus, dass *Sie* den besten Lösungsweg kennen. Wie Sie solche Probleme in der Vergangenheit angingen, kann möglicherweise nicht mehr angemessen sein.

• Sagen Sie nicht automatisch Ja, wenn Sie jemand bittet, die Verantwortung zu übernehmen. Es kann zwar machbar sein – und Ihnen das Gefühl geben, gebraucht zu werden –, aber es ist möglicherweise nicht die beste Lösung. Suchen Sie nach anderen Möglichkeiten, Ihre Mitarbeiter zu unterstützen, durch die sie selbstständiger werden.

Sie werden noch viel mehr über die Einzelheiten dieses Prinzips in den Profi-Kapiteln lernen, in denen wir detailliertere Ratschläge über das Delegieren, Coaching und das Leiten von Meetings geben werden.

WICHTIGE TIPPS:

Bieten Sie Unterstützung, ohne Verantwortlichkeit zu entziehen *(um Ownership zu schaffen)*

• Helfen Sie anderen, selbstständig zu denken und zu handeln.

• Schätzen Sie realistisch ein, was Sie leisten können, und halten Sie Ihre Zusagen ein.

• Widerstehen Sie der Versuchung, Aufgaben zu übernehmen – lassen Sie die Verantwortung da, wo sie hingehört.

Gut oder hervorragend?

Lesen Sie die folgenden Aussagenpaare. Wählen Sie die Aussage aus jedem Paar, die eine *effizientere* Anwendung des Gesprächsgrundsatzes Unterstützung darstellt.

F1. A. Wie kann ich Ihnen helfen, Ihre Probleme mit John zu lösen? Ihre Idee, frühzeitig Tests durchzuführen, erscheint mir vernünftig.

B. Es scheint, Sie haben Ärger mit John. Ich könnte versuchen, mit ihm zu reden, wenn Sie denken, das könnte hilfreich sein.

F2. A. Wissen Sie, wie wir ein ähnliches Problem in der TACAR Corporation gelöst haben? Das sollten Sie sich mal ansehen.

B. Ich werde das mal prüfen und sehen, ob mir ein paar Ideen kommen.

In den letzten zwei Kapiteln haben wir die fünf Gesprächsgrundsätze eingeführt. Wir hoffen, dass Sie beginnen, diese als effektive Werkzeuge zu sehen, um mit persönlichen Bedürfnissen der Mitarbeiter in den wichtigen Gesprächen, die Sie führen werden, umzugehen. Ihr Ziel sollte es natürlich sein, als der beste Chef aller Zeiten in Erinnerung zu bleiben. Wir haben Angestellte befragt, wie die besten Leader handeln (siehe Abbildung 7.1). Wie zu erwarten war, schnitten diejenigen am besten ab, die am geschicktesten darin waren, die Gesprächsgrundsätze anzuwenden.[3]

ABB. 7.1 | WIE HANDELN DIE BESTEN LEADER?

Erinnern Sie sich, als wir Ihnen die Skills vorstellten, die Sie brauchen, um ein katalytischer Vorgesetzter zu werden und andere zum Handeln zu animieren? Im nächsten Kapitel werden wir Ihnen die Gesprächsrichtlinien vorstellen, welche die praktische Seite der Zusammenarbeit mit anderen detaillierter beleuchten, um effektive Handlungspläne zu entwickeln – dies ist essenziell für jede Führungskraft.

Was wir Ihnen sagen, mag instinktiv widersinnig erscheinen, aber um kürzere, produktivere Gespräche zu führen, müssen Sie langsamer vorgehen.

8.

IHR 5-STUFEN-PLAN DER KOMMUNIKATION

Der praktische Ansatz, um Ergebnisse zu erzielen

Es lag nicht daran, dass wir uns keine Mühe gaben, aber wir lagen immer mindestens eine Woche hinter dem Zeitplan, egal bei welcher Aufgabe.
John arbeitete für eine Softwarefirma, die Apps für Handys und andere Handhelds programmierte. Es war eine kleine Firma – weniger als 50 Leute. Und John hatte gerade ein Designteam übernommen, das unglaublich talentiert war, aber eine Frist auch dann nicht hätte einhalten können, wenn es um Leben und Tod gegangen wäre. Wenn durchgearbeitete Nächte und dreckige Kaffeetassen ein verlässlicher Indikator für Leistung sind, dann war der Ehrgeiz durchaus vorhanden. *Ich weiß, dass es ein Teil meines Jobs war, das zu ändern*, erzählte er uns. *Daran würde ich gemessen werden. Aber außer aufmunternden Worten und Überstunden hatte ich keine Idee, wo ich anfangen sollte.*

In den zwei vorherigen Kapiteln haben wir Ihnen die fünf Gesprächs-grundsätze vorgestellt, die dazu gedacht sind, die *persönlichen Bedürf-nisse* der Menschen besser zu verstehen und anzusprechen. Es besteht kein Zweifel: Dies sind die Schlüsselfertigkeiten, wenn es darum geht, Vertrauen aufzubauen und den Enthusiasmus der Mitarbeiter zu fördern, sodass sie gerne Sie und Ihre Ideen unterstützen. Aber diese persönliche Verbindung ist nicht genug; da gibt es noch den praktischen Aspekt, die Arbeit auch erledigt zu kriegen. Deshalb müssen Sie sich darum kümmern, dass jeder genau weiß, was von ihm erwartet wird, und das ist leichter gesagt als getan. Um das dauerhaft zu erreichen, brauchen Sie einen eindeutigen Fahrplan für die Unterhaltungen, die Sie mit Ihrem Team über seine Aufgaben führen – einen Plan, der Missverständnisse und unrealistische Erwartungen minimiert und jeden auf das gemeinsame Ziel ausrichtet. Anders ausgedrückt: Kümmern Sie sich um die *praktischen Bedürfnisse* Ihres Teams. Wir nennen diesen Fahrplan die *Gesprächs-richtlinien*.

Die Gesprächsrichtlinien bieten eine Anleitung, Gespräche schnell, logisch und gründlich zu planen – von Anfang bis Ende –, um alle Details abzudecken, die Mitarbeiter wissen müssen, um ihren Job zu erledigen. Diese Richtlinien helfen Ihnen auch, sich zu vergewissern, dass die Mit-arbeiter wissen, was von ihnen erwartet wird. Diese Techniken einzuset-zen muss kein großer Aufwand sein, Sie müssen keinem festgelegten Skript folgen oder sich verstellen. Sie sind simpel genug, um sie in die meisten Unterhaltungen einfließen zu lassen. Und nachdem ihre Anwen-dung dafür sorgt, dass Unterhaltungen fokussiert bleiben, hat jeder danach eine klare Vorstellung davon, was zu tun ist. Das sorgt dafür, dass Ihr Team glücklicher, erfolgreicher und kooperativer ist. Im Laufe der Zeit und mit etwas Übung werden Ihnen die Gesprächsrichtlinien in Fleisch und Blut übergehen.

NEHMEN SIE SICH FÜNF MINUTEN, UM AUF PRAKTISCHE BEDÜRFNISSE EINZUGEHEN

Stellen Sie sich vor, Sie stecken in Johns Haut. Sie müssen mit Ihrem Team eine Reihe von Gesprächen führen, über ihre vorliegenden Aufga-ben und darüber, was die Mitglieder benötigen, um diese erfolgreich zu erledigen, aber auch darüber, wieso sie immer zu spät dran sind. Um si-cherzugehen, dass bei diesen Gesprächen alles glatt läuft, raten wir Ihnen, sich bei der Planung auf fünf Schritte zu konzentrieren: *Eröffnen, Klären,*

Entwickeln, Zustimmen und *Abschließen*. Um dauerhaft Erfolg zu haben, müssen Sie alle diese Schritte abdecken. *Moment mal,* sagen Sie vielleicht. Sie sind so beschäftigt, alles in den Griff zu kriegen, dass Sie wie John gar nicht daran gedacht haben, Ihr Meeting vorher zu planen. Das ist nichts Ungewöhnliches. Statt alle fünf Gesprächsrichtlinien einzusetzen, tendieren viele Führungskräfte dazu, nur minimalen Aufwand zu betreiben, Abkürzungen zu nehmen oder sogar Schritte zu überspringen. Lassen Sie uns anhand dreier Szenarios einen Blick darauf werfen, wie sich das auswirkt.

Szenario 1 (Sofort zu einer Lösung springen): John könnte Folgendes sagen: *Ich muss mit Ihnen über das Projekt XZY sprechen. Wir liegen eine Woche hinter dem Zeitplan. Was sollen wir tun, um das wieder aufzuholen?* Sie haben bestimmt bemerkt, dass er „Klären" ausgelassen hat und direkt zu „Entwickeln" gesprungen ist. John könnte auch sagen: *Wir liegen bei Projekt XYZ eine Woche hinter dem Zeitplan und darüber wollte ich mit Ihnen reden.* Und darauf könnte ein Teammitglied erwidern: *Ich werde Ihnen sagen, was wir tun werden. Ich hab mir da schon was ausgedacht.* In diesem Fall ist Johns Teammitglied direkt zu „Entwickeln" gesprungen und hat „Klären" ausgelassen.

Auch dieses Verhalten ist nicht ungewöhnlich. In unseren Assessments, bei denen Bewerber Tests unterzogen werden, die einen typischen Arbeitstag simulieren[1] (sogenannte „day-in-the-life-assessments"), fanden wir heraus, dass 50 Prozent der Frontline Leader diesen Schritt ausließen. Wenn Führungskräfte direkt zu einer Lösung springen, dann entgeht ihnen der Kontext einer Situation und sie verpassen die Chance, andere zu beteiligen. Außerdem neigen ihre Lösungen dazu, das Problem nicht bei der Wurzel zu packen.

Szenario 2 (Gute Ideen anderer übersehen): John könnte sagen: *Ich denke, um unsere Deadline für Projekt XYZ einzuhalten, sollten wir den Prozess effizienter gestalten. Eine Idee, die ich da habe, ist…* Anders gesagt verpasste John mit diesem Verhalten die Chance (oder zog keinen Gewinn daraus), gute Ideen seines Teams zu berücksichtigen, da er sich nicht damit abgab, Probleme und deren mögliche Ursachen zu identifizieren. Er drängte sich einfach mit seiner Lösung nach vorne. Auch mit diesem Verhalten ist er nicht allein; bei den Assessments verließen sich Frontline Leader auf ihre eigenen Ideen und übersprangen zu 54 Prozent den Punkt „Entwickeln". Dadurch entzogen sie dem Team Ownership und verhinderten dessen vollen

Einsatz und seine volle Hingabe bei der Suche nach einer Lösung. Und ohne vollen Einsatz ist der Schwung und Enthusiasmus eines Teams eher gebremst. Aber noch wichtiger ist die Tatsache, dass es eine Kettenreaktion auslöst, wenn Vorgesetzte sich zu sehr auf ihre eigenen Ideen verlassen. Das kann wichtige Geschäftsaktivitäten wie Innovation und stetige Verbesserung verhindern. Auch Sicherheitsinitiativen können blockiert werden. Kurz gesagt, wenn nur eine Person (in diesem Fall John als Vorgesetzter) Verbesserungsvorschläge macht, dann werden die Verbesserungen nur begrenzt sein.

Szenario 3 (Zu schnell zum Abschluss kommen): Wenn Führungskräfte zusammen mit anderen Ideen entwickeln, dann überspringen sie oft „Zustimmen" und springen direkt zu „Abschließen". Und wieder einmal läuft einiges schief. Zum Beispiel fragt John zwei Tage vor dem Meeting ein Teammitglied: *Also, wo sind die Daten?* und sie kontert mit: *Welche Daten?* John hält kurz inne und sagt dann langsam: *Die Daten, die Sie mir besorgen wollten.* Das Mitglied seines Teams schaut verwirrt und erwidert: *Nein, John, ich habe Ihnen gesagt, dass ich Ihnen die Daten gebe, nachdem Sie mit Sergio geredet haben.* Wie wir sehen, wollte der handlungsorientierte John eine Abkürzung nehmen und seine Unterhaltung war ein ineffizienter Prozess in drei Schritten. Um das festzuhalten: Frontline Leader haben beim Assessment den Schritt „Zustimmen" in 43 Prozent der Fälle übersprungen.

Was wir Ihnen sagen, mag instinktiv widersinnig erscheinen, aber um kürzere, produktivere Gespräche zu führen, müssen Sie *langsamer vorgehen.* Investieren Sie ein wenig Zeit, um Unterhaltungen zu planen, damit Sie sich ganz auf den Moment konzentrieren können, wenn Sie zu Ihrem Team sprechen. Sie werden dann auch weniger in Versuchung geraten, den Prozess abzukürzen, was dazu führt, dass Sie die Situation voll erfassen können. Erst dann können Sie mit dem Entwurf eines Aktionsplans fortfahren, der Erfolg versprechend ist.

Abbildung 8.1 zeigt Ihnen das Gesprächsmodell, das die Gesprächsrichtlinien kreisförmig darstellt. Sie fragen sich vielleicht, warum. Weil Sie sich bei Gesprächen mit mehreren Tagesordnungspunkten nach „Eröffnen" durch die Sequenz „Klären – Entwickeln – Zustimmen" durcharbeiten können – und zwar für jedes Thema, so lange, bis alle behandelt wurden. Dann kommen Sie zum Punkt „Abschließen". Bei Besprechungen mit nur einem Punkt auf der Tagesordnung gehen Sie die verschiedenen Stadien einfach der Reihe nach durch – und wenden dabei jede Richtlinie nur einmal an.

ABB. 8.1 | DAS GESPRÄCHSMODELL

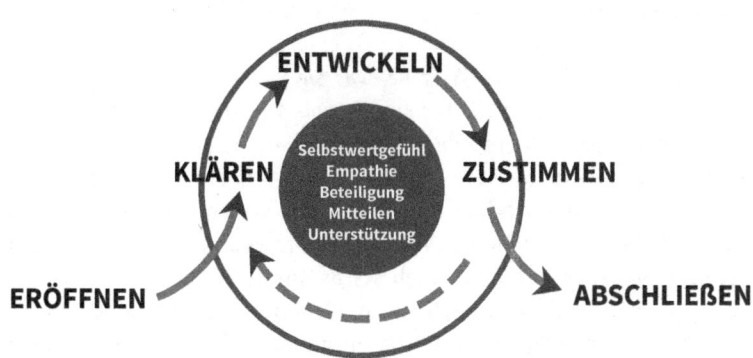

Nun stellen Sie sich vor, wie John alle diese Gesprächsrichtlinien in eine Besprechung mit seinem Team einbauen könnte.

Eröffnen: Als ersten Schritt verkündet John das Thema des Meetings und wieso es wichtig ist: *Guten Morgen. Ich will mit Ihnen über das Projekt XYZ sprechen, das dem Zeitplan eine Woche hinterherhinkt. Wir müssen es aus zwei Gründen wieder in Schwung bringen: Es ist für einen unserer größten Kunden, und wenn wir zu spät dran sind, dann wird der gesamte Zeitplan ins Wanken geraten. Darüber wollte ich mit Ihnen sprechen und auch die Frage angehen, wieso wir anscheinend immer zu spät dran sind.*

Klären: Johns nächster Schritt besteht darin, zu verstehen, was vor sich geht. Dafür muss er sowohl Partner als auch Detektiv sein: *Was denken Sie, wieso wir eine Woche zurückliegen? Nennen Sie einige der Gründe, die Sie davon abhalten, Ihre Ziele zu erreichen.* John stellt diese Fragen ohne große Emotionen und ohne jemandem die Schuld zu geben. Und dann tut er etwas, das viele andere Vorgesetzte versäumen: Er hört zu. Darauf aufbauend könnte er noch weitere Fragen bezüglich des Arbeitsablaufs stellen oder welche Sorgen der Mitarbeiter noch nicht zur Sprache kamen. Er könnte einige Informationen aus eigenen Erfahrungen einfließen lassen. Und dann hört er noch ein wenig länger zu. Wenn er dabei Gründe erfährt, die sein Team vom Erfolg abhalten – zum Beispiel mangelnde Unterstützung von anderen Abteilungen der Firma – dann notiert er das. Dieser entscheidende Schritt des „Klärens" hilft John dabei, auf ganz praxisbezogene Weise tiefere Einsichten in die Arbeit seines Teams zu gewinnen.

Entwickeln: *Okay, ich verstehe, was Sie meinen – die Verspätungen werden zum einen durch die Weitergabe von Aufgaben innerhalb unseres Teams, aber auch durch Probleme bei der Versionskontrolle verursacht. Was können wir daran ändern? Wie können wir das Projekt wieder in Schwung bringen?* Auch hier ist Zuhören das Wesentliche. Sobald John sicher ist, dass er versteht, was vor sich geht, ist es an der Zeit, einen Plan zu machen, wie es weitergehen soll. Johns Aufgabe ist es, das Team dazu zu animieren, die nächsten Schritte als Gruppe zu planen, basierend auf der nun geklärten Situation. Das kann im Gespräch erfolgen. Er sollte auch auf Zwischenziele achten, die im Kalender notiert werden.

Zustimmen: Hier kann sich jeder einbringen. *Hier ist also der Plan: Jane wird sich um die Formatierung kümmern und Jason wird die Berichte erstellen. Und wir waren uns einig, dass es mein Job ist, jemanden vom Marketing zu finden, der uns ein schriftliches Feedback gibt – das war in der Vergangenheit ein großes Problem. Und all das muss bis Freitag erledigt sein. Richtig?* Dieser Schritt ist entscheidend, wenn es darum geht, den Aktionsplan auszuführen; Vereinbarungen müssen klar sein, auf ein bestimmtes Datum bezogen und schriftlich niedergelegt. Wird das nicht so gehandhabt, machen Sie sich auf eine Menge ratloses Kopfschütteln und ungläubige Blicke gefasst, wenn Ihr Team es versäumt, beim nächsten Meeting Ergebnisse zu liefern.

Abschließen: John sollte die Besprechung mit einer kurzen Zusammenfassung abschließen. Noch besser ist es, ein anderes Mitglied des Teams darum zu bitten: *Alison, Sie leiten das Projekt. Könnten Sie die nächsten Schritte noch mal zusammenfassen und sichergehen, dass wir alle gut vorbereitet sind?* Zum Schluss sollte John noch dem Team auf den Zahn fühlen: *Wie fühlen Sie sich alle? Haben wir etwas vergessen? Bekommen wir das Ganze wieder in die Spur?*

PERSÖNLICHE UND PRAKTISCHE BEDÜRFNISSE – DAS PUZZLE ZUSAMMENSETZEN

Die Gesprächsgrundsätze finden Sie in der Mitte unseres Gesprächsplaners (Abb. 8.1), weil sie ins Zentrum einer jeden praxisnahen Geschäftsbesprechung gehören. Und man kann nicht vorhersehen, wann man sie

ABB. 8.2 | GESPRÄCHSFERTIGKEITEN SIND DER SCHLÜSSEL

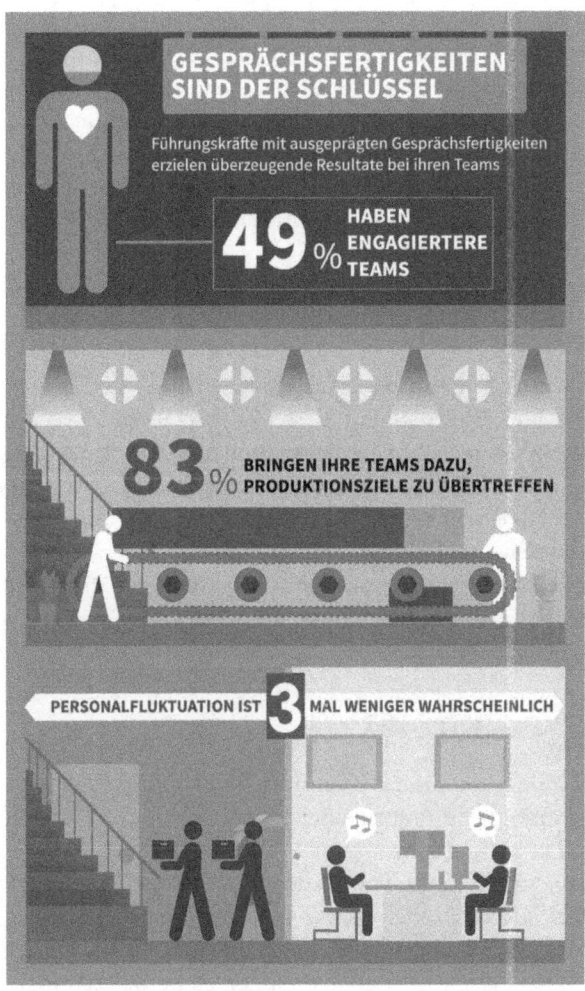

braucht. Während Sie also ein Gespräch durch seine praxisbezogenen Phasen leiten, sollten Sie gleichzeitig bereit sein, auf die persönlichen Bedürfnisse der Mitarbeiter einzugehen, wenn es angemessen erscheint. Es liegt an Ihnen, den Verlauf des Gesprächs Ihrem Gegenüber anzupassen. Für einige Menschen sind die Fakten ausreichend. Bei anderen muss man mehr Empathie zeigen, um sicherzugehen, dass sie sich geschätzt und verstanden fühlen. Die andauernden Gespräche mit Ihrem Team werden Sie dazu befähigen, zunehmend genauer zu beurteilen, was jeder Einzelne von Ihnen erwartet, um seine oder ihre beste Leistung abzuliefern.

Zusammen geben Ihnen die Gesprächsgrundsätze und die Gesprächs-richtlinien die nötigen Fertigkeiten an die Hand, um effiziente Besprechungen zu leiten. Und sie bewirken wirklich etwas! Betrachten Sie Abbildung 8.2, um den positiven Effekt zu sehen, den Führungskräfte ausüben, die durchgehend die wichtigsten Gesprächsfertigkeiten zeigen, die nötig sind, um mit den persönlichen Bedürfnissen der Menschen umzugehen, wirkungsvolle Fragen zu stellen und sorgfältig zuzuhören.

HÄUFIGE INTERAKTIONSSTILE VON FÜHRUNGSKRÄFTEN

DDI hat Zehntausende Führungskräfte in alltäglichen Interaktions-situationen beobachtet. Basierend auf diesen Beobachtungen und der Ermittlung von Kernkompetenzen der Interaktion haben wir eine Reihe von gängigen Interaktionsstilen bei Vorgesetzten identifiziert. Während diese situationsabhängig sein können, bevorzugen viele Führungskräfte einen oder zwei verschiedene Stile.

Jeder hat seine Stärken und Schwächen. Wenn Sie Ihren Stil besser verstehen, werden Sie gerüstet sein, um Ihre Stärken zu Ihrem Vorteil einzusetzen und potenzielle Risiken zu vermeiden.

WELCHER TYP SIND SIE?

DER PROBLEMLÖSER verspürt das Bedürfnis, für andere Probleme zu lösen. Entweder springt er direkt zu einer Lösung oder er klärt die Situation, um zu einer Lösung zu kommen.

Tipp: *Konzentrieren Sie sich auf die Phasen „Klären" und „Entwickeln" der Gesprächsrichtlinien, um die Ansichten und Ideen Ihres Gegenübers besser zu verstehen. Stellen Sie sicher, diese in Ihrer Einschätzung der Situation und bei der Entwicklung von Ideen zu berücksichtigen.*

*Konzentrieren Sie sich darauf, andere teilhaben zu lassen, und ge-
währen Sie Unterstützung – achten Sie gleichzeitig darauf, keine
Verantwortung zu entziehen.*

DER VERHÖRSPEZIALIST stellt eine Menge Fragen (oft mit dem Schwerpunkt auf „geschlossenen" Fragen). Er konzentriert sich typischerweise darauf, die Fakten einer Situation zu ermitteln, und weniger die
damit verbundenen Gefühle. Das Gegenüber fühlt sich oft wie im
Kreuzverhör und kann gehemmt sein, Perspektiven oder Ideen mitzuteilen.

Tipp: *Sie müssen während des Gesprächs mehr auf persönliche Bedürfnisse eingehen, indem Sie Gesprächsgrundsätze wie das Erhalten
und Steigern von Selbstwertgefühl anwenden und Gedanken und
Gefühle mitteilen, um Vertrauen und Beteiligung zu fördern. Konzentrieren Sie sich darauf, mehr „offene" Fragen zu stellen, um den anderen mehr zu beteiligen. Stellen Sie sicher, Feedback und Input zu
Ihren eigenen Ideen zu erhalten.*

DER BEZIEHUNGSARBEITER konzentriert sich mehr auf die Beziehungen und weniger auf die Ergebnisse eines Gesprächs. Er ist sehr sensi-
bel in Bezug auf die Gefühle anderer und versäumt es vielleicht, während
des Gesprächs auf die praktischen Bedürfnisse einzugehen. Er zeigt
auch weniger Neigung, die schwierigen Probleme anzugehen. Oft ver-
wechselt er Empathie mit Sympathie. Sein Gegenüber verlässt das
Gespräch oft mit einem „guten" Gefühl, aber mit wenig Lösungen oder
Weisungen.

Tipp: *Sie müssen während des Gesprächs mithilfe der Gesprächsrichtlinien mehr auf die praktischen Bedürfnisse achten. Stellen Sie sicher,
dass während der „Eröffnen"-Phase der Zweck und die Wichtigkeit
des Gesprächs klar herausgestellt werden. Während der „Zustimmen"-Phase sollten Sie sicherstellen, dass eindeutige Aktionspläne
existieren und diese auch verstanden wurden.*

DER DIREKTE glaubt, dass jeder die Fakten auf dem Tisch haben will
und den direkten Ansatz bevorzugt. Er ist weniger an den persönlichen
Bedürfnissen interessiert und wird emotionale Reaktionen und Bezü-
ge ignorieren. Er glaubt, dass der offene und „brutal" ehrliche Ansatz
am besten ist. Er verlässt sich auf die Präsentation von Fakten und Ge-
schäftsdaten, um Unterstützung für eine Idee zu gewinnen.

Tipp: *Sie müssen mehr Wert auf den Gebrauch der Gesprächsgrundsätze legen – besonders von Empathie und Selbstwertgefühl. Sie müssen erkennen, dass nicht jeder für den direkten Ansatz geeignet ist, und Sie müssen in der „Klären"-Phase auf Fakten und Gefühle eingehen, die mit dem Problem verbunden sind. Erwägen Sie, diese grundlegenden Skills zuerst in einem Gespräch unter vier Augen einzusetzen, um potenziell sensible Themen aufzuspüren, bevor Sie sich in eine offene Gruppendiskussion stürzen.*

DER SKEPTIKER scheint die Absichten des Gegenübers, bewusst oder unbewusst, infrage zu stellen. Er neigt dazu, das Bewährte und Erprobte zu bevorzugen, und ist weniger offen gegenüber kreativen oder alternativen Lösungsansätzen. Der Skeptiker fragt gerne nach dem *Warum.* Für das Gegenüber kann er oft herausfordernd, zu pessimistisch und unempfänglich für neue Ideen wirken.

Tipp: *Sie müssen die anderen durch offene Fragen mehr beteiligen. Konzentrieren Sie sich darauf, das Selbstwertgefühl Ihres Gesprächspartners in Bezug auf die geäußerten Ideen und Meinungen zu erhalten, und seien Sie offen dafür, Ideen gemeinsam zu entwickeln. Sie können den Gesprächsgrundsatz des Mitteilens von Gedanken und Gefühlen einsetzen, um Vertrauen aufzubauen.*

DER MOTIVATOR betont das Positive und die Möglichkeiten. Obwohl die Gesprächspartner mit Motivation und Engagement aus dem Gespräch gehen, vermissen sie oft die Klarheit in Bezug auf das weitere Vorgehen und die nächsten Schritte. Darüber hinaus werden Ansichten und Ideen nicht offen infrage gestellt oder diskutiert. Die positive Grundstimmung des Gesprächs kann über einen Mangel an Vertrauen und fehlende Skills hinwegtäuschen.

Tipp: *Sie müssen mehr Fokus auf die „Klären"- und „Zustimmen"-Phase der Gesprächsrichtlinien legen. Die „Klären"-Phase wird Ihnen helfen, alle Perspektiven in Betracht zu ziehen (positive und negative). Die „Zustimmen"-Phase wird für Klarheit über die nächsten Schritte und darüber sorgen, wer dafür verantwortlich ist. Beziehen Sie das Gegenüber mit ein, geben Sie nach Bedarf Unterstützung und stellen Sie sicher, dass jeder versteht, worum es geht.*

DER DISTANZIERTE vermeidet emotionale Anteilnahme bei Gesprächen. Weil er neutral bleibt, kann es den Eindruck machen, er sei nicht bei der Sache oder sogar völlig unbeteiligt. Es kann auch sehr schwer sein, ihn einzuschätzen. Daher können andere seine Absichten oder Handlungen fehlinterpretieren und den Eindruck gewinnen, ihm sei alles egal.

Tipp: *Nutzen Sie Empathie, um die Emotionen Ihres Gegenübers herauszuhören, sie anzuerkennen und auf sie zu reagieren. Nutzen Sie Aussagen, die das Selbstwertgefühl erhalten oder steigern, um der anderen Person zu zeigen, dass Sie ihre Ansichten und Ideen wertschätzen. Teilen Sie sich mit, um dem anderen zu helfen, Ihre Perspektiven zu verstehen. Entwickeln Sie gemeinsam Lösungen und suchen Sie nach Zustimmung über die nächsten Schritte und Aktionen in der „Zustimmen"-Phase.*

DER ZUSTIMMER verlässt sich oft darauf, dass sein Gesprächspartner die Führung übernimmt. Obwohl er zwar als umgänglich und anderen Perspektiven gegenüber aufgeschlossen erscheint, fehlt es ihm oft an Selbstvertrauen und er verschweigt vielleicht seine eigenen Standpunkte und Ideen. Am Ende wird er möglicherweise einfach der Perspektive ihres Gegenübers zustimmen. Dadurch verpasst er oft die Gelegenheit, seine eigenen Ansichten darzulegen, vermeidet schwierige Fragen und lässt Probleme ungelöst.

Tipp: *Machen Sie während der „Eröffnen"-Phase den Zweck und die Wichtigkeit des Meetings deutlich. Erläutern Sie Ihre eigene Perspektive und nutzen Sie den Gesprächsgrundatz des Mitteilens, um dafür in der „Klären"- und „Entwickeln"-Phase Verständnis zu gewinnen. Reduzieren Sie den übermäßigen Gebrauch des Prinzips der Beteiligung und stellen Sie sicher, dass die Besprechung mit klaren Ergebnissen und Zielvorgaben beendet wird.*

GESPRÄCHE PLANEN

Erinnern Sie sich an den Leader, der eine schwierige Unterhaltung mit seinem 15-jährigen Sohn führen musste? Um sich vorzubereiten, nutzte er eine Vorlage, den Gesprächsplaner, der ihm half, dieses entscheidende Gespräch zu durchdenken. Wir stellen dieses wichtige Werkzeug ans Ende dieses Kapitels. Tool 8.1 ist eines der nützlichsten Hilfsmittel auf Ihrem Weg zu besserer Kommunikation. Genauso wie jemand, der gut darin ist, öffentliche Vorträge zu halten, seine Rede vorher aufschreibt (in ganzen Sätzen oder Stichpunkten, ganz nach Belieben), planen auch gute Führungskräfte ihre Gespräche und Besprechungen. Es dauert nur fünf Minuten, den Gesprächsplaner auszufüllen, aber die Ergebnisse werden erstaunlich sein (das versprechen wir!). Er hilft Ihnen zu planen, die Gesprächsrichtlinien anzuwenden (um praktische Bedürfnisse anzusprechen), und auch beim Einsatz der Gesprächsgrundsätze. Eine Kopie des Gesprächsplaners finden Sie auf unserer Microsite. Wir hoffen, dass er für Sie zu einem selbstverständlichen Teil Ihrer Vorbereitung wird.

Die Gesprächsgrundsätze, die Gesprächsrichtlinien und der Gesprächsplaner entmystifizieren das Vorgehen großartiger Führungskräfte und helfen Ihnen, dieses in Ihre alltägliche Praxis zu übertragen. Natürlich meinen wir damit nicht, dass Sie für den Rest Ihres Lebens alles planen sollen, was Sie sagen! Mit der Zeit werden Ihnen diese Kommunikationsfertigkeiten in Fleisch und Blut übergehen und Sie werden sie anwenden, ohne sich extra darauf konzentrieren zu müssen. Aber sogar leitende Angestellte der höheren Führungsebene erzählten uns, dass sie ihren Gesprächsplaner benutzen, wenn sie eine schwierige Unterhaltung vorausplanen wollen, zum Beispiel ein Mitarbeitergespräch mit jemandem, der die Vorgaben nicht erfüllt. Planung hilft ihnen sicherzustellen, dass sie ein Problem ansprechen, kritisches Feedback dazu geben, Input suchen, angemessen reagieren und grundlegende Schwierigkeiten beseitigen. Das ist eine Win-win-Situation, was persönliche und praktische Bedürfnisse in einem Gespräch angeht!

Übung macht den Meister

Wie Malcolm Gladwell in seinem Buch „Überflieger" erläutert, dauert es 10.000 Stunden, bis man eine Fertigkeit gemeistert hat.[2] Ganz so lange wird es zwar nicht dauern, bis Sie diese Kommunikationsfertigkeiten erlernen, aber mit etwas Übung werden Sie es schaffen. Man sagt, die Soft Skills seien am härtesten zu erlernen. (Sie sind auch unerlässlich für Arbeit, Familie und das Leben im Allgemeinen.) Und diese Soft Skills zu beherrschen, manchmal auch emotionale Intelligenz genannt, ist letztlich das *Wichtigste*, was Sie tun können, um als Führungskraft erfolgreich zu sein. Das stimmt tatsächlich! Intelligenz ist zwar wichtig, aber sie ist nicht das, was den Erfolg ausmacht. Nach Daniel Goleman,[3] dem Vater der emotionalen Intelligenz, beruht Erfolg zu 33 Prozent auf dem IQ und zu 66 Prozent auf dem EQ (Emotionaler Quotient), und zwar bei allen Jobs und auf allen Ebenen. Aber wenn man sich nur Führungskräfte anschaut, dann schnellt dieser Prozentsatz nochmals nach oben. Erfolg beruht für Führungskräfte zu 15 Prozent auf dem IQ und zu 85 Prozent auf dem EQ. Während Sie sich als Führungskraft auf der Karriereleiter nach oben bewegen, werden Sie viele Gelegenheiten haben, sich in Gesprächsführung zu üben und dabei die Gesprächsrichtlinien und Gesprächsgrundsätze mit Gewinn einzusetzen. Einige Gespräche werden besser laufen als andere, aber nehmen Sie sich einen Moment, um sich auszumalen, wie diese vielen Gespräche mit der Zeit die Meinung der Mitarbeiter über Ihre Fertigkeiten als Leader beeinflussen werden. Was würden Sie gerne über sich selbst hören? Vielleicht stellen Sie sich das etwa so vor:

ICH, LEADER

Ein einminütiges Theaterstück über Sie selbst

Szene: Der Pausenraum Ihrer Firma.
Jemand aus der Forschungsabteilung betritt den Raum und spricht
mit einem Ihrer direkten Mitarbeiter.

Forscher: *Was können Sie mir denn so über Ihren Chef sagen? Ist er einer dieser Mikromanager? Weiß er überhaupt, wie Sie heißen?*

Mitarbeiter: *Wissen Sie was? Mein Chef lädt niemals einfach so einen Job bei mir ab und macht sich dann aus dem Staub. Nicht einmal, wenn es ein Stretch-Projekt ist (Anm. d. Übers: Aufgabe, die über die aktuellen Fähigkeiten eines Mitarbeiters hinausgeht, damit er daran wachsen kann). Er erkundigt sich immer, ob ich Unterstützung brauche, und fragt, wie man meiner Meinung nach den Ablauf verbessern könnte. Er versteht mich und wie ich arbeite oder was mir wichtig ist. Auch wenn er nicht alle meine Ideen umsetzt, fragt er doch nach meiner Meinung. Und er sagt mir die Wahrheit – auf positive Art und Weise. Wenn er Entscheidungen trifft, die Auswirkungen auf mich haben, dann erklärt er sie. Ich stimme zwar nicht immer damit überein, aber wenigstens weiß ich, warum er sie so getroffen hat. Am wichtigsten ist jedoch, dass er mir das Gefühl gibt, geschätzt zu werden, und dass ich eine reelle Chance habe, mich weiterzuentwickeln.*

Forscher: *Hört sich nach einem tollen Chef an!*

Mitarbeiter: *Sie sagen es!*

ENDE

TOOL 8.1

GESPRÄCHSPLANER

Gespräch mit _____ Datum _____

Themen/Probleme, die zu besprechen sind

_____

_____

Gesprächsgrundsätze *(um persönliche Bedürfnisse anzusprechen)*

☐ **Selbstwertgefühl**
• Seien Sie spezifisch
und ernsthaft.

☐ **Empathie**
• Beschreiben Sie Fakten
und Gefühle.

☐ **Beteiligung**
• Fördern Sie Ideen durch
geschickte Fragen.

☐ **Mitteilen**
• Legen Sie Ihre Gefühle und
gewonnenen Einsichten offen,
um Vertrauen aufzubauen.

☐ **Unterstützung**
• Legen Sie fest, welches Ausmaß
an Unterstützung Sie gewähren werden.

MEIN ANSATZ
Was sind meine Ziele in diesem
Gespräch?

Wie werde ich wissen, ob ich
diese Ziele erreicht habe?

Welche persönlichen Bedürfnisse der Person/des Teams
muss ich berücksichtigen?

Gesprächsrichtlinien *(um praktische Bedürfnisse anzusprechen)*

Zeit

☐ **1. ERÖFFNEN**
• Zweck der Besprechung/
des Gesprächs erläutern
• Wichtigkeit klären

☐ Vorschläge zum Ablauf
☐ Verstehen überprüfen

☐ **2. KLÄREN**
• Bitten Sie um Informa-
tionen über die Situation
und geben Sie die weiter,
die Sie haben.
• Suchen Sie gemeinsam
nach Problemen und Bedenken.

☐ Vorschläge zum Ablauf
☐ Verstehen überprüfen

☐ **3. ENTWICKELN**
• Ideen entwickeln
und diskutieren
• Benötigte Ressourcen/
Unterstützung abklären

☐ Vorschläge zum Ablauf
☐ Verstehen überprüfen

☐ **4. ZUSTIMMEN**
• Aktionsplan festlegen,
inklusive Ausweichplan
• Festlegen, wie Fortschritt
und Resultate gemessen
werden sollen

☐ Vorschläge zum Ablauf
☐ Verstehen überprüfen

☐ **5. ABSCHLIESSEN**
    • Wichtige Punkte des
    Plans hervorheben
    • Vertrauen versichern
    und Einsatzbereitschaft bestätigen

☐ Vorschläge zum Ablauf
☐ Verstehen überprüfen

Abschlussnotizen

• Was habe ich gesagt oder getan, um die diversen Skills effektiv einzusetzen?

• Was könnte ich sagen oder tun, um diese Skills beim nächsten Mal effektiver einzusetzen?

9.

NUR DIE RESULTATE ZÄHLEN

Wie man fokussiert und verantwortlich vorgeht, um messbare Ergebnisse zu erzielen

Kellys Chefin schien an diesem Tag schon zum etwa 15. Mal eine Krise zu haben.

Ihr Name ist Joan, aber wir nannten sie Stressomat, sagte uns Kelly. *Sie änderte immer Sachen auf den letzten Drücker, war völlig unorganisiert und hatte keinen Plan für irgendwas. Und alles war immer gleich wichtig und hatte Priorität. Erfolg? „Ich erkenne ihn, wenn ich ihn sehe." Das hat sie zu uns gesagt!*

Joan hatte tolle Ideen, aber wenig Gelegenheit, diese in der Arbeit effizient umzusetzen. Zu ihrer Verteidigung muss man sagen, dass ein Teil des Problems von oben kam. Ihr Vorgesetzter, der nach dem Friss-oder-stirb-

Prinzip vorging, ließ Joan weder Anweisungen zukommen noch lernte er sie wirklich an. Also beging Joan einen Fehler, der unter ängstlichen und unvorbereiteten Führungskräften häufig ist: Sie vermied es, Unterstützung von ihrem Chef oder Team zu erwarten, und verlegte sich stattdessen aufs Mikromanagen. Und als ob das nicht schon schlimm genug gewesen wäre, verschlimmerten sich Joans schlechte Angewohnheiten ganz gewaltig, wenn sie unter Stress stand.

Diese spezielle Krise wurde durch die Vorbereitungen für eine interne Präsentation über potenzielle neue Geschäftsfelder ausgelöst, die Joan vor ihrem Vorgesetzten und seinen Peers halten sollte. Das war offensichtlich eine große Sache. Aber Joan wartete bis ein paar Tage vorher damit, ihr Team zu bitten, die Abfolge der Bilder für die Powerpoint-Präsentation zusammenzustellen. Am Tag vor dem großen Ereignis erschien dann der Stressomat auf der Bildfläche und übernahm die Kontrolle. *Sie fing an, die Reihenfolge der Präsentation zu ändern, und kombinierte Bilder mit Texten so, dass es keinen Sinn mehr ergab*, erinnerte sich Kelly. *Das Team wollte nichts mehr damit zu tun haben. Sie würde mit fliegenden Fahnen untergehen.*

Nachdem Kelly und ihre Kollegen eine knallharte Nachtschicht hinter sich gebracht hatten, in der sie sich mit ihrer panischen Chefin auseinandersetzen mussten und die Präsentation in Ordnung brachten, entschied sich Joan in letzter Sekunde, die visuellen Hilfsmittel bei der Präsentation ganz zu streichen. Sie hielt die Präsentation mit ihrem vor Wut schäumenden und völlig erschöpften Team auf der anderen Seite der verschlossenen Türen, hinter denen das Meeting stattfand. Kelly ließ sich bei der ersten Chance versetzen, die sich bot. *Es hätte sich niemals etwas zum Guten gewandelt.*

Das Lustige an Leadership ist, dass es so viel einfacher erscheint, wenn man darüber in einem Vorstellungsgespräch spricht oder es in einem Trainingskurs behandelt, oder auch, wenn man darüber in einem Buch liest. Aber Joans permanentes Versagen – und dass ihr Team das ausbaden musste – kommt bei neuen Führungskräften häufig vor. Der Druck, die Arbeit fertig zu kriegen – innerhalb der Deadline und wenn möglich unterhalb des Budgets –, kann einen Neuling schnell in Panik versetzen. Wenn Sie das erste Mal Vollzug melden müssen – also tatsächliche Arbeit leisten –, werden auch Sie in Versuchung geraten, nur noch aufgabenorientiert vorzugehen und das Training und die guten Ratschläge über Bord zu werfen, die Sie erhalten haben. Aber der erste Schritt zur gelungenen Durchführung – für Sie selbst, Ihr Team, Ihren Vorgesetzten und Ihre Firma – ist, über Ihre Definition von Erfolg neu nachzudenken.

REFLEXIONSPUNKT

Sind Sie ein Stressomat?

Wir arbeiten in einer global vernetzten Welt, in der jeder immer „on" ist. Es ist leicht, „hektische Betriebsamkeit" mit harter Arbeit zu verwechseln. Aber es ist nicht dasselbe. Denken Sie über das nach, was Sie bei der Arbeit am meisten stresst. Wie können Sie sich darum kümmern, bevor es zum Problem für andere wird?

SEIEN SIE KEIN EINZELKÄMPFER: DAS TEAM GEHT VOR

Solange Sie nur für Ihre eigene Arbeit verantwortlich waren, lief alles glatt und Sie hatten alles unter Kontrolle. Sie hatten Ihre eigenen Deadlines, Ihre eigenen Vereinbarungen und brauchten Feedback nur für sich selbst. Machte Ihnen jemand ein Kompliment für Ihre Arbeit, dann war das klar ein Grund zum Feiern. Dann wurden Sie Führungskraft und die Regeln änderten sich. Jetzt sind Sie verantwortlich dafür, die Bedürfnisse Ihrer Firma mit neuen Augen zu sehen. Sie müssen lernen, wie man Dinge von einem Netzwerk erledigen lässt – von Führungskräften der oberen Führungsebene, Ihrer neuen Peergroup und natürlich von Ihrem Team. (Ja, Sie müssen wahrscheinlich auch einige Arbeit selber erledigen.) Sie müssen auf ganz praktische Art verstehen lernen, was den Erfolg für Ihr Team ausmacht. Statt sich nur auf Ihre eigenen Erfolge zu konzentrieren, feiern Sie jetzt die Erfolge Ihres Teams oder wenn dieses ein Lob erhält.

Statt sich nur auf Ihre eigenen Erfolge zu konzentrieren, feiern Sie jetzt die Erfolge Ihres Teams oder wenn dieses ein Lob erhält.

Es gibt keine Zauberformel, um in beiden Bereichen gut zu sein, aber es gibt Dinge, die Sie tun können, um Ihre Chancen auf Erfolg dramatisch zu erhöhen. Im vorhergehenden Fallbeispiel waren Kelly und ihr Team in der Lage, das zu liefern, was Joan brauchte, aber es geschah unter unnötig stressigen Umständen und ohne irgendeine Garantie, dass ihre harte Arbeit für das Gesamtbild eine Rolle spielte. Joan war nicht wirklich dazu fähig, ihre Arbeit auf eine Art zu erledigen, die für irgendjemanden, mit dem sie arbeitete, Sinn ergab – besonders für ihr Team. Das ist etwas, das ein erfahrener Leader – einer, der es versteht, ein Auge darauf zu haben, *wie* die ihm unterstellten Mitarbeiter ihre Arbeit erledigen –, wissen sollte. Das ist der Teil der Arbeit als Vorgesetzter, bei dem man auch mal die Ärmel hochkrempeln muss. Im Geschäftsleben nennt man das *Durchführung*. Aber im Grunde geht es nur darum, Resultate zu erzielen.

DIE GRUNDLEGENDEN ELEMENTE DER DURCHFÜHRUNG

In Kapitel 4 haben wir über Ihren Führungsstil gesprochen und darüber, dass authentische Gespräche mit Mitarbeitern der Schlüssel zu einem wirklich engagierten Team sind. Die Gesprächsgrundsätze und Gesprächsrichtlinien, die wir in den Kapiteln 6, 7 und 8 eingeführt haben, helfen Ihnen, die persönlichen und praktischen Bedürfnisse der Menschen, mit denen Sie arbeiten, zu berücksichtigen. Sie werden eine wichtige Rolle spielen, wenn es darum geht, den Aspekt der Durchführung zu beherrschen.

In diesem Kapitel gehen wir ein wenig weiter. Dies findet in einem größeren Rahmen statt als nur im Führen eines Gesprächs nach dem anderen. Hier kommt ein größeres wirtschaftliches Ökosystem ins Spiel und Sie müssen Ihr gesamtes Netzwerk aktivieren und mit Ihrem Chef, ihren Peers, Kunden, Händlern und natürlich Ihren direkten Mitarbeitern interagieren. Alle diese Gruppen haben ihre eigenen Bedürfnisse und Prioritäten, die eine Rolle dabei spielen, wie gut Sie etwas durchführen können.

Sie müssen eine Arbeitsumgebung schaffen, in der die Konzentration auf Resultate und das Erreichen selbiger Ihnen und Ihrem Team in Fleisch und Blut übergeht. Dies nennen wir *Durchführungskultur*. Um das umzusetzen, müssen Sie lernen, die drei grundlegenden Elemente anzuwenden und nach ihnen zu leben, die ein Teil dessen sind, was wir *Strategiedurchführung* nennen. (Abb. 9.1)

ABB. 9.1 | DIE DREI GRUNDELEMENTE

Fokus
Setzen Sie entscheidende
Prioritäten ganz oben auf die Liste.

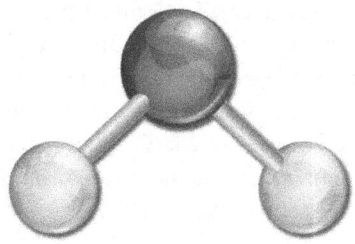

Messen
Überwachen Sie Fortschritte
und beurteilen Sie Ergebnisse.

Verantwortlichkeit
Delegieren Sie Arbeit
und Verantwortung.

Es gibt einen Grund dafür, dass wir Fokus, Messen und Verantwortlichkeit Grundelemente nennen. Denken Sie zurück an Ihren Chemieunterricht in der Schule. Die Elemente sind die Bausteine jedes lebenden Systems. Wir alle wissen, dass die Formel für Wasser zwei Elemente enthält, Wasserstoff und Sauerstoff. Beide müssen im richtigen Verhältnis vorhanden sein, damit Wasser – H_2O – existieren kann. Dasselbe gilt für eine Strategie. Wenn ein einzelnes Element fehlt oder nicht in ausreichender Menge vorhanden ist, kommt es nicht zur Durchführung und jede Strategie, die Sie hatten, wird versagen.

Beachten Sie, dass wir „wird" versagen gesagt haben, nicht „könnte" versagen.

Selbst wenn Ihr Team einige Ziele erreichen wird, so wie im Beispiel von Joan, dann nicht wegen der Strategie, die Sie zur Anwendung brachten, sondern, weil Einzelne der Herausforderung gewachsen waren, trotz aller Hindernisse. Eine Strategie durchzuführen bedeutet, dass Sie genau darauf achten, was Ihr Team tut, aber auch fähig sind, Ihre Erfolge zu replizieren.

Sie sollten damit anfangen, herauszufinden, wo Sie im Moment stehen. Füllen Sie den folgenden Fragebogen aus (Tool 9.1), der Ihnen dabei hilft, einen ehrlichen Blick darauf zu werfen, was Sie über Durchführungsstrategie wissen müssen.

TOOL 9.1

WIE GUT BIN ICH BEI DER DURCHFÜHRUNG?

Lesen Sie die Aussagen über jedes Grundelement. Kreisen Sie bei jeder Aussage die Nummer ein, die am besten die Häufigkeit wiedergibt, mit der Sie im Moment diese Handlung durchführen. Nutzen Sie die unten stehende Skala. Antworten Sie ehrlich, damit Sie Ihre Stärken und die Bereiche, in denen Verbesserungsbedarf besteht, genau ermitteln können. Zählen Sie die Werte für jedes Grundelement zusammen und schreiben Sie die Summe auf die dafür vorgesehene Linie.

Bewertungsskala:
1=Selten oder nie 2=Manchmal 3=Häufig 4=Immer oder fast immer

FOKUS

1. Ich stecke meine Zeit und Energie in die wichtigsten Prioritäten, die mein Team erreichen muss.	1	2	3	4
2. Ich informiere meine Teammitglieder über unsere wichtigsten Prioritäten und wie diese die Ziele des Unternehmens unterstützen.	1	2	3	4
3. Wenn ich von wichtigen Angelegenheiten abgelenkt werde, kann ich mich und mein Team schnell wieder auf das fokussieren, was wichtig ist.	1	2	3	4
4. Ich bedenke potenzielle Widerstände und Probleme im Voraus.	1	2	3	4

GESAMTPUNKTZAHL: _____

MESSEN

5. Ich bewerte die richtigen Parameter, sodass ich weiß, ob mein Team unsere Ziele mit der höchsten Priorität erreicht hat.	1	2	3	4
6. Ich nutze regelmäßig Wegmarken, um meinem Team zu helfen festzustellen, was möglicherweise angepasst werden muss.	1	2	3	4
7. Ich setze Deadlines und gebe klare Definitionen, wann die Aufgaben mit hoher Priorität erfolgreich abgeschlossen sind.	1	2	3	4
8. Ich mache unsere Prioritäten und unseren Fortschritt auf dem Weg dorthin für meine Teammitglieder sichtbar.	1	2	3	4

GESAMTPUNKTZAHL: _____

VERANTWORTLICHKEIT

9. Ich stelle sicher, dass jede Aufgabe, die zum Erreichen unserer Prioritäten nötig ist, von dem Teammitglied übernommen wird, das am besten dafür geeignet ist.	1	2	3	4
10. Ich lege Kontrollmechanismen und Follow-up-Verfahren mit den verantwortlichen Teammitgliedern fest.	1	2	3	4
11. Ich biete das Coaching und Feedback, das die Teammitglieder brauchen, um unsere Prioritäten zu erreichen.	1	2	3	4

12. Ich nenne jedem verantwortlichen Teammitglied vor Beginn die Konsequenzen (sowohl persönlich als auch auf höherer Ebene) von Erfolg oder Misserfolg beim Erledigen seiner oder ihrer Aufgabe.	1	2	3	4

GESAMTPUNKTZAHL: _____

Welches Element hatte die *höchste* Gesamtpunktzahl? _____

Welches Element hatte die *niedrigste* Gesamtpunktzahl? _____

Wie haben Sie abgeschnitten? Waren Sie von den Ergebnissen überrascht? Wenn es Ihnen wie den meisten First-Time Leadern geht, dann haben Sie niedrigere Punktzahlen in allen drei Bereichen erzielt, als Sie gehofft hatten. Und wenn Sie schon ein wenig erfahrener sind, sagen Sie vielleicht: „Ah, ich wusste gar nicht, wie viel Aufmerksamkeit ich der Evaluation hätte geben sollen." Dieses Kapitel ist reich an Content, Tools, Tipps und Übungen, die Ihnen helfen, die Fertigkeiten und Taktiken zu entwickeln, die Sie brauchen, um eine Strategie konsequent und mit Zuversicht umzusetzen. Einige davon, wie das Radarbild (Tool 9.4), werden Sie vielleicht während Ihrer gesamten Karriere nützlich finden.

FOKUS
Setzen Sie entscheidende Prioritäten ganz oben auf die Liste

Führungskraft zu sein kann Sie überfordern (wir sollten Ihnen vielleicht etwas erzählen, was Sie nicht schon wissen, richtig?). Die ganze Welt hat sich gegen Ihren Versuch zu fokussieren verschworen. Alles erfordert Ihre sofortige Aufmerksamkeit: Familie, Chef, der zweite Chef (wenn Sie in einer Matrixorganisation arbeiten), die Kollegen, das Team. Und von dem Moment, in dem Sie aufwachen, bis zu dem, in dem Sie sich ausloggen (das kann für einige von uns so um Mitternacht sein), werden Sie von Anfragen anderer ausgebremst, die Sie davon überzeugen wollen, ihrem Notfall eine höhere Priorität einzuräumen als Ihrem eigenen. Nur ein Beispiel: Im Durchschnitt beziehen sich nur zehn Prozent aller E-Mails auf die wichtigsten Dinge, die eine Führungskraft gerade zu erledigen hat.[1] Jeder, der in der heutigen Welt arbeitet, kennt diese Tyrannei des Dringenden. Es liegt an Ihnen, das Dringende von dem zu unterscheiden, was für Sie wirklich wichtig ist. Die Überraschung: Jetzt müssen Sie das auch noch für Ihr Team tun.

Und hier das Worst-Case-Szenario. Ihr Chef überreicht Ihnen die Zielsetzungen für das laufende Jahr. Sie stimmen zu, dass dies die Prioritäten für Sie und Ihr Team sind. Dann spulen wir die Zeit zwölf Monate vor und Sie befinden sich in Ihrer Leistungsbeurteilung. Und Sie müssen kleinlaut sagen: *Oh nein, wo ist nur die Zeit geblieben? Dazu sind wir einfach nicht mehr gekommen.* Und jetzt fühlen Sie sich, als würde jeder Ihnen sofort ansehen, was für ein totaler Versager Sie sind.

Drei mögliche Lösungswege

Was können Sie also tun? Sie haben drei Möglichkeiten:

1. Sie verwandeln sich in einen Zombie, der unproduktiv durchs Leben stolpert, während um Sie herum gute Ideen, Meeting-Anfragen und E-Mails sintflutartige Ausmaße annehmen. Dies hat zusätzlich den Vorteil der Massenwirkung: Ihr verrücktes Verhalten wird sich auf die Arbeit anderer auswirken und Sie werden dadurch den Zombie-Fluch weitergeben.

2. Sie übernehmen mehr und mehr Arbeit und beißen sich allein durch – wie ein Märtyrer und bis zur völligen Erschöpfung. Dies hat mit der Zeit einen depressiven Effekt, der ein wenig dramatisches Flair hinzufügt.

3. Sie finden heraus, was wichtig ist, und *konzentrieren* Ihre Zeit auf klare Prioritäten.

In diesem Abschnitt werden wir Ihnen helfen, den richtigen Weg zu wählen. Aber zuerst sollten Sie eine kleine Pause machen und sich lustige Katzenvideos auf Youtube ansehen.

(Wenn Sie darauf hereingefallen sind, lesen Sie bitte das Kapitel noch einmal von vorne.)

Ablenkungen

Wieso verlieren Menschen in der Arbeit ihren Fokus? Die Führungskräfte, die wir ausgebildet haben, bestätigten, was wir schon lange wussten – es ist das schiere Ausmaß an Arbeit, die zu erledigen ist, und eine Welt, in der man immer „on" ist, in der Kunden, Händler, Partner und Kollegen uns zu jeder Tageszeit erreichen können. Es geht also um die folgenden Punkte:

- Veränderungen aufgrund äußerer Anforderungen.

- Dringende Angelegenheiten, die uns von unseren Prioritäten ablenken.

- Widerstreitende Prioritäten: Andere erheben Anspruch auf unsere Ressourcen.

- Kunden, die schnell eine Antwort wollen, ungeachtet unseres Arbeitspensums.

- Das schiere Ausmaß der Arbeit; begrenzte Ressourcen.

Um also diesem Ansturm an ständigen Ablenkungen zu widerstehen, müssen Sie einen Fokus schaffen. Dies ist natürlich leichter gesagt als getan. Wenn Sie und Ihr Team fokussiert sind, dann handeln Sie konsequent und investieren Zeit und Energie in das, was am wichtigsten ist, um die Ziele Ihrer Firma zu erreichen, während Sie gleichzeitig die Anforderungen des täglichen Arbeitsablaufs mit den Wünschen der Kunden und den finanziellen Voraussetzungen ausbalancieren.

Fokus bedeutet:

- Einigen wichtigen Zielen Priorität einzuräumen, die Konzentration darauf dem Team zu vermitteln und es periodisch daran zu erinnern.

- Diesen Zielen mehr Aufmerksamkeit, Analysen und Besprechungen zu widmen, weil sie am wichtigsten für den Erfolg Ihres Teams und den der Firma sind.

Das ist eine Gelegenheit, die Aufgabe mit der höchsten Priorität zu identifizieren, deren Erledigung von Ihnen und Ihrem Team in dieser Geschäftsperiode erwartet wird. Hier sollte man sich auf die großen Themen konzentrieren – Prozessabläufe für Kundenanfragen zu verkürzen oder Personalbedarf effizienter zu befriedigen –, die Ihre strategische Aufmerksamkeit verlangen. Benutzen Sie dann Tool 9.2, um Ihre drei höchsten Prioritäten zu ermitteln. Wieso drei? Experten zum Thema der Durchführung legen nahe, dass man nicht mehr Fokuspunkte haben sollte als die drei Seiten eines Dreiecks. (Was eine schöne Metapher ist, denn das Dreieck ist die Form, die am ehesten einem Zusammenbruch aufgrund von Ermüdung oder Verformung widersteht.) Überlegen Sie dann, inwiefern diese Punkte mit den Geschäftszielen der Firma auf einer Linie liegen. Wenn Sie nicht genügend über Ihre Firma, Abteilung oder Geschäftsziele wissen, kann ein Gespräch mit Ihrem Vorgesetzten Ihnen bei der Ausrichtung und Anpassung helfen.

TOOL 9.2

IHRE HÖCHSTEN PRIORITÄTEN ERMITTELN

Anleitung:

1. Notieren Sie die drei höchsten Prioritäten Ihres Teams auf der linken Seite.

2. Dann verbinden Sie diese Prioritäten mit den weiter gesteckten Geschäftszielen Ihres Teams, Ihrer Abteilung oder Ihrer Firma, indem Sie diese auf die rechte Seite schreiben.

3. Lesen Sie die folgenden zwei Beispiele als Anhaltspunkt.

Wichtiger Hinweis: Dies ist die wichtigste Übung in diesem Kapitel. Überspringen Sie sie nicht! Das ist Ihre Gelegenheit, die Top-Prioritäten Ihres Teams festzuhalten, was der erste wichtige Schritt dabei ist, Ihren Fokus zu klären und voranzutreiben.

Die wichtigsten Prioritäten meines Teams	Ziele der Firma, Abteilung oder Geschäftseinheit
(Beispiel) Unsere Technologiedatenbanken (finanzielle, Kundendateien, Bestellsysteme) in der ganzen Firma integrieren.	Die Effizienz von Buchhaltungssystemen erhöhen.
(Beispiel) Die gesamten Kundenbewertungen im Bereich derjenigen, die direkten Kontakt zu den Kunden pflegen, auf 95 Prozent „Zufrieden" oder „Sehr zufrieden" bringen.	Den ersten Eindruck der Kunden verbessern, im Rahmen der Service-Initiative „Der Kunde ist König".
1.	
2.	
3.	

Lassen Sie uns nun einen genaueren Blick darauf werfen, wie Fokus Ihren Erfolg und den Ihres Teams beeinflusst. Zum Beispiel hören wir immer wieder Führungskräfte sagen: *Ich bin wahnsinnig beschäftigt.* Aber beschäftigt zu sein bedeutet noch nicht, dass man auch fokussiert arbeitet. Tatsächlich können die Aktivitäten, die Sie verfolgen, wenn Sie „wahnsinnig beschäftigt" sind, Ihren Fokus verwässern und Sie von den Zielen in Bezug auf die Durchführung abhalten. Im Grunde sind diese Aktivitäten (planen, administrative Aufgaben erledigen, Zeitpläne erstellen und so weiter), die uns dabei helfen, unseren Job zu verwalten oder zu managen, grundverschieden davon, mit anderen zu interagieren, um diesen Job tatsächlich zu machen. Tatsächlich sind für erfolgreiches Leadership diese Interaktionen viel entscheidender als Ihre Managementaufgaben und sie reduzieren schädliche Effekte. Liegt der Fokus mehr auf Management und Verwaltung, dann führt das zu weniger Zufriedenheit im Beruf, höherer Mitarbeiterfluktuation und weniger Engagement unter Führungskräften. Abbildung 9.2 aus dem *Global Leadership Forecast* (2014) zeigt, wie die befragten Führungskräfte ihre Zeit einteilen. Man kann sehen, dass sie momentan mehr Zeit mit Managementaufgaben verbringen als mit Interaktionen.

ABB. 9.2 | INTERAKTION VERSUS MANAGEMENT

Wie sieht Ihre Work-Balance aus? Wir verbringen alle Zeit in Meetings und mit E-Mails; diese Aufgaben können enorm zeitraubend sein. Lassen Sie uns darüber hinausblicken und über die Art von Aufgaben nachdenken, die dadurch vorangebracht werden. Sie könnten zum Beispiel 25 Prozent Ihrer Zeit in Meetings verbringen, aber wenn diese Meetings Sie dazu befähigen, Fortschritte in den Fokusbereichen zu erzielen, die Sie vorher aufgelistet haben, dann ist das eine gute Sache. Es ist jedoch etwas anderes, wenn Sie Stunden mit E-Mails verbringen, die Ihre Prioritäten nicht voranbringen – und etwas, das Sie in den Griff bekommen müssen. Tool 9.3 wird Ihnen dabei helfen, die Aktivitäten zu ermitteln, die am meisten von Ihrer Zeit in Anspruch nehmen.

TOOL 9.2

WAS BEANSPRUCHT MEINE ZEIT?

1. Kreuzen Sie in der folgenden Liste die Aktivitäten an (erste Spalte), für die Sie während einer typischen Woche mindestens zehn Prozent Ihrer Zeit aufwenden. Falls nötig, können Sie am Ende der Liste noch andere relevante Aktivitäten hinzufügen,
   Anmerkung: „Meetings besuchen" und „E-Mails bearbeiten" wurden bewusst ausgelassen. Berücksichtigen Sie die Zeit für Meetings und E-Mails in Bezug auf die Aufgaben, die dadurch vorangebracht werden.

2. Schätzen Sie bei den Aktivitäten, die Sie angekreuzt haben, den Prozentsatz Ihrer gesamten wöchentlichen Arbeitszeit, die Sie dafür aufwenden (zweite Spalte). Sie müssen dabei insgesamt nicht auf 100 Prozent kommen.

3. Markieren Sie für jede Ihrer zeitaufwendigsten Tätigkeiten auf der Linie (unter jeder Aktivität), inwieweit diese Aufgabe die Prioritäten voranbringt, die Sie vorher aufgeschrieben haben.

Meine typische Woche

Aktivität   **% der Gesamt-
                                                            arbeitszeit**

☐ Anderen meine Meinung als Experte
zur Verfügung stellen.

[————————————————————]   ——————
Keine Priorität   Priorität

☐ Ein Produkt mithilfe meiner technischen
Expertise herstellen.

[————————————————————]   ——————
Keine Priorität   Priorität

☐ In einem Team einen individuellen Beitrag leisten.

[————————————————————]   ——————
Keine Priorität   Priorität

☐ Technische Probleme lösen.

[————————————————————]   ——————
Keine Priorität   Priorität

☐ Intervenieren, um Probleme mit Kunden zu lösen.

[————————————————————]   ——————
Keine Priorität   Priorität

☐ Projektpläne entwickeln.

[————————————————————]   ——————
Keine Priorität   Priorität

☐ Projekte in Bezug auf Zeitpläne und Fristen
überwachen.

[————————————————————]   ——————
Keine Priorität   Priorität

☐ Die Performance meiner Teammitglieder
kontrollieren und rechtzeitig Feedback geben.

[————————————————————]   ——————
Keine Priorität   Priorität

Aktivität	**% der Gesamt-arbeitszeit**

☐ Geeignete quantitative Messtechniken
verwenden (zum Beispiel, um Produktion,
Qualität oder Verkäufe zu überwachen).

[_____] _____

Keine Priorität   Priorität

☐ Delegierte Aufgaben kontrollieren.

[_____] _____

Keine Priorität   Priorität

☐ Intervenieren, um Konflikte zwischen
Mitarbeitern zu lösen.

[_____] _____

Keine Priorität   Priorität

☐ Mein Team oder wichtige Stakeholder
über den Fortschritt auf dem Laufenden halten.

[_____] _____

Keine Priorität   Priorität

☐ Hindernisse beseitigen, die dem Erfolg
meines Teams im Weg stehen.

[_____] _____

Keine Priorität   Priorität

☐ Mein Team über organisatorische Probleme
oder Probleme innerhalb der Abteilung auf
dem Laufenden halten.

[_____] _____

Keine Priorität   Priorität

☐ Prozesse zur Entscheidungsfindung und
Problemlösung verankern.

[_____] _____

Keine Priorität   Priorität

☐ Ein Budget überwachen.

[_____] ————

Keine Priorität   Priorität

☐ Intervenieren, um Probleme mit Prozessabläufen zu lösen.

[_____] ————

Keine Priorität   Priorität

☐ ————————————

[_____] ————

Keine Priorität   Priorität

☐ ————————————

[_____] ————

Keine Priorität   Priorität

Was haben Sie herausgefunden?

- Welche Einsichten haben Sie darüber gewonnen, wofür Sie regelmäßig Ihre Zeit aufwenden?

- Wie beeinflusst diese Zeitaufteilung Ihre Fähigkeit, sich auf Ihre Prioritäten zu konzentrieren?

- Haben Sie mehr Punkte am Beginn der Liste angekreuzt als am Ende? Ihnen ist vielleicht aufgefallen, dass wir die Aktivitäten in der Reihenfolge von *Beiträgen als einzelner Mitarbeiter* hin zu *Aufgaben als Führungskraft* geordnet haben. Viel Zeit für die Aufgaben am Beginn der Liste aufzuwenden kann ein Hinweis darauf sein, wo Sie sich auf Ihrem Weg zum Leadership befinden.

Bringen Sie sich in die Diskussion ein! Gehen Sie auf unsere Microsite und sehen Sie sich unseren Ansatz an, um die Energieverschwender in Ihrem Leben in den Griff zu kriegen, die Sie in der Arbeit ablenken.

MESSEN

Hier ein Sprichwort, an das wir uns bei DDI halten: *Sie können nicht steuern, was Sie nicht messen können.* Darin liegt echte Weisheit. Wie ein Kompass, der Sie in die richtige Richtung weist, sind eindeutige Kennzahlen Indikatoren, die anzeigen, ob man Fortschritte erzielt. Sie werden Ihnen helfen, zwei Fragen zu beantworten: *Wie können wir wissen, ob wir auf dem richtigen Weg sind?* und: *Waren wir erfolgreich?* Manchmal ist es nicht schön, die Antworten zu hören. Aber Kennzahlen erlauben Ihnen, die Ziele Ihres Teams klarer zu sehen und zu ermitteln, wie weit Sie möglicherweise schon auf dem Holzweg vorangeschritten sind, bevor es zu spät ist. Sie können die Arbeit nicht mehr beeinflussen, wenn sie schon getan ist – Sie müssen sie kontrollieren, während sie getan wird. Und die Ausführung hängt davon ab zu wissen – nicht zu *schätzen* –, wo Sie waren, wo Sie im Moment stehen und wo Sie sein müssen.

Sie können nicht steuern, was Sie nicht messen können.

Wenn es Ihnen geht wie der Mehrzahl der Führungskräfte, mit denen wir arbeiten, dann ist das Messen eine Lücke in Ihrem Streben danach, das hervorragende ausführende Organ der Strategie und Ziele Ihres Teams zu sein. Bereiche wie das produzierende Gewerbe oder das Gesundheitswesen sind stark reguliert und Werkzeuge zur Bewertung sind leicht verfügbar. In sehr vielen anderen Bereichen kann das Bewerten eine Herausforderung sein. Da es jedoch eines der drei Grundelemente Ihres Erfolgs bei der Durchführung ist, handelt es sich nicht um ein „Soll", sondern um ein „Muss".

Hier noch ein anderes Sprichwort, das man sich merken sollte: *Nicht alles, was man messen kann, zählt auch.* Wir leben in einer Welt, die von neuen Technologien vorangebracht wird, die es erlauben, alles Mögliche zu überwachen. Aber die richtigen Bereiche Ihrer Firma quantitativ zu bewerten erlaubt Ihnen, die Performance ihrer Produkte, Dienstleistungen, Prozesse und Operationen zu überwachen und zu verbessern. Dieser Abschnitt wird Ihnen helfen, zu ermitteln, welche Kennzahlen wichtig sind und was Sie mit den Daten anfangen können, die Sie sammeln.

Kennzahlen für Fortschritt und Ergebnis

Um erfolgreich zu sein, müssen Sie und Ihr Team die Möglichkeit haben, Kennzahlen in zwei bestimmten Bereichen einzuführen. Diese werden *Fortschritts-* und *Ergebnis*kennzahlen genannt.

- **Fortschrittskennzahlen sagen künftigen Erfolg voraus.** Sie helfen Ihnen, Ihre Fähigkeit einzuschätzen, ein Ziel oder eine Vorgabe zu erreichen.

- **Ergebniskennzahlen sind Endresultate.** Sie beschreiben, wie der Erfolg aussieht.

Fortschrittskennzahlen (manchmal *Frühindikatoren* genannt) funktionieren wie eine Analyse in Echtzeit. Sie geben Ihnen die Art von Feedback, die Sie brauchen, um festzustellen, ob Sie auf dem richtigen Weg sind, ob Sie den Kurs ändern müssen oder ob Sie präventive Schritte ergreifen müssen, um potenzielle Probleme zu vermeiden. Ein gutes Beispiel dafür ist der Radar, den Schiffe verwenden, um andere Schiffe oder Hindernisse zu erfassen, oder das Kalorienzählen für jemanden, der ein bestimmtes Gewicht erreichen will. Frühindikatoren sind hauptsächlich aus einem Grund ein so mächtiges Werkzeug: Sie sagen Ihnen, ob Sie auf dem richtigen Kurs sind.

Eine Ergebniskennzahl (manchmal *Spätindikator* genannt) bestätigt Ihren Erfolg (oder auch nicht!), nachdem eine Aufgabe abgeschlossen ist – gelegentlich sogar erst lange danach. Manchmal, wenn die Resultate nicht Ihren Erwartungen entsprachen, kann diese Kennzahl Ihnen helfen zu sehen, was funktioniert hat und was nicht, und beim nächsten Mal ein besseres Ergebnis zu erreichen. Aber das liegt alles in der Vergangenheit und Sie können jetzt nichts mehr daran ändern. Die meisten Menschen kennen das Konzept der Ergebniskennzahlen. Die Zwischenprüfungen an einer Hochschule sind ein gutes Beispiel dafür. Sie haben gemessen, ob (und wie gut) Sie den Stoff des letzten Semesters aufgenommen haben. Ein bemerkenswert morbides Beispiel ist eine Autopsie – die ultimative „Ergebniskennzahl", die beschreibt, wie jemand gelebt hat und gestorben ist. Aber solange Sie nicht in einem Leichenschauhaus arbeiten, werden Sie wahrscheinlich bei Ihrer Arbeit Sachen wie einen Vierteljahresbericht als Spätindikator verwenden.

Ein Teil Ihres neuen Jobs als Führungskraft wird darin bestehen, die Fortschritts- und Ergebniskennzahlen im Auge zu behalten, die Ihrem Team helfen, Erfolg zu haben. In einigen Fällen kann es absolut klar sein, welches diese sind. In anderen Fällen müssen Sie vielleicht selber welche festlegen.

Sicherheit geht vor

Ein gutes Beispiel: Troy ist Ingenieur in einer kanadischen Minenge-sellschaft und leitet die Sicherheitsinitiative der Firma. Er ist laut eigener Aussage jemand, dem Zahlen und Messwerte wichtig sind (ein Typ nach unserem Geschmack.) Weil er seine Rolle so ernst nahm, entwickelte er einen dreiteiligen Ansatz, um die Performance der Mine in Hinblick auf die Sicherheit zu managen. Jeder dieser Teile hatte einen Namen und eine bestimmte Zahl an Fortschrittskennzahlen, die damit verbunden sind: Leadership und Training, Sicherheitsmanagementsysteme und ein akti-ves internes System der Verantwortlichkeiten.

Troy wusste: Wenn sein Unternehmen und alle Abteilungen die Maßnahmen durchführen würden, die jeder Kennzahl angehören, dann wären sie alle ein gutes Stück auf dem Weg zu ihren Sicherheitszielen vorangekommen. Abbildung 9.3 zeigt die Wegmarken und Maßnahmen für das Sicher-heitsteam in Form eines Sicherheitskalenders. Folgende Punkte waren für die Firma von höchster Wichtigkeit, wenn es um Unfälle in der Mine ging: Häufigkeitsrate, Grad der Schwere und Unfälle mit Fahrzeugen. Sie dienten Troy als Fortschrittskennzahlen.

ABB. 9.3 | BEISPIEL FÜR FORTSCHRITTSKENNZAHLEN

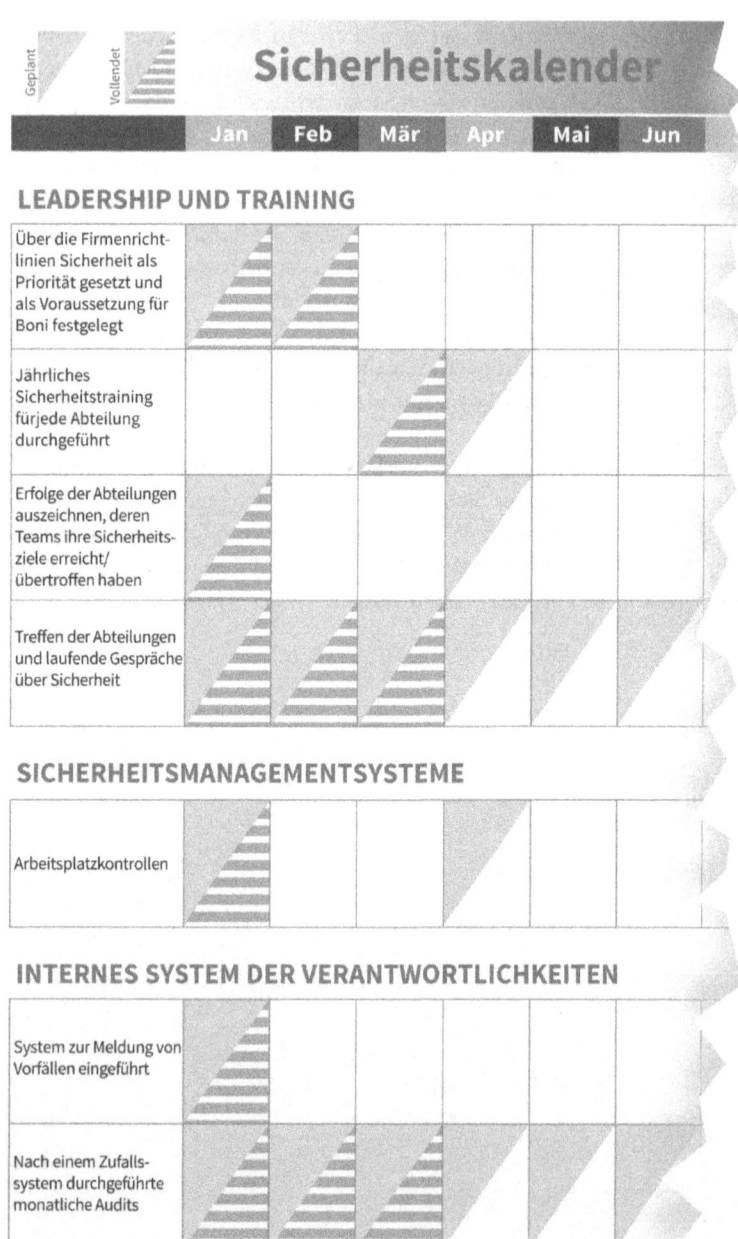

Sicherheitskalender

Geplant / Vollendet

	Jan	Feb	Mär	Apr	Mai	Jun

LEADERSHIP UND TRAINING

	Jan	Feb	Mär	Apr	Mai	Jun
Über die Firmenricht-linien Sicherheit als Priorität gesetzt und als Voraussetzung für Boni festgelegt						
Jährliches Sicherheitstraining fürjede Abteilung durchgeführt						
Erfolge der Abteilungen auszeichnen, deren Teams ihre Sicherheits-ziele erreicht/ übertroffen haben						
Treffen der Abteilungen und laufende Gespräche über Sicherheit						

SICHERHEITSMANAGEMENTSYSTEME

	Jan	Feb	Mär	Apr	Mai	Jun
Arbeitsplatzkontrollen						

INTERNES SYSTEM DER VERANTWORTLICHKEITEN

	Jan	Feb	Mär	Apr	Mai	Jun
System zur Meldung von Vorfällen eingeführt						
Nach einem Zufalls-system durchgeführte monatliche Audits						

Die Firma hatte bereits eine Menge an Informationen in Bezug auf die Sicherheit der Gesamtgesellschaft gesammelt und diese ließen sich leicht mit den Ergebniskennzahlen verknüpfen – Punkte wie Zeitverlust, gesundheitsbezogene Entschädigungen für die Arbeiter, Unfälle mit Fahrzeugen und Sachschäden. Aber das Problem war, dass diese Daten vom Finanzteam und der Objektverwaltung unter Verschluss gehalten und den Teams an Schlüsselstellen, die auf diese Daten reagieren konnten, wie dem von Troy, nicht weitergegeben wurden.

Doch das hielt Troy nicht auf. Er entwarf zwei Schaubilder, die abwechselnd auf einem Bildschirm in den Pausenräumen gezeigt wurden, um der Firma zu helfen, sich besser auf die Ergebnisse zu fokussieren. Es zeigte sich, dass die grafisch dargestellten Resultate, die er regelmäßig einem Update unterzog, das Team motivierten. Sie waren eine konkrete Erinnerung daran, wo das Team in Bezug auf seine Ziele stand. Siehe Abbildung 9.4 und 9.5.

Troy sagte uns, dass er bei der Durchführung niemals Erfolg gehabt hätte, wenn er nicht wichtige Wegmarken gesetzt hätte, um sicherzustellen,

ABB. 9.4 | BEISPIELE FÜR ERGEBNISKENNZAHLEN

Zeitverlust und an die Arbeiter gezahlte Entschädigungen wegen Sicherheitsproblemen

JAN	FEB	MÄR	APR
12	16	16	
15	14	22	11
113.000 €	150.000 €	265.000 €	

MAI	JUN	JUL	AUG
17	9	10	9

SEP	OKT	NOV	DEZ
14	18	15	10

SCHLÜSSEL
Monatliche Krankheitstage im laufenden Jahr
Monatliche Krankheitstage im vorherigen Jahr
Monatliche med. Kosten aufgrund von Sicherheitsproblemen

dass die Ergebniskennzahlen erreicht wurden. Seine Zwischenziele während der Durchführung waren realistisch, spezifisch, sichtbar, relevant und vor allem messbar.

Als Ergebnis dieser Bemühungen zeigte sich während einer Periode von fünf Jahren eine signifikante Verbesserung der Betriebssicherheit.

ABB. 9.5 | EIN WEITERES BEISPIEL FÜR ERGEBNISKENNZAHLEN

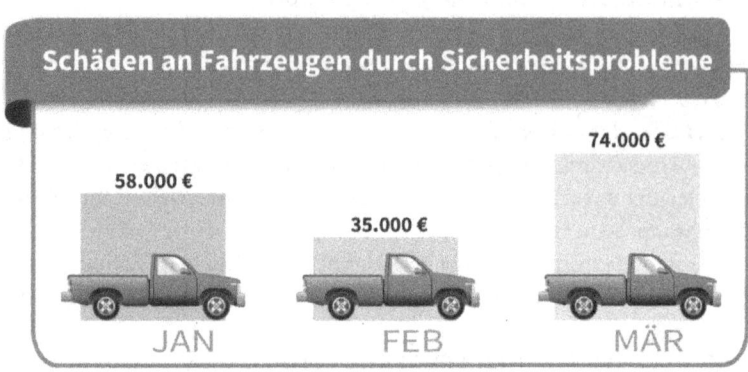

Schäden an Fahrzeugen durch Sicherheitsprobleme

74.000 €

58.000 €

35.000 €

JAN FEB MÄR

Troy erzählte uns: *Es war harte Arbeit, aber der Fokus auf die Kennzahlen half uns, unsere Ziele zu erreichen und Ergebnisse zu liefern. Wegen der Disziplin des Teams bei der Erhebung der Werte konnten wir den Durchführungsplan angemessen auf alle Eventualitäten abstimmen. Und diese Disziplin half mir, angemessen auf Anfragen meines Chefs zu reagieren – was noch wichtiger war. Oft kam der Geschäftsführer von einer Konferenz mit einer neuen Idee zurück. Dann erwartete er von uns, dass wir diese so schnell wie möglich umsetzten. Aber meistens beanspruchten diese Ideen unsere ganze Aufmerksamkeit und konnten uns vom Kurs abbringen. Ich wollte natürlich nicht wirklich „Nein" sagen, denn das sagt man nicht zu seinem Chef. Wenn ich ihm unsere Kennzahlen zeigte, sagte ich also nicht „Nein", sondern: „Wenn wir etwas davon entbehren könnten – was sollte das sein?" oder „Wir sind 50 % von unserem Ziel entfernt – wenn wir jetzt Ressourcen abziehen, riskieren wir, den Fortschritt zu verlieren, den wir bisher gemacht haben." Ich erntete eine Menge mehr Verständnis, da ich die Daten hatte, die mir Rückhalt gaben. Letztendlich bekam unser Team vom Präsidenten der Gesellschaft einen Preis verliehen, für unsere Bemühungen, Leben zu retten, und dafür, dass wir unseren Arbeitsplatz (fast) unfallfrei gemacht hatten.*

Wir raten Ihnen, Kennzahlen für Ihr Team zu entwerfen und diese gemeinsam zu etablieren. Keine Sorge, Sie müssen kein „Mess-Freak" werden, um das zu erreichen. Arbeiten Sie sie einfach gemeinsam durch. Die folgenden Beispielwerte können Ihnen dabei helfen.

Beispielwerte

Wenn Sie Schwierigkeiten haben, Fortschrittskennzahlen festzulegen, können Sie zuerst eine Ergebniskennzahl wählen und dann darüber nachdenken, welche Merkmale, Wegmarken oder entscheidenden Faktoren benötigt werden, um diese zu erreichen. Im Folgenden finden Sie Beispiele für Kennzahlen, die miteinander in Verbindung stehen. (Auch wenn die Tabelle nur eine Fortschrittskennzahl pro Ergebniskennzahl auflistet, können zusätzliche Fortschrittskennzahlen sinnvoll sein.)

Fortschritts-kennzahl	hilft Ihnen beim Erreichen der	Ergebnis-kennzahl
• Zahl als erledigt markierter Aufgaben	⟶	Neue Dauer eines Produktzyklus
• Fehlerquote	⟶	Ergebnisse bei der Qualitätskontrolle
• Ermittlung von Abweichungen	⟶	Verbesserung von Prozessen
• Entwicklungsplan für Angestellte	⟶	Bindung von Stammpersonal
• Coaching zur Problemlösung	⟶	Entwicklung von Mitarbeiter-Skills
• Pilotprojekte	⟶	Neue Produkte
• On-time-Lieferung	⟶	Kundenzufriedenheit

Mögliche Fragestellungen zur Ermittlung von Kennzahlen

Die folgenden Fragen werden Ihnen helfen, relevante und messbare Kennzahlen zu ermitteln, die als Handlungsgrundlage fungieren können.

- Wie viel/Wie viele?
- Bis wann?
- Wie viel billiger?
- Wie viel besser?
- Wie viel schneller?
- In Bezug auf was?
- Wie implementiert?
- Mit welchem Standard?
- Mit welcher Detailgenauigkeit?

- Mit welchen Effekt?
- Unter Verwendung welcher Einheiten?
- Von welchem Ausgangspunkt?
- Mit welcher Vorlage/Methode?
- Aufgrund welcher Daten?
- Was ist die Quelle der Daten?
- Mit welcher Kontrollmethode?
- Von wem kontrolliert?
- Häufigkeit der Updates?

VERANTWORTLICHKEIT

Arbeit delegieren und Verantwortlichkeit stärken

Führungskräfte kämpfen oft damit, Erwartungen zu formulieren und die Mitarbeiter dafür verantwortlich zu machen. Als neuer Vorgesetzter sind Sie dafür zuständig, auf angemessene Weise Menschen für etwas verantwortlich zu machen und sicherzustellen, dass die richtigen Leute das Richtige zur richtigen Zeit tun.

Auch wenn manche Menschen Verantwortlichkeit als negativ ansehen, so führt sie richtig angewandt dazu, dass zielorientierte Mitarbeiter sie akzeptieren – und sogar willkommen heißen.

- Verantwortlich zu sein gibt klaren Rollenverteilungen und Zuständigkeiten noch mehr Bedeutung.

- Anderen Rechenschaft abzufordern erfordert Systeme, die Eigenverantwortung und Ownership stärken, um Ergebnisse zu erzielen.

REFLEXIONSPUNKT

Wer ist für die wichtigen Aufgaben des Projekts im Einzelnen verantwortlich? Auch wenn Ihr Team gemeinsam an etwas arbeitet, ist es wichtig, für jeden Aufgabenbereich eine einzelne Person zu haben, die dafür verantwortlich ist, dass die Arbeit rechtzeitig erledigt wird und dabei auf bestimmte Qualitätsstandards geachtet wird.

Jemanden verantwortlich zu machen war schon immer schwierig, aber heute mehr denn je. Unsere moderne Arbeitswelt ist hochkomplex. Zum Beispiel haben viele Matrixorganisationen geteilte Verantwortungsbereiche und oft herrscht Verwirrung, wenn man herausfinden will, wer letzten Endes für die Erledigung einer bestimmten Aufgabe zuständig ist.

Im Folgenden ein typisches Beispiel. Nehmen wir an, ein Unternehmen der Chemiebranche legt fest, dass die Bruttomargen (ungefähr die Differenz zwischen Einnahmen und Produktionskosten) in die gemeinsame Zuständigkeit von Marketing- und Verkaufsabteilung fallen. Sich auf Geld zu konzentrieren ist ja eine wichtige Aufgabe, nicht wahr? Aber jetzt wird es knifflig: Das Marketing legt die Preise fest, aber die Verkaufsabteilung ändert sie, wenn sie ein wenig Spielraum braucht, um Verkäufe abzuschließen. Obwohl beide Abteilungen verantwortlich sind, hat keine von ihnen die Souveränität, das Ergebnis zu kontrollieren – in diesem Fall den Profit. Nur klar definierte Rollen und Verantwortlichkeiten erhöhen die Wahrscheinlichkeit, dass gesteckte Ziele auch erreicht werden.

Best-Practice-Methoden zur Sicherstellung von Verantwortlichkeit

Auch wenn Konflikte in diesem Bereich in Ihrer Firma vorprogrammiert erscheinen, so gibt es doch einiges, was Sie tun können. Im Folgenden vier Best-Practice-Methoden beim Übertragen von Verantwortlichkeit an Mitarbeiter.

1. **Machen Sie *eine* Person verantwortlich für jede Fortschrittskennzahl.** Vermeiden Sie geteilte Zuständigkeitsbereiche; diese führen zu Tatenlosigkeit oder Verwirrung. (In manchen Fällen kann es jedoch

angemessen sein, wenn mehrere Teammitglieder die gleiche, individuell vergebene Kennzahl haben, wie etwa eine Quote oder Rate.) Wenn eine Aufgabe komplex ist (wie der Verkaufsstart eines wichtigen Produkts), ist es klüger, jeder Person eine andere Zuständigkeit zu übertragen (zum Beispiel einen Mitarbeiter fürs Marketing, einen für die Preisfindung, den dritten fürs Training des Verkaufspersonals). Für jeden Bereich sollte eine einzelne Person verantwortlich sein und Fortschritte sollten getrennt ermittelt werden.

2. **Klare Regeln für Verantwortlichkeit und deren Folgen geben.** Besprechen Sie mit jeder einzelnen Person Ihre Erwartungen und die Konsequenzen (positive und negative), wenn die geleistete Arbeit Ihre vorgegebenen Kennzahlen übertrifft oder diese nicht erreicht.

3. **Legen Sie Kontrollmechanismen und/oder Follow-up-Methoden fest.** Besprechen Sie mit jedem Einzelnen, welche Arten des Monitorings eingerichtet werden sollen. Bestätigen Sie, dass Sie sich über den Erfolg auf dem Laufenden halten werden, und ermutigen Sie die Mitarbeiter, auftauchende Schwierigkeiten zu kommunizieren.

4. **Bieten Sie Feedback und Coaching an.** Weisen Sie jeden darauf hin, dass Sie Feedback geben und Coaching anbieten werden, um den Erfolg sicherzustellen.

Keine Sorge – der Abschnitt über die „Skills der Profis" wird Sie noch mal genauer in das Konzept der Verantwortlichkeit einführen, in den Kapiteln über Performance Management, Delegieren, Coaching und Feedback.

Als Leader müssen Sie selbst zeigen, dass Sie bereit sind, Rechenschaft abzulegen, und dies auch von Ihren Teammitgliedern und anderen Mitarbeitern der Firma erwarten. Dafür braucht man Konsequenz und Fokus. Insbesondere muss man transparent beim Setzen und Überwachen von Kennzahlen sein und die Wichtigkeit, Prioritäten zu erreichen, klar kommunizieren.

RADARBILD

Wir wollen Ihnen ein Tool vorstellen, das Ihnen bei der Ausführung von Strategien helfen wird. Es führt tatsächlich alle drei Elemente der Ausführung an einer Stelle zusammen – die *Prioritäten*, auf die Sie sich fokussieren müssen, die Fortschritts- und Ergebnis*kennzahlen*, die mit diesen Prioritäten verbunden sind, und die *Verantwortlichkeiten*, die nötig sind, um die Aufgabe durchzuführen.

Ihr *Strategiedurchführungs-Tool* bietet Ihnen eine umfassende Übersicht darüber, wie viel Zeit Sie innerhalb eines festgelegten Zeitrahmens aufbringen. Da es ein Werkzeug für Fortgeschrittene ist, können Sie es ruhig ein wenig variieren, aber wenn Sie es anwenden, werden Ihnen die Ergebnisse helfen, einen Überblick darüber zu erhalten, wie Ihre täglichen Aufgaben in Beziehung stehen zu ...

- den Geschäftsprioritäten Ihrer Firma.

- Ihrer Rolle als Führungskraft.

- Ihren persönlichen Zielen und Motivationen.

Ziehen Sie in Betracht, Ihrem Vorgesetzten mitzuteilen, dass Sie dieses Tool verwenden. Es wird Ihnen auch einen guten Überblick verschaffen, womit Sie Ihre Zeit verbringen. Es ist ein guter Aufhänger, um mögliche Verbesserungen zu besprechen, Trends zu identifizieren und Korrekturen durchzuführen, wenn es erforderlich ist.

Ein Beispiel für die Anwendung des Strategiedurchführungs-Tools finden Sie unten stehend und eine Kopie des Fragebogens können Sie von unserer Microsite herunterladen. Als Nächstes zeigen wir Ihnen, wie Sie das Radarbild kontinuierlich als Werkzeug einsetzen können, um Ihre Arbeitsabläufe zu planen. Vielleicht können Sie sich mit Ihrem Vorgesetzten darauf einigen, diese Analyse regelmäßig durchzuführen.

TOOL 9.4

STRATEGIEDURCHFÜHRUNGS-TOOL (BEISPIEL)

Anleitung:

1. Tragen Sie in das Formular die Prioritäten ein, die Sie mit Tool 9.2 identifiziert haben.
2. Notieren Sie unter jeder Priorität eine Ergebniskennzahl.
3. Listen Sie die Fortschrittskennzahlen für jede Ergebniskennzahl auf.
4. Kreuzen Sie den entsprechenden Kreis zwischen „Auf Kurs" oder „Gefährdet" an, um den Status der Kennzahl anzuzeigen.
5. Schreiben Sie auf, wer für jede Fortschrittskennzahl verantwortlich ist. Wenn diese Person nicht Ihrem Team angehört, machen Sie einen Kreis um „Ext."

Priorität 1: Kundenbindung erhöhen.

Ergebnis kennzahl:	*Kundenzufriedenheit um 5 % erhöhen*	Auf Kurs	Gefährdet		
Fortschritts- kennzahl:	• Kundenanfragen innerhalb von 24 Stunden bearbeiten	○ ○ ✓ ○		Wer: John	*Ext.*
	• Die individuelle Transaktions- genauigkeit auf 97 % halten oder verbessern	○ ✓ ○ ○		Wer: John	*Ext.*
	• Kundenbeschwerden innerhalb von 24 Stunden bearbeiten	✓ ○ ○ ○		Wer: Christy	*Ext.*

Ext. = Externer

Priorität 2: Anzahl der Neukunden erhöhen.

Ergebnis kennzahl:	*Umwandlung von Marketing-Leads in Verkaufsgelegenheiten um 5 % erhöhen.*	Auf Kurs Gefährdet

Fortschritts-kennzahl:	• Ein Minimum von 30 Leads im Monat qualitativ auswerten.	☑ ○ ○ ○ Wer: Rita *Ext.*

	• Neues Infomaterial für Kunden innerhalb von zwei Geschäftstagen nach Anfrage versenden.	○ ○ ☑ ○ Wer: Anne *Ext.*

	• Zwei Umfragen zur Ermittlung von Feedback pro Monat durchführen, um Verbesserungsmöglichkeiten zu finden.	○ ○ ○ ☑ Wer: George ⟨*Ext.*⟩

Priorität 3: Gesamtkosten pro Geschäftseinheit reduzieren.

Ergebnis kennzahl:	Zulieferkosten um 10 % verringern.	Auf Kurs Gefährdet

Fortschritts-kennzahl:	• Auswertung von 15 neuen Verträgen pro Monat.	○ ☑ ○ ○ Wer: Sarah *Ext.*

	• Zahl der Lieferanten um 25 % verringern.	○ ☑ ○ ○ Wer: Charles ⟨*Ext.*⟩

	• 10 % der Verträge mit dem höchsten Volumen neu verhandeln.	☑ ○ ○ ○ Wer: Sarah *Ext.*

Übertragen Sie (verwenden Sie Abkürzungen, wenn nötig) die Prioritäten, Kennzahlen und Namen (mit der Markierung „Ext.", falls zutreffend) in das folgende Schaubild, um eine umfassende visuelle Darstellung zu haben.

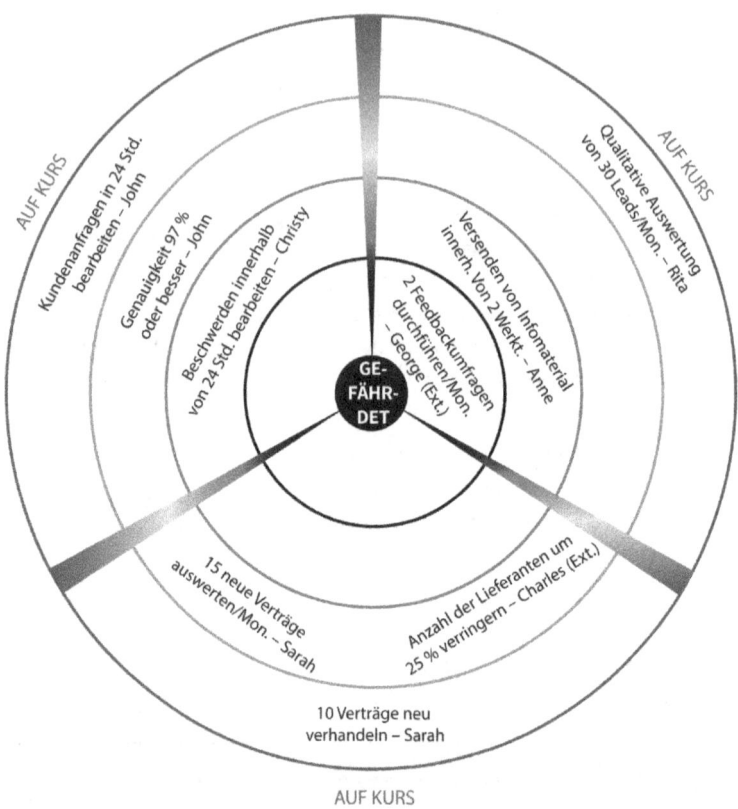

AUF KURS
Kundenanfragen in 24 Std. bearbeiten – John
Genauigkeit 97% oder besser – John
Beschwerden innerhalb von 24 Std. bearbeiten – Christy
GE-FÄHR-DET
Versenden von Infomaterial innerh. Von 2 Werkt. – Anne
2 Feedbackumfragen durchführen/Mon. – George (Ext.)
Qualitative Auswertung von 30 Leads/Mon. – Rita
AUF KURS
Anzahl der Lieferanten um 25 % verringern – Charles (Ext.)
15 neue Verträge auswerten/Mon. – Sarah
10 Verträge neu verhandeln – Sarah
AUF KURS

Ausgezeichnet! Sie sind nun auf dem besten Weg, fokussiert zu arbeiten, Fortschritt und Ergebnisse messbar zu machen und Verantwortlichkeit zu übertragen. Mit anderen Worten – wenn Sie so weitermachen, werden Sie ein Meister der Durchführung von Business-Strategien werden!

Ihr Radarbild aktiv einzusetzen ist der nächste Schritt; es wird Ihnen helfen, das Wichtige vom Unwichtigen zu trennen und sich auf das Wichtige zu konzentrieren. Sie sollten das auch mit Ihrem Vorgesetzten durchgehen, der Ihr größtes Hindernis oder Ihre größte Hilfe dabei sein kann, Ihren Fokus zu bewahren. Das Radarbild kann Ihnen bei der Zusammenarbeit mit Ihrem Vorgesetzten und beim gemeinsamen Setzen von Prioritäten helfen. Hier sind ein paar Tipps für diese Gespräche.

Wie Sie Ihr Radarbild in einem Gespräch mit Ihrem Vorgesetzten einsetzen können

1. Untersuchen Sie gemeinsam, wofür Sie die meiste Zeit aufwenden, und entscheiden Sie, ob das angemessen ist. *Tipp:* Stellen Sie sicher, bis zur Tätigkeitsebene durchzudringen.

2. Untersuchen Sie im Hinblick auf Ihr Team und die strategischen Prioritäten der Firma, ob Ihr Zeitaufwand für das Voranbringen der geschäftlichen Prioritäten angemessen ist oder ob Ihr Fokus auf Tätigkeiten liegt, die entweder sehr energieraubend sind oder delegiert werden können. Sprechen Sie darüber, wieso Sie an dieser Aufgabe festhalten und wie Sie diese loslassen können.

3. Stellen Sie fest, ob die Prioritäten sich ändern sollten oder ob Sie Ihren Fokus auf die Aktivitäten in jedem einzelnen Teilabschnitt des Radarbilds anpassen müssen.

4. Diskutieren Sie, inwiefern Ihr aktuelles Radarbild mit den folgenden Punkten in Einklang steht:

   • Wie haben Sie Verantwortlichkeiten stufenweise und angemessen im Team aufgeteilt?

   • Setzt Ihr Radarbild Ihre persönlichen Stärken gewinnbringend ein?

   • Liegt Ihr Radarbild mit Ihrem Plan zur persönlichen Weiterentwicklung auf einer Linie?

   • Inwieweit spiegelt es Ihre persönlichen Motivationen wider?

5. Überdenken Sie regelmäßig Ihr Radarbild und diskutieren Sie die Herausforderungen beim Schließen bestehender Lücken.

6. Wiederholen Sie zusammen mit Ihrem Vorgesetzten diesen Prozess alle drei bis sechs Monate.

Die Führungskräfte von heute sind gefordert, wenn es darum geht, räumlich immer weiter verteilte Teams zu leiten, in einer Matrix aus verschwommenen Zuständigkeiten und nicht genau festgelegten Befehlsketten zu operieren und einen größeren Anteil der Arbeit zu übernehmen, die nötig ist, um Strategien umzusetzen und die Bedürfnisse der Kunden zu befriedigen. Das bedeutet, dass sich ihre Unternehmen wie nie zuvor auf sie verlassen. Aber auch, dass es immer schwieriger wird, fokussiert zu bleiben.

Wenn Sie in einer Matrixorganisation arbeiten und zwei Vorgesetzten Bericht erstatten müssen, dann kann das Radarbild Ihre Rettung sein. In Matrixorganisationen ist die unklare Rollenverteilung oft der Kern des Problems, den Fokus zu bewahren. Um diese Schwierigkeit zu überwinden, werden das Radarbild und die Gespräche, die Sie führen, sicherstellen, dass jeder weiß, was von ihm erwartet wird.

Und dass die Arbeit erledigt wird und Sie sich deswegen nicht die Haare raufen müssen.

Das Radarbild gemeinsam mit Ihrem Team sinnvoll nutzen

Das Strategiedurchführungs-Tool ist auch exzellent geeignet, um es gemeinsam mit Ihrem Team zu nutzen. (Wir kennen eine Managerin, die ihren Teammitgliedern beigebracht hat, das Radarbild selber anzuwenden – mit sehr guten Resultaten. In Meetings sprechen sie über die Fortschritte und über das, was sie vom Ziel abbringt.)

Wir schlagen folgende Schritte vor, um das Radarbild mit Ihrem Team sinnvoll und erfolgreich einzusetzen:

- Erklären Sie, wie man das Radarbild benutzt, indem Sie dem Team eines Ihrer eigenen zeigen. Das bietet den Mitgliedern eine praktische Anleitung und fördert gleichzeitig das Vertrauen innerhalb des Teams, da Sie Ihre persönlichen Fokusbereiche offengelegt haben.

- Leiten Sie jedes Teammitglied dabei an, sein oder ihr eigenes Radarbild anzufertigen. Gehen Sie dann mit jedem Mitglied den gleichen Entwicklungsprozess durch wie mit Ihrem Vorgesetzten (siehe oben).

- Bieten Sie Ihrem Team die Möglichkeit, sich über ihre Radarbilder in einem Meeting auszutauschen. Während dieser Zeit können Sie die Workload-Balance des Teams optimieren, naheliegende Möglichkeiten der Zusammenarbeit zu Ihrem Vorteil einsetzen, unnötige Redundanzen entfernen und Lücken schließen, die bisher nicht abgedeckt waren. Besonders wichtig ist das, wenn ein neues Teammitglied dazugekommen ist oder wenn Sie den Verlust eines Mitglieds kompensieren müssen.

- Geben Sie Zielvorgaben für eine Zeitspanne von sechs Monaten, um dann mit dem Team das Strategieumsetzungs-Tool der Mitglieder erneut genauer in Augenschein zu nehmen.

Die Stille im Auge Ihres Sturms

Strategieumsetzung kann in einer Krisensituation ganz anders aussehen. Tatsächlich kann sie sogar oft in einer solchen Situation sehr leichtfallen. Eine Klinikleiterin erzählte uns, dass ihre Klinik nach einem Hurrikan in Texas das einzige noch geöffnete Kinderkrankenhaus war. Das ganze Team des Krankenhauses schaltete direkt in den Krisenmodus. Es ging zu wie in einer Krankenhausserie im Fernsehen. Menschen, die durcheinander schreien, Krankenbahren, die hektisch hin- und hergeschoben werden, und Patienten, die darauf warten, versorgt zu werden. In diesem Krisenmodus waren die Anweisungen klar, jeder erstattete stündlich Bericht, Schautafeln mit Listen der Verletzten wurden erstellt, um den Fortschritt bei der Behandlung der Patienten zu kontrollieren, und am wichtigsten dabei: Jeder wusste genau, wer wofür verantwortlich war. Dieser reibungslose Ablauf ist selten in der heutigen Arbeitswelt, aber es lohnt sich, ihn anzustreben. Übung macht den Meister.

Teil 2: Leadership-Skills und die Skills der Profis

Ganz am Anfang haben wir eine Aussage gemacht, die es sich lohnt, hier zu wiederholen: Leadership findet jeden Tag statt – auch in den kleinsten Dingen. Für sich genommen sind diese Momente vielleicht nicht bemerkenswert, aber setzen Sie sie zusammen und mit der Zeit führen sie zu einer erfolgreichen Karriere und einem glücklichen Leben. Indem Sie Ihren Berufsweg als Führungskraft ernst nehmen, werden Sie nicht nur Ihre eigenen Möglichkeiten erweitern, sondern auch die der Menschen um Sie herum. Hierbei entsteht die wirkliche Arbeit, aber es wird Ihnen zugleich die meiste Befriedigung verschaffen.

Doch dafür braucht es Übung.

Stellen Sie sich den Teil des Buches über die „Skills der Profis" als praktische Anleitung für den Umgang mit Situationen vor, denen Sie sich tagtäglich gegenübersehen. Während Sie Meetings leiten, wenn ein nervöser Kollege an Ihre Tür klopft oder während Sie überlegen, ob Sie wirklich diese hastig geschriebene E-Mail abschicken sollten, werden Sie sich selbst dabei ertappen, wie Sie eine Reihe von Entscheidungen treffen (oder auch nicht!) – über die beste Strategie zum Erreichen Ihrer Ziele oder darüber, wie Sie Ihr Team dazu bringen, zuversichtlich und engagiert zu bleiben.

In den nächsten Kapiteln geht es hauptsächlich um Ihr Verhalten – was Sie wann und warum tun müssen, um eine erfolgreiche Führungskraft zu sein. Ihr Weg sollte Sie dahin bringen, der beste Leader zu sein, der Sie sein können, und dabei Ihrem „Vermächtnis" Gehalt zu geben. Aber es gibt leider keinen magischen Schalter, der Sie sofort zur perfekten Führungskraft macht. Sie werden auf unerwartete

Hindernisse stoßen, großen Herausforderungen begegnen und völlig neue Erfahrungen machen.

In den folgenden Kapiteln über „Leadership-Skills und die Skills der Profis" werden Sie lernen, wie man mit den typischen Aufgabenbereichen einer Führungskraft umgeht: Andere zu coachen, damit sie persönliche Erfolge erzielen, Einfluss auszuüben, neue Angestellte auszuwählen und Feedback zu geben. Es gibt zwölf Kapitel voller praktischer Tipps, wie Sie das Gelernte sofort in die berufliche Praxis überführen können. Zusätzlich finden Sie dazu reichlich Material online. Teil 3, der auf unserer Microsite verfügbar ist, enthält Bonuskapitel und Tools, zusammen mit einer Checkliste, die als „Landkarte" für Ihre ersten sechs Monate als Führungskraft fungieren kann.

Dieser Teil des Buches ist auch prall gefüllt mit Tools, die Sie wiederholt in den herausfordernden Gesprächen anwenden können, die Sie werden führen müssen. Wir geben Ihnen auch Tipps, wie Sie mithilfe moderner Technologie zu einer effizienteren Führungskraft werden können. Bei diesen Technologien geht es nicht nur darum, ein höheres Arbeitspensum in einer schnelllebigen Welt zu erfüllen, sondern auch darum, sich als Führungskraft Gehör zu verschaffen, bei Ihrem Team, Ihren Kollegen, Ihren Kunden und den Menschen, die Ihnen wichtig sind – auch, wenn Sie gar nicht im selben Raum sind.

Es gibt Tausende Bücher über Leadership – doppelt so viele wie Kochbücher! Viele sind sehr gut, aber die meisten verstauben im Regal. Nur sehr wenig von ihrem Inhalt wird tatsächlich angewendet. Wir hoffen, dass Sie daran etwas ändern. Wenn Sie auch nur vier oder fünf Tipps sofort zur Anwendung bringen können, dann haben wir unser Ziel erreicht. Sollten Sie das tun, sind Sie bereits auf dem richtigen Weg zum Meister des Leaderships!

10.

Leadership-Skills und die Skills der Profis

DIE BESTEN SUCHEN UND EINSTELLEN

Vergangenes Verhalten bestimmt künftiges Verhalten

Vorab-Gedanken
Erinnern Sie sich daran, als Sie eingestellt wurden oder für ein Team, Komitee oder als Vorstand ausgewählt wurden. Wie lief der Prozess ab? Waren Sie immer gut geeignet für den Job? Was hat gefehlt? Was hat geklappt?

UMGEBEN SIE SICH MIT DEN BESTEN

Der verstorbene Managementguru Peter Drucker sagte: *Von allen Entscheidungen, die ein Leader trifft, sind keine so wichtig wie die Entscheidungen im Hinblick auf andere Menschen.*[1] Er hatte recht. Wenn die richtigen Leute an den richtigen Stellen sitzen, dann schnellt die Performance nach oben. Die Gespräche mit Ihrem Team werden gehaltvoll und lohnend und Ihre Firma – und jeder, der dort arbeitet – profitiert davon. Wie ein Leader es einmal ausdrückte: *Leute einzustellen, die weit besser sind als ich, ist der Schlüssel meines Erfolgs.* Das bringt es auf den Punkt. Aber tatsächlich wissen nur die wenigsten, wie sie diese „besseren Leute", die sie brauchen, finden und einstellen sollen.

Dies ist aus mehreren Gründen wichtig. Nach konservativen Schätzungen kann eine falsche Personalentscheidung eine Firma das Dreifache des Gehalts dieser Person kosten. Andere Quellen schätzen den Schaden sogar auf das 24-Fache des Grundgehalts der entsprechende Position.[2]

Aber für Sie als frischgebackene Führungskraft kann eine schlechte Entscheidung bei der Einstellung eines Mitarbeiters sofort teuer werden, und das nicht nur in finanzieller Hinsicht:

- Ihre Glaubwürdigkeit und Ihr Urteilsvermögen könnten von Ihrem Team, ihren Peers, Vorgesetzten, Partnern und Kunden infrage gestellt werden.

- Der neue Angestellte könnte unproduktiv und ineffizient sein und zu wenig Engagement zeigen. Wenn die Person zur Arbeit erscheint, kann es sein, dass sie ihre Vorgaben nicht erfüllt. Das ist ein Leadership-Notfall.

- Sie vergeuden Zeit, Energie und Geld mit dem Einstellen und Einarbeiten eines Ersatzes.

- Und es kann ein Albtraum sein, keinen Ersatz zu finden und eine Position über Monate unbesetzt lassen zu müssen. Wer wird die damit verbundene Arbeit erledigen?

- Es kann potenzielle Schäden bei den Beziehungen mit Kunden und dem Markenimage geben, besonders wenn der aufgrund einer Fehlentscheidung eingestellte Mitarbeiter direkt mit Kunden zu tun hatte.

- Ihr Team hat zu kämpfen, um die Lücke zu füllen und Schadensbegrenzung bei internen und externen Abnehmern zu betreiben.

- Jemanden zu entlassen beinhaltet immer auch rechtliche Aspekte. Die Arbeitsgesetzgebung ist überall auf der Welt komplex. Sie müssen eine Menge Zeit aufwenden, um den Einfluss der Gesetzgebung in Ihrem Land bei jedem einzelnen Schritt zu verstehen.

So muss es aber nicht ablaufen. Sie sind in der einzigartigen Position, einen positiven Einfluss auf Entscheidungen bei der Einstellung von Mitarbeitern auszuüben. Dieses Kapitel enthält einige der Herausforderungen und Best-Practice-Methoden, um Ihnen zu helfen, die Talente zu identifizieren, die Sie brauchen, um die Geschäftsziele Ihrer Firma zu erreichen.

FALLSTRICKE BEI DER PERSONALAUSWAHL

Während der letzten 40 Jahre haben wir Tausenden von Führungskräften beigebracht, bessere Entscheidungen bei der Personalauswahl zu treffen. Während wir mit unseren Kunden arbeiteten, begannen wir, einige der häufigsten Fehler zu dokumentieren.

1. Nicht nach umfassenden und schlüssigen Informationen über die Fähigkeiten der Bewerber verlangen, die sie brauchen, um die Position erfolgreich auszufüllen.

Wenn Sie eine Gruppe von Führungskräften, die dieselbe Stelle besetzen sollen, nach den Grundvoraussetzungen für den Erfolg in dieser Position befragen, werden die Listen wahrscheinlich sehr unterschiedlich aussehen.

2. Informationen der Bewerber missverstehen.

Einige Führungskräfte spielen den Psychiater. Die tiefer liegenden Eigenschaften oder Talente eines Bewerbers ermitteln zu wollen führt einen Vorgesetzten auf der Suche nach Mitarbeitern sehr wahrscheinlich in die Irre. Genauso wie Bewerber zu bitten, sich selber in einem Satz zu beschreiben oder drei ihrer Stärken und Schwächen aufzulisten. Auch eine theoretische Frage zu stellen, was man in einer bestimmten Situation tun würde (zum Beispiel: „Was würden Sie tun, wenn …?“), statt zu fragen, was der Bewerber tatsächlich getan hat, kann jemanden, der nach Mitarbeitern sucht, leicht auf den Holzweg führen. Zu erklären, was er in einer Situation tun würde, ist etwas ganz anderes, als es tatsächlich getan zu haben.

3. Die Motivation für einen Job außer Acht lassen

Viele Führungskräfte, die nach Mitarbeitern suchen, neigen dazu, sich nur auf die Fähigkeiten eines Bewerbers zu konzentrieren und sich zu fragen, ob diese Person für den Job geeignet ist. Es ist aber genauso wichtig zu wissen, ob der Kandidat motiviert ist, die Position auszufüllen.

4. Sein Urteil von Vorurteilen und Stereotypen beeinflussen lassen

Die Vorurteile einer Führungskraft, die auf der Suche nach Mitarbeitern ist, können unabhängig von den erforderlichen Aufgaben des Jobs eine Entscheidung positiv oder negativ beeinflussen. Eine Führungskraft kann zum Beispiel voreingenommen sein, weil ein Bewerber eine ungewöhnliche Frisur hat, zu einer bestimmten Studentenverbindung gehörte oder bestimmte Interessen mit dem Vorgesetzten teilt, der ihn einstellen will.

5. Falsche Urteile aufgrund erster Eindrücke treffen.

Aufgrund von Informationen in der Bewerbung oder dem Lebenslauf, des Auftretens oder nur wegen eines Händeschüttelns schnelle Urteile zu fällen ist der falsche Weg. Die Chancen, den richtigen Bewerber auszuwählen, werden dann kleiner, weil die Objektivität dabei auf der Strecke bleibt. Wenn man ein Bewerbungsgespräch führt, sollten erste Eindrücke nicht zu bleibenden werden.

6. Sich vom Druck, eine Stelle zu besetzen, beeinflussen lassen.

Der Druck, eine offene Stelle zu besetzen, kann verschiedene Ursachen haben: Wie lange die Stelle schon unbesetzt war, das Ausmaß, in dem das Geschäft oder Ressourcen davon beeinflusst werden, oder den Grad an Aufmerksamkeit, den die offene Stelle beim höheren Management hervorruft. Im vernünftigen Rahmen sollte eine Personalentscheidung nicht getroffen werden, wenn man nicht über alle relevanten Informationen verfügt.

7. Versäumen, die Vorteile des Jobs, Unternehmens oder Arbeitsplatzes herauszustellen.

Sie sollten daran denken, dass Topkandidaten sehr gesucht sind. Einen positiven Eindruck von Ihnen und Ihrem Unternehmen zu vermitteln ist ein Schlüsselelement des Bewerbungsprozesses. Hier die Geschichte eines Kandidaten für eine Stelle im IT-Bereich: Er war gefragt und hatte drei Angebote. Er nahm nicht das Angebot an, das eigentlich seine erste Wahl gewesen wäre, weil er während des Bewerbungsgesprächs sehr unterkühlt behandelt wurde.

DAS BEWERBUNGSGESPRÄCH: DIE BEWÄHRUNGSPROBE

Das Bewerbungsgespräch ist immer noch das entscheidende Werkzeug zur Entscheidungsfindung, für buchstäblich jede Position – einschließlich derjenigen, für die Sie jemanden suchen. Das Bewerbungsgespräch wird einfach erwartet und es ist so gebräuchlich, dass viele Führungskräfte es als selbstverständlich ansehen. Sie denken, dass sie Menschen gut einschätzen können und glauben nicht, dass sie dafür eine formelle Ausbildung bräuchten. Die unangenehme Wirklichkeit? Nichts könnte weiter von der Wahrheit entfernt sein. Bei einer Umfrage unter Hunderten von Führungskräften, die eine Personalentscheidung treffen mussten, fanden wir heraus, dass fast die Hälfte von ihnen weniger als 30 Minuten benötigt, um diese Entscheidung zu treffen – weniger Zeit, als es braucht, eine Pizza zu liefern oder seine Lieblingssendung anzusehen. Erstaunlicherweise verlassen sich 44 Prozent auf ihr Bauchgefühl, wenn sie eine Entscheidung treffen. Dieses übersteigerte Selbstbewusstsein führt zu prahlerischen Aussagen wie folgender: *Zehn Minuten, mehr brauche ich nicht mit einem Kandidaten, dann weiß ich Bescheid,* oder *Ich kann mir aus dem Stegreif gute Fragen fürs Bewerbungsgespräch einfallen lassen.* Zu guter Letzt haben mehr als 50 Prozent nie eine formelle Ausbildung zum Führen von Bewerbungsgesprächen genossen. Das ist bedauerlich. Diejenigen Führungskräfte, die in diesem Bereich ausgebildet sind, trauen sich viel eher zu, die richtige Entscheidung zu treffen.[3]

Bewerbungsgespräche zu führen ist ein Skill wie jeder andere. Um einen Skill aufzubauen braucht es Training und Übung. Diese Fertigkeiten kann man nicht aus einem Buch lernen – niemand kann das. Wir schlagen vor, dass Sie sich von Ihrer Personalabteilung in diesem Bereich schulen lassen oder sich online oder anderweitig leicht zugängliche Angebote suchen. Im Folgenden ein paar Tipps, wie Sie Ihre Bewerbungsgespräche und Ihre Personalentscheidungen effektiver gestalten.

TIPP 1: Konzentrieren Sie sich auf Fähigkeiten, Wissen und Erfahrung, die mit dem Job zu tun haben.

Einfach, oder? Leider nicht. Viele Führungskräfte, die nach einem Mitarbeiter suchen, und deren HR-Teams versäumen es, die Voraussetzungen für gute Leistungen in einem bestimmten Job zu ermitteln. Oder was noch schlimmer ist: Die Voraussetzungen sind zwar bekannt, aber werden nicht als Basis für den Bewerbungsprozess genutzt.

Wie bei jeder Entscheidung, die Sie treffen, sollten Sie wissen, wonach Sie suchen, sicherstellen, dass es relevant für den Job ist, und das Bewerbungsgespräch an diesen Anforderungen ausrichten. Eine lustige Geschichte dazu: Eine der Mitarbeiterinnen von Rich erstellte eine Liste mit Kriterien, die ein potenzieller Verlobter erfüllen sollte, und nutzte sie, um ihre Entscheidung zu fällen. Sie ist seit über zehn Jahren glücklich verheiratet! In Kapitel 2 haben wir Ihnen ein Erfolgsprofil bereitgestellt, das Ihnen helfen wird, Fragen für Ihren Bewerbungskandidaten, künftigen Ehepartner oder jede beliebige andere Rolle zu formulieren, für die Sie jemanden auswählen wollen.

TIPP 2: Nutzen Sie vergangenes Verhalten, um künftiges vorherzusagen

Die beste Vorhersage für Verhalten ist Verhalten. Je mehr Informationen Sie über das Verhalten (und die Erfahrungen) eines Bewerbers sammeln können, desto effektiver können Sie beim Einstellungsprozess entscheiden. Während eines Bewerbungsgesprächs kommt dem Verhalten des Kandidaten in der Vergangenheit die größte Aussagekraft zu. HR wird oft den Einstellungsprozess mit Simulationen und Tests erweitern, um die Daten aus dem Vorstellungsgespräch zu ergänzen. Wie bereits erwähnt stellen Führungskräfte gerne theoretische Fragen und denken, sie testen damit die Intelligenz des Bewerbers. Leider sind diese Fragen schlecht geeignet, Leistung vorherzusagen. Einen Kandidaten zum Beispiel zu bitten, gute Teamarbeit zu definieren, ist weit davon entfernt, etwas über seine oder ihre tatsächliche Erfahrung als Teil eines Teams zu hören. Untersuchungen haben ergeben, dass ein verhaltensbezogenes Bewerbungsgespräch 16-mal aussagekräftiger ist als unstrukturierte „Was würden Sie tun, wenn?"-Fragen.[4] Ihre Fragen auf das Verhalten zu konzentrieren, das mit der offenen Stelle in Zusammenhang steht, hilft Ihnen, noch ein weiteres Problem zu vermeiden: Oft verletzen theoretische Fragen und diejenigen, die nichts mit einer speziellen Stelle zu tun haben, gleich mehrere Bestimmungen des Arbeitsrechts.

Im Folgenden eine Liste mit potenziell rechtlich bedenklichen oder einfach nur dummen Fragen, die Kandidaten während eines Bewerbungsgesprächs gestellt wurden, wie diese uns berichteten:

- Was würden Sie tun, wenn ich Ihnen einen Elefanten gäbe?

- Ist das Ihre echte Haarfarbe?

- Könnten Sie gelegentlich auf meine Kinder aufpassen?

- Sind Sie Single? Wieso nicht?

Tool 10.1 gibt Ihnen einen besseren Eindruck davon, was wir mit verhaltensbezogenen Fragen meinen.

TOOL 10.1

VERHALTENSBEZOGENE FRAGEN STELLEN

Es ist wichtig, dass Sie nur Fragen stellen, die eine ausführliche Antwort über das zur Folge haben, was ein Kandidat in der Vergangenheit gemacht hat. Im Folgenden ein paar Beispielfragen für drei Kernbereiche: kundenorientiertes, beziehungsorientiertes und ergebnisorientiertes Handeln.

Kundenorientierung

1. Erzählen Sie mir von einer Situation, in der Sie Informationen zusammentragen mussten, um die Bedürfnisse/Bedenken eines Kunden besser zu verstehen. Machten diese Informationen einen Unterschied?

2. Schildern Sie eine Begebenheit, bei der Sie einem Kunden zu viel versprochen hatten. Was ist passiert?

Beziehungsorientierung

1. Berichten Sie mir von einer erfolgreichen Zusammenarbeit mit jemandem außerhalb Ihres eigenen Teams, die sich als gewinnbringend für beide Seiten erwies. Schildern Sie die Details.

2. Denken Sie an jemandem aus Ihrem Team, der sagen würde, dass Sie ein guter Arbeitspartner sind. Was hat diese Person gesagt?

Ergebnisorientierung

1. Zielvorgaben in der Arbeit zu erfüllen ist nicht immer einfach. Beschreiben Sie ein schwieriges Ziel, das Sie erreicht haben. Wieso war es schwierig zu erreichen?

2. Erzählen Sie mir von einer Zeit, als Sie sehr zufrieden mit der Performance Ihres Teams oder Ihrer Geschäftseinheit waren. Wie wurden diese Resultate erreicht?

TIPP 3: Suchen Sie nach den STARs

Die beste Methode, um das Bewerbungsgespräch auf verhaltensbezogene Informationen zu konzentrieren, ist ein Konzept, das wir STAR nennen.

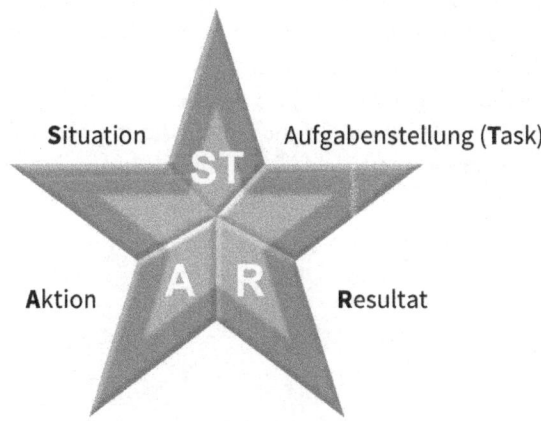

"ST" steht für die *Situation oder Aufgabenstellung (Task)*, mit der sich der Kandidat konfrontiert sah. Das „A" steht für die *Aktion*, die der Kandidat ausführte. Das „R" beschreibt die *Resultate* dieser Aktion. Lassen Sie uns einen genaueren Blick auf eine STAR-Frage werfen, die ein Interviewer stellen könnte, um das Verhalten des Kandidaten in einem Team zu ergründen.

Frage des Interviewers:
Beschreiben Sie ein Projekt, bei dem Sie eng mit anderen zusammen-arbeiten mussten, um es abzuschließen. Wie haben Sie die anderen mit-einbezogen? Was war das Ergebnis?

Antwort des Kandidaten:
Wir arbeiten zusammen mit einem Team aus der Forschungs- und Entwicklungsabteilung und einem Team aus dem Verkauf an einem Pro-duktstart [S/T]. Um unsere Deadlines einzuhalten, stellte ich mit einem Repräsentanten aus der Verkaufs- und Produktentwicklungsabteilung ein Team zusammen. Wir trafen uns alle zwei Wochen, um das weitere Vor-gehen zu planen und Probleme zu besprechen [A]. Es war echte Teamarbeit. Wir lancierten das Produkt termingerecht und erhielten ein paar sehr kreative Ideen, da sich jeder beteiligte [R].

Erwarten Sie nicht, dass ein Kandidat Ihnen jedes Mal einen kom-pletten STAR liefert. Und Sie wollen natürlich die Fragen nicht immer auf die gleiche Art stellen! Dies erfordert, dass Sie ein wenig nachforschen, nach mehr Informationen über die Situation/Aufgabenstellung fragen, welche die Person bewältigen musste, nach Maßnahmen, die sie ergriff, und Resultaten, die sie erreichte.

Tool 10.2 zeigt Ihnen ein paar Beispiele vollständiger oder unvollstän-diger STARs. Während Sie die Übung durchgehen, achten Sie darauf, welche Komponente(n) des STARs fehlen.

TOOL 10.2

NACH STARS SUCHEN

Anweisung: Identifizieren Sie den fehlenden Teil des STARs in der unten stehenden Antwort des Kandidaten. Nutzen Sie den Antwortschlüssel, um zu überprüfen, ob Sie richtig lagen.

S/T = Situation/Aufgabenstellung (Task)
A = Aktion   **R** = Resultat

Frage 1: *Erzählen Sie mir von der Arbeit an einem Projekt mit einer knappen Frist. Wie haben Sie es geschafft, die Termine einzuhalten? (Der Vorgesetzte, der jemanden einstellen will, sucht nach einem STAR für Planung/Organisation.)*

Antwort des Kandidaten: *Ich arbeitete mit einem IT-Team, um neue Software zur Kundenanalyse zu installieren. Mein Chef stand unter hohem Druck, um eine Frist Ende August einzuhalten, was uns 30 Tage ließ. Wir beendeten das Projekt tatsächlich drei Tage früher.*

Welche **STAR**-Komponente fehlt?

Frage 2: *Können Sie mir von einer Ihrer schwersten Entscheidungen während der letzten zwei Jahre erzählen? Was haben Sie getan, um dabei ein gutes Gefühl zu haben? (Der Vorgesetzte, der jemanden einstellen will, sucht nach einem STAR für Entscheidungsfähigkeit.)*

Antwort: *Ich sollte das Motto einer Marketingkampagne für ein neues Produkt vorschlagen, das wir lancieren wollten. Ich sah mir die Konkurrenz genau an und sprach persönlich mit einer Gruppe von Auftraggebern. Zusätzlich führte ich eine Online-Recherche über Marketingtrends durch. Ich ließ mir zwei mögliche Motti einfallen und listete dann die Vor- und Nachteile für beide auf.*

Welche **STAR**-Komponente fehlt?

Frage 3: *Gelegentlich müssen wir alle mit Menschen zusammenarbeiten, die ihre eigenen Pläne verfolgen, was es schwieriger macht, unsere Ziele zu erreichen. Können Sie mir ein Beispiel geben, als Sie mit jemandem zusammenarbeiteten, mit dem Sie wirklich nicht zurechtkamen, dessen Hilfe und Unterstützung Sie aber benötigten? Wie sind Sie damit umgegangen?* (Die Führungskraft sucht nach einem STAR für die Fähigkeit, andere zu beeinflussen.)

Antwort: *Ich lud Mary zum Mittagessen ein, um das Projekt zu besprechen und wie wir am besten zusammenarbeiten könnten. Ich hörte mir genau an, was sie zu sagen hatte. Sie unterstützte mich letzten Endes wirklich sehr.*

Welche **STAR**-Komponente fehlt?

ANTWORTEN: F1. Die fehlende Komponente ist die Aktion. Der Kandidat erwähnt nicht, was er tatsächlich getan hat, um die Deadline einzuhalten. F2. Wir wissen, welcher Situation die Kandidatin gegenübersteht und was sie letzten Endes tat, um eine Entscheidung zu treffen. Was fehlt, ist das Ergebnis oder Resultat ihrer Entscheidung. F3. Die Antwort beinhaltet sowohl Aktion als auch Resultat. Es fehlt die Hintergrundinformation über die Situation/Aufgabenstellung.

TIPP 4: Fragen Sie sowohl nach dem, was ein Kandidat „tun wird", als auch nach dem, was er „tun kann."

Es stimmt, dass die Skills und früheren Verhaltensweisen eines Kandidaten seine Performance sehr gut vorhersagen können. Die letztendliche Zufriedenheit im Job, seine Bindung ans Unternehmen und seine Leistungsfähigkeit können aber auch von einer Reihe von Punkten beeinflusst werden, die in Zusammenhang mit seiner Motivation stehen – was natürlich das Verhältnis der Person zu Ihnen mit einschließt! Sehen wir uns ein Beispiel an: Nehmen wir an, Sie suchen nach einem Partner, um ein komplexes Projekt zu leiten, das viel Aufmerksamkeit auf sich zieht. Der Kandidat könnte exzellente Fähigkeiten als Planer haben, aber jede Form der Zusammenarbeit oder Kontrolle seines Managements ablehnen. Als jemand, der ein Höchstmaß an Unabhängigkeit benötigt, könnte dieser Kandidat vielleicht nicht die beste Wahl für den Job sein.

Beispiele für Motivationsfaktoren können unter anderem folgende sein: Umgang mit externen Kunden, Komplexität des Jobs, Konzentration auf Details, Wunsch nach schneller Beförderung et cetera. Als Teil des Auswahlprozesses ist es Ihre Aufgabe, die Motivation eines Kandidaten zu bewerten, eine bestimmte Position auszufüllen. Dazu müssen Sie die Facetten des Jobs ermitteln, die mit den Motivationen eines Kandidaten übereinstimmen. Das geschieht natürlich nicht durch Fragen wie: *Mögen Sie eine abwechslungsreiche Arbeitsumgebung oder einen Job, der eine große Aufmerksamkeit für Details verlangt?* In neun von zehn Fällen weiß der Kandidat, wieso Sie diese Frage stellen, und wird entsprechend antworten. Sie sollten dieselben verhaltensbezogenen Fragen stellen, die wir oben beschrieben haben. Zum Beispiel: *Erzählen Sie mir von einer Aufgabe, die große Aufmerksamkeit für Details verlangte. An was haben Sie da gearbeitet? Welche Resultate haben Sie erzielt? Wie zufrieden oder unzufrieden waren Sie mit dieser Aufgabe?*

Tool 10.3 hilft Ihnen, einige der wichtigsten Motivationsfaktoren zu ermitteln, die Sie dann als Grundlage für die Fragen nehmen können, die Sie stellen wollen.

TOOL 10.3

DIE MOTIVATION ZÄHLT

Die Forschungen von DDI haben 30 häufige Faktoren für Zufriedenheit und Unzufriedenheit von Angestellten identifiziert. Wir nennen sie Facetten der Motivation. In der folgenden Übung nutzen Sie die Skala, um festzustellen, welche in dem Job vorherrschend sind, für den Sie jemanden suchen. Einige Facetten sind vor allem für einen bestimmtem Aufgabenbereich wesentlich, während andere in verschiedenen Bereichen eine Rolle spielen können. Ihre Aufgabe ist es, zu ermitteln, inwieweit die Motivationen eines Kandidaten mit den Facetten übereinstimmen, welche die Position bietet.

Skala:

WG: Wenig Gelegenheiten in der Firma/Organisation verfügbar.

EG: Einige Gelegenheiten in der Firma/Organisation verfügbar.

VG: Viele Gelegenheiten in der Firma/Organisation verfügbar.

Wert	Facetten der Motivation

☐ **Leistung** – zunehmende Herausforderungen in der Arbeit bewältigen.

☐ **Kompensation** – hohes Gehalt oder monetäre Zuwendungen für geleistete Arbeit.

☐ **Komplexität** – komplexe Aufgaben erledigen oder an komplexen Projekten arbeiten.

☐ **Kontinuierliches Lernen** – Wissen und Skills erweitern, wenn die Umstände danach verlangen.

☐ **Konzentration auf Details** – Tätigkeiten nachgehen, die Liebe fürs Detail erfordern.

☐ **Formelle Anerkennung** – formelle Anerkennung (innerhalb und außerhalb der Firma) für geleistete Aufgaben erhalten.

☐ **Handlungsorientierung** – Vorliebe für aggressive, vorausschauende Reaktionen auf Probleme und Möglichkeiten.

☐ **Den Status quo herausfordern** – Fragen stellen, Normen und Standardprozeduren infrage stellen, um Durchbrüche zu erzielen.

☐ **Soziale Verantwortung** – Unterstützung von und Einbindung in Aktivitäten einer Community, Gruppe oder Gemeinde.

☐ **Ständige Verbesserung** – Schwerpunkt auf der ständigen Verbesserung von Prozessen, Produkten und Dienstleistungen und die Suche nach innovativen Arbeitsmethoden.

☐ **Kundenorientierung** – Erwartungen der Kunden verstehen, erfüllen und übertreffen und die größtmögliche Kundenzufriedenheit erreichen.

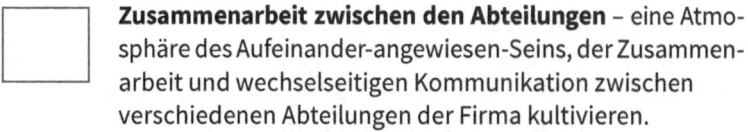 **Zusammenarbeit zwischen den Abteilungen** – eine Atmosphäre des Aufeinander-angewiesen-Seins, der Zusammenarbeit und wechselseitigen Kommunikation zwischen verschiedenen Abteilungen der Firma kultivieren.

TIPP 5: Keine Alleingänge.

Letzten Endes ist es Ihre Entscheidung, wen Sie mit an Bord holen. Aber wie bei jeder wichtigen Entscheidung steigt die Qualität, wenn andere beteiligt sind. Obwohl HR bei den Kandidaten eine Vorauswahl trifft, ist es üblich, dass die Entscheidung über eine Einstellung auf nur einem Bewerbungsgespräch beruht – demjenigen, das Sie führen. Wir empfehlen, einen oder zwei Partner zu einem Bewerbungsgespräch hinzuzuziehen. Die Person, die Sie auswählen, kann ein Kollege auf der Führungsebene sein, Ihr Chef, jemand von HR oder sogar ein Mitglied Ihres Teams. Wir empfehlen auch, die Bereiche aufzuteilen, die Sie abdecken, und die Fragen, die Sie stellen. Wir haben zu viele verwirrte Kandidaten fragen hören: *Wieso haben mir drei Leute genau die gleiche Frage gestellt?* Das Ziel ist es, von verschiedenen Seiten Input über die Fähigkeiten eines Kandidaten zu erhalten und dann die STARs, die gesammelt wurden, systematisch miteinander zu besprechen, um ein übereinstimmendes Urteil über den Kandidaten zu fällen.

TIPP 6: Referenzen überprüfen.

Bevor man eine Personalentscheidung trifft, hat es sich bewährt, mehrere Referenzen zu überprüfen. Quellen für Referenzen können Menschen sein, mit denen der Bewerber früher gearbeitet hat – ehemalige Vorgesetzte, Teammitglieder, Klienten, Uniprofessoren, Zulieferer und so weiter. Kandidaten werden normalerweise darum gebeten, Referenzen anzugeben. Sehen Sie sich den Lebenslauf des Kandidaten an, um nach möglichen Referenzen zu suchen. Wir erinnern uns an folgende Situation: Ein Kandidat hatte zwei Jahre für eine Firma gearbeitet, aber keine Referenzen dort angegeben. Wir erkundigten uns beim früheren Supervisor des Bewerbers und konnten uns richtig was anhören – nichts davon sehr positiv! Es gibt zwei Kategorien von Informationen, die Sie von Referenzen erhalten können. Im ersten Fall geht es darum, die Angaben des Kandidaten zu überprüfen. Zum Beispiel die tatsächliche Dauer der Anstellung, Gehalt, Vorkommnisse während der Dauer der Anstellung, Bildungsniveau und die Erfahrung in verschiedenen Arbeitsbereichen. Auch wenn es nicht häufig vorkommt, gibt es Kandidaten, die die Wahrheit ein wenig frisieren – oder schlicht und einfach lügen. Es gibt auch Beispiele aus der Topliga. Kenneth Conchar kündigte bei Veritas Software, als herauskam, dass er nicht wie behauptet einen MBA von Stanford hatte. Der ehemalige CEO von Yahoo, Scott Thompson, gab an, einen Abschluss in Informatik zu haben, den er nie besaß. Wenn die Leute von HR in den Bewerbungsprozess involviert werden, dann sind sie häufig dafür verantwortlich, solche Referenzen zu überprüfen.

Im zweiten Fall müssen Sie beim Überprüfen von Referenzen nach weiteren verhaltensbezogenen Informationen suchen. Wenn Sie zum Beispiel nach mehreren Bewerbungsgesprächen immer noch Zweifel an der Fähigkeit des Kandidaten haben, schwierige Interaktionen mit Kunden zu bewältigen, dann können Sie eine Referenz nach weiteren Beispielen für STARs fragen, die Ihre Zweifel entweder zerstreuen oder bestätigen.

TIPP 7: Preisen Sie den Job und Ihre Firma an.

Die Situation auf dem Arbeitsmarkt ist nebensächlich – der Kandidat, den Sie haben wollen, wird immer gefragt sein. Wie Sie diese Person vor, während und nach dem Bewerbungsgespräch behandeln, wird ihre Entscheidung sehr wahrscheinlich beeinflussen. Leider vergeben viele Kandidaten keine guten Noten für ihre Erfahrungen mit Auswahlprozessen in Firmen. In einer Studie gaben 42 Prozent der Befragten an, dass sie das Gefühl hatten, der Interviewer zeige kein Interesse an ihren Karrierezielen; die Zahl war dieselbe, wenn es darum ging, eine gewisse Begeisterung für den Job zu vermitteln. Und die Befragten gaben an, dass nur etwa ein Drittel der Interviewer professionell wirkte![5]

Wie kann man sicherstellen, dass die Kandidaten das Gespräch mit einem guten Eindruck von Ihnen und Ihrer Firma verlassen?

- Nutzen Sie die Tipps in diesem Kapitel.

- Nehmen Sie sich die Zeit, den Kandidaten Fragen über ihre Karriereziele und darüber zu stellen, was sie motiviert, für Ihre Firma zu arbeiten. Geben Sie ihnen auch Zeit, selber Fragen zu stellen.

- Seien Sie vorbereitet, die Vorzüge der Stelle und Ihrer Firma herauszustellen. Lassen Sie durchblicken, dass Sie diesen Kandidaten einstellen wollen.

- Achten Sie auf Details wie pünktlich zu sein, den Kandidaten zu begrüßen und gegebenenfalls nachzufragen. All diese Dinge sind wichtig und können seine Entscheidung beeinflussen.

- Behalten Sie folgende einfache Regel im Kopf: Der Kandidat, den Sie wirklich haben wollen, bekommt wahrscheinlich mehrere Angebote. Und diejenigen, die Sie nicht wollen, könnten künftig zu Ihren Kunden gehören – behandeln Sie sie entsprechend!

TIPP 8: Bleiben Sie im rechtlichen Rahmen.

Viele Firmen geraten in rechtliche Schwierigkeiten wegen der Art, in der ein Vorgesetzter, der jemanden einstellen wollte, den Auswahlprozess gehandhabt hat. Es gibt Gesetze und Richtlinien, die sowohl von Ihnen als auch von Ihrer Firma eingehalten werden sollten. Fast alle beziehen sich auf Ungleichbehandlung und sie variieren von Land zu Land. Die gute Nachricht: Sie müssen kein Anwalt sein, um viele der verbreiteten diskriminierenden Praktiken zu vermeiden. Viele der Tipps in diesem Kapitel helfen Ihnen nicht nur, die richtige, sondern auch eine faire Entscheidung zu treffen. Einige Dinge, die Sie im Hinterkopf behalten sollten:

- Stellen Sie nur Fragen mit Bezug zu den Fähigkeiten/Erfordernissen der Stelle.

- Folgen Sie unseren Vorschlägen, um STARs zu erhalten.

- Gehen Sie mit allen Bewerbern gleich um. Die Schritte und Prozesse, die zur Auswahl von Kandidaten für eine bestimmte Kategorie von Positionen dienen, sollten für alle Kandidaten gleich sein.

- Widerstehen Sie ihrer eigenen Neigung zu Stereotypen und Vorurteilen.

- Bitten Sie HR um professionelles Training und Ratschläge.

11.

Leadership-Skills und die Skills der Profis

WAS IHR CHEF WIRKLICH VON IHNEN WILL

Werden Sie jemand, den man um Rat fragt

Vorab-Gedanken

Denken Sie einen Moment über alle Chefs nach, für die Sie gearbeitet haben. Wenn Sie noch frisch im Arbeitsleben stehen – denken Sie an all die „Bosse", die Sie in Film und Fernsehen gesehen haben oder über die Sie in Büchern gelesen haben. Was machte sie „schlecht"? Oder „gut"? Wie tickten Sie?

Vor nicht allzu langer Zeit ließen wir auf einer Konferenz mit über 5.000 Menschen die Teilnehmer an unserem Infostand einige Eigenschaften aufschreiben, von denen sie meinten, dass sie einen guten oder schlechten Chef ausmachen. Einige dieser Beiträge finden Sie auf der nächsten Seite. Und sie bestätigen unsere früheren Aussagen über katalytische Führungskräfte (siehe Kapitel 2). Auf ihren Antworten basierend haben wir eine Skala erstellt, anhand derer Sie Ihren eigenen Chef einstufen können. Wenn Sie eine 1, 2 oder 3 einkreisen, ist er ein schlechter Chef; bei einer 8, 9 oder 10 können Sie sich glücklich schätzen.

Schlechter Chef   **Guter Chef**

   1   2   3   4   5   6   7   8   9   10

Eigenschaften eines guten Chefs

- *Bewegt etwas im Geschäftsbetrieb und in den Leben der Menschen.*

- *Stärkt andere.*

- *Hilft Menschen, sich zu entwickeln.*

- *Bietet Coaching an.*

- *Übernimmt Verantwortung und verlangt das auch von anderen.*

- *Bietet konstruktives Feedback.*

- *Macht andere zu Leadern.*

Eigenschaften eines schlechten Chefs

- *Ist inkonsequent.*

- *Konzentriert sich auf Aufgaben, nicht auf Menschen.*

- *Ist ein schlechter Zuhörer.*

- *Betreibt Mikromanaging.*

- *Hält Informationen zurück.*

- *Bietet vages, destruktives oder gar kein Feedback.*

- *Bietet Mitarbeitern keine Möglichkeit zur Entwicklung.*

- Ist ein guter und mitfühlender Zuhörer.
- Schafft Vertrauen.
- Ist ein gutes Vorbild.

- Ignoriert Performance-Probleme.
- Ist nicht teamorientiert.

Sie sind jetzt natürlich selber Chef oder werden bald einer sein. Allein die Tatsache, dass Sie dieses Buch lesen, bedeutet, dass Sie ein guter Chef sein wollen. Ja, es gibt furchtbare Chefs und fabelhafte. Wenn es Ihnen wie den meisten geht, haben Sie Ihren Vorgesetzten wahrscheinlich irgendwo in der Mitte eingeordnet.

SCHLÜSSELBEZIEHUNG

Seien Sie versichert: Die Beziehung zu Ihrem Chef ist entscheidend – Sie kann Ihre Karriere fördern oder zerstören. Wenn Sie sich mit Ihrem Chef schlecht stellen, dann erwarten Sie keine Gehaltserhöhungen, Beförderungen oder andere Vorteile – vielleicht sogar unabhängig von Ihrer Leistung. Unsere Forschungen zeigen, dass diejenigen, die für schlechte Chefs arbeiten, weniger produktiv und engagiert bei der Arbeit sind.[1] Aber Ihre Beziehung geht noch weit über den bloßen Erfolg Ihrer Karriere hinaus. Eine Umfrage von Gallup hat eine direkte Beziehung zwischen gutem Leadership und dem Wohlergehen der Mitarbeiter ergeben. Die Forscher des Instituts sagen: „Wenn Führungskräfte das Wohlergehen der Mitarbeiter ignorieren, unterminieren sie das Selbstvertrauen derjenigen, die ihnen unterstellt sind, und begrenzen die Möglichkeiten des Wachstums ihrer Firma."[2] Darüber hinaus zeigt eine Studie aus Schweden, dass es eine relevante Beziehung zwischen schlechtem Leadership und dem Risiko schwerer Herzleiden gibt.[3] Das müssen Sie sich klarmachen – für einen schlechten Chef zu arbeiten kann einen bis nach Hause verfolgen!

Hier einige Tipps, wie Sie die Beziehung zu Ihrem Chef verbessern können.

Suchen Sie sich Ihren Chef aus

Peggy dachte daran, ihren Job für eine Position als Leiterin eines Teams in einer anderen Abteilung aufzugeben, mit der eine beträchtliche

Gehaltserhöhung einhergegangen wäre. Die neue Stelle versprach neue Herausforderungen, die Möglichkeit, dazuzulernen, und vor allem die Chance, Führungsverantwortung zu übernehmen. Nachdem sie zwei Monate darüber nachgedacht hatte, zog sie ihre Bewerbung zurück. Der Grund? Es hatte nichts mit dem Job zu tun, sondern allein mit dem (schlechten) Ruf ihres Chefs in spe. Die Moral dieser kurzen Geschichte ist natürlich klar: Wenn Sie ernst zu nehmende Bedenken haben, für wen Sie künftig arbeiten werden, denken Sie noch mal darüber nach. Und das stimmt natürlich auch umgekehrt. Bei Ihren Überlegungen, eine neue Rolle anzunehmen, sollte der gute Ruf eines Chefs mit in die Gleichung einfließen.

Seien Sie nachsichtig mit Ihrem Chef

Sie verdienen es nicht, runtergemacht, gemobbt oder schlecht behandelt zu werden – Punkt. Aber Ihr Chef ist auch ein menschliches Wesen. Wir haben von Mitarbeitern gehört, die ihrem Vorgesetzten auch die kleinsten Verfehlungen vorgeworfen haben, weil sie absolute Perfektion erwarteten. Arun ist dafür ein Beispiel. Er erzählte uns, dass eines Tages einfach alles falsch zu laufen schien. Während des letzten Meetings an diesem Tag verlor er die Geduld. *Ich hab nicht herumgeschrien, ich bin nur wütend geworden*, sagte er später. Aruns Wutausbruch hatte definitiv einen Effekt auf die Mitglieder seines Teams – sie schienen ihn für Wochen zu meiden. Sie werden als Führungskraft Fehler machen und Ihr Chef auch. Sie sollten ihm dafür vielleicht Feedback geben, aber ein paar Fehltritte rechtfertigen es noch nicht, Ihren Chef für immer abzuschreiben. Und andererseits tut es auch nicht weh, das Selbstwertgefühl Ihres Chefs zu erhalten und zu fördern, indem Sie ihm ab und zu ein ernst gemeintes Lob aussprechen!

Lernen Sie Ihren Chef kennen

Wenn Sie einen guten Chef haben, dann tut er sein Bestes, um zu verstehen, was in Ihnen vorgeht. Das hilft ihm dabei, Ihnen zu helfen, eine gute Performance zu liefern, zu wachsen und das Ausmaß Ihres Engagements zu erhöhen. Umgekehrt gilt das auch. Steve Arneson, der darüber ein tolles Buch geschrieben hat – „What Your Boss Really Wants From You: 15 Insights to Improve Your Relationship" – nennt es: seinen Boss studieren. Er denkt, dass Angestellte ihre Chefs besser verstehen lernen müssen, wenn sie bessere Beziehungen zu ihnen haben wollen.[4] Und wenn Sie den Eindruck haben, die folgenden Fragen kämen Ihnen bekannt vor, dann haben Sie recht; diese Übung entspricht dem „Was muss ich wissen?"-Tool in Kapitel 3, das Ihnen half, Ihr Team besser kennenzulernen. Arneson schlägt eine Reihe von Fragen vor, deren Antworten Ihnen helfen werden, mehr über Ihren Chef zu erfahren:

• Wann und wie ist er am zugänglichsten?

• Was ist sein bevorzugter Management-Stil?

• Welches Verhalten belohnt er im Allgemeinen?

• Worüber ist er am meisten besorgt?

• Was ist seine primäre Motivation?

Sehen Sie sich nur die Vorteile an, die Sie davon haben, wenn Sie Ihren Chef wirklich kennen. Christina neigte dazu, ihrem Chef am Morgen erst mal aus dem Weg zu gehen. Sie wusste, dass er zuerst seinen Tagesablauf planen musste. Sie verstand auch bald seinen Laissez-faire-Managementstil. Sie belästigte ihn nie mit Details. Und Ricardo, ein Supervisor in einer Autofabrik, wusste, dass sein Vorgesetzter beauftragt wurde, das gesamte Werk zu verschlanken. Ricardo, der seinen Vorgesetzten respektierte, wusste auch, dass das Projekt von entscheidender Bedeutung war, und tat alles, um ihm zum Erfolg zu verhelfen.

In die richtige Richtung starten – und auf Kurs bleiben

Wie man es auch dreht und wendet, Sie und Ihr Chef werden eine wechselseitige Beziehung haben – eine gute, eine schlechte oder eine mittelmäßige. Und wie bei jeder Beziehung benötigt das nicht nur Zeit und Mühe, sondern es liegt auch in Ihrer Hand! Gute Beziehungen brauchen einen guten Start. Auf der Microsite finden Sie eine Checkliste für Ihre ersten sechs Monate als Führungskraft mit einer Reihe von Punkten, die Sie mit Ihrem Chef durchgehen sollten. Im Folgenden einige nützliche Fragen vor Ihrem ersten Gespräch unter vier Augen.

• Was sind die Erwartungen/Ziele, die Sie für die Beziehung zu Ihrem Chef haben?

• Was sind mögliche Hindernisse für die Zusammenarbeit und wie werden Sie diese beseitigen?

• Welche Art der Unterstützung erwarten Sie voneinander?

• Auf welche Art und wie oft wollen Sie miteinander kommunizieren oder sich gegenseitig auf dem Laufenden halten?

• Wie können Sie formlos ermitteln, wie Ihre Beziehung verläuft? (Anmerkung: Wir meinen nicht eine Würdigung Ihrer Arbeit, sondern ein gehaltvolles Gespräch darüber, wie die Dinge zwischen Ihnen laufen.)

Und obwohl diese Fragen besonders am Anfang Ihrer Beziehung wichtig sind, sollten Sie häufig darauf zurückkommen.

Vermeiden Sie unangenehme Überraschungen

Während einige Chefs Mikromanager sind und über jedes kleine Detail Ihrer Arbeit informiert sein wollen, genügt es den meisten, nur den Überblick zu behalten. Das ist eine berechtigte Forderung. Steve erzählte uns von einem Vorfall, der sein Verhältnis zu seiner Chefin Janice, die an einem komplexen Projekt unter Beteiligung mehrerer Teams arbeitete, vorübergehend eintrübte. Während eines Meetings mit der höheren Führungsebene zur Koordination des Projekts erfuhr Janice, dass die Frist für das Projekt wegen technischer Schwierigkeiten in Steves Team um drei Monate überschritten würde. *Sie war ziemlich verärgert,* sagte uns Steve, *ich hätte es sie im Voraus wissen lassen sollen.*

Bitten Sie um Hilfe beim Lösen von Problemen

Erinnern Sie sich an diesen Gesprächsgrundsatz aus Kapitel 6? Wir hoffen, dass Sie ihn bei Ihrem Team anwenden. Sie wollen, dass Teammitglieder ihre eigenen Ideen entwickeln, während sie Probleme angehen und Möglichkeiten ausloten. Ein guter Chef sollte Ihnen selten sagen müssen, *wie* Sie ein Problem lösen sollen. Andererseits könnte er aufgrund seiner Erfahrung oft Vorschläge für Sie haben, wie Sie eine neue Herausforderung angehen oder eine neue Idee einfließen lassen können. Es ist sinnvoll, um die Unterstützung Ihres Chefs zu bitten. Und das hat noch einen weiteren Vorteil: Nichts gibt einem Leader ein so gutes Gefühl wie um Hilfe gebeten zu werden! Der Punkt hierbei ist, Ihren Chef als wertvolle Ressource anzusehen, als jemand, der Ihnen helfen kann, Ihre Arbeit zu erledigen.

Werden Sie jemand, der Ratschläge erteilt und nicht jammert

Unser Chef, der einer der guten ist, hielt neulich ein eher schwierigeres Meeting zur Planung einer neuen Geschäftsstrategie ab. Er hatte wie immer einen Rat zur Hand, der dem gesunden Menschenverstand entsprang: *Ich umgebe mich gerne mit Menschen mit einer positiven Grundhaltung. Ich verbringe lieber Zeit mit Leuten, die Ideen haben und Ratschläge, wie man Herausforderungen angeht, als deswegen nur herumzujammern.* Der Respekt Ihres Chefs für Sie wird ganz gewaltig ansteigen, wenn Sie helfen, Probleme zu lösen statt sie zu verursachen. Das ist nicht das Gleiche wie sich bei Ihrem Chef lieb Kind zu machen (oder andere Begriffe, die wir lieber nicht verwenden). Es geht darum, jemand zu werden, den man gerne um Rat fragt. Wie werden Sie wissen, ob Sie dabei erfolgreich sind? Ganz einfach – Ihr Vorgesetzter wird beginnen, nach Ihren Ratschlägen und Ideen zu fragen.

Treten Sie einen Schritt zurück

Eine hohe Arbeitsgeschwindigkeit bedeutet, dass Sie sich wahrscheinlich auf Aufgaben konzentrieren – und Dinge erledigt bekommen. Und das wird sich zweifellos in den Gesprächen niederschlagen, die Sie mit Ihrem Vorgesetzten über Leistungsbeurteilungen, Updates von Projekten, Coaching und Planung führen. Deswegen ist es wichtig, dass Sie ab und zu kurz verschnaufen und an Ihrem Verhältnis zu Ihrem Chef (und Ihren Mitarbeitern) arbeiten. Ihre eigenen Gedanken und Gespräche sollten sich gelegentlich auf die Qualität Ihrer Beziehungen konzentrieren – nicht nur auf die Qualität Ihrer Arbeit. Es gibt wahrscheinlich keinen anderen Aspekt, der so wichtig ist, wenn es darum geht, sich entweder jeden Morgen aufzuregen oder seinen Job als Führungskraft zu genießen.

12.

Leadership-Skills und die Skills der Profis

ENGAGEMENT UND MITARBEITER-BINDUNG

Schaffen Sie eine motivierende Umgebung

Vorab-Gedanken
Denken Sie an eine Zeit zurück, als Sie überlegten zu kündigen. Was hat Ihnen gefehlt? Dachten Sie, die Dinge würden sich ändern? Hatten Sie Bedürfnisse, die nicht befriedigt wurden? Denken Sie an den Moment zurück, als Sie einfach wussten: *Das liegt mir nicht. Ich muss etwas Neues finden.*

Vielleicht haben Sie schon Führungskräfte die Begriffe *Engagement* oder *Engagement der Mitarbeiter* benutzen hören, um zu beschreiben, wie sich Menschen in ihren Jobs fühlen.

Die Suche nach engagierten Mitarbeitern ist in vielen Firmen zu einer Art Mantra geworden, vielleicht auch in Ihrer. Das provoziert unter anderem Fragen wie die folgenden: *Erscheinen die Mitarbeiter energiegeladen und motiviert zur Arbeit? Blicken sie zuversichtlich in die Zukunft? Tun sie ihr Möglichstes?* Und es gibt noch einen anderen Begriff, der die Runde in den Firmen von heute macht: *Mitarbeiterbindung.* Sind die Angestellten zufrieden genug, um zu bleiben? Oder müssen Sie ständig nach neuen Leuten suchen?

Engagement der Mitarbeiter und Mitarbeiterbindung sind mehr als nur Modeworte – es sind echte Indikatoren für die Gesundheit und den Erfolg jeder beliebigen Firma. Es gibt Hunderte von Studien, die gezeigt haben, dass Firmen mit engagierten Teams profitabler arbeiten, produktiver sind (in Bezug auf ihre festgelegten Geschäftsziele), zufriedenere Kunden und weniger Unfälle haben.[1] Und wie Sie in Kapitel 10 gelernt haben („Die Besten auswählen und einstellen"), kostet es Unternehmen und die globale Ökonomie jedes Jahr Milliarden von Dollar, Mitarbeiter zu verlieren, zu ersetzen und dann neu anzulernen. Aber die Kosten für die Wirtschaft sind hier nicht das Entscheidende. Keine Firma kann es sich leisten, eine Kultur der Unzufriedenheit zu fördern. Und als neue Führungskraft können Sie das auch nicht.

BEZIEHEN SIE MITARBEITER OFT UND FRÜHZEITIG MIT EIN

Lassen Sie uns zuerst über Engagement sprechen. Es ist verlockend, sich als First-Time Leader einzureden, dass man nicht viel Einfluss darauf habe, ob andere Mitarbeiter abspringen, um sich andere Jobs und Firmen zu suchen. Und in einem gewissen Maß stimmt das auch. Einige übergeordnete Merkmale, die Talente anziehen – wie Strategie und Ausrichtung der Firma, Boni und andere Vergütungen –, liegen nicht in Ihrer Hand. Aber unsere Untersuchungen haben ergeben, dass der wichtigste Faktor, wenn es um die Entscheidung einer Person geht, ihren ganzen Einsatz und ihre ganze Energie in den Job

*Nur wenige Menschen verlassen eine **Stelle**; sie verlassen einen **Vorgesetzten**.*

zu stecken, der unmittelbare Vorgesetzte ist – Sie.[2] Wenn Mitarbeiter energiegeladen und voller Enthusiasmus zur Arbeit erscheinen, dann entwickeln sie eine Loyalität, die sie dazu motiviert, Hindernisse zu überwinden, neue Ideen einzubringen und ihren Teil dazu beizutragen, dass die Firma ihre Ziele erreicht. Und sie bleiben der Firma treu. Fühlt sich das nach einer großen Belastung für Sie an? Das sollte es nicht. Damit sind Sie am Zug, und zwar auf sehr bedeutungsvolle Art und Weise. Indem Sie glaubwürdig Herz und Verstand Ihres Teams und Ihrer Kollegen ansprechen, werden Sie wahrscheinlich ein höheres Maß an Hingabe, Energie und Loyalität in den Menschen um sie herum bewirken.

Erst während der dritten Woche in meinem Job bemerkte ich, dass mein Vorgesetzter meinen Namen nicht kannte. Schlimmer noch – er dachte, ich sei jemand anderes. Sicher, wir waren beide Frauen und hatten blonde Haare, aber da hörten die Ähnlichkeiten schon auf. Am Ende des zweiten Monats – und nach acht qualvollen Meetings – wurde klar, dass er von niemandem wirklich wusste, wer er war oder was wir taten. Und abgesehen von den Berichten, die wir einreichten, war ihm das auch egal. Noch vor dem neunten Meeting war ich weg.

– **Tara,** ehemalige Datenanalystin

Einiges, was Sie in diesem Kapitel lernen werden, baut auf den wichtigen Grundlagen von Kapitel 6 und 7 auf. Sie werden sehen, wie die Anwendung der Gesprächsgrundsätze dazu führt, dass Mitarbeiter sich unabkömmlich fühlen und der Firma treu bleiben.

Engagierte Mitarbeiter sehen ihre Arbeit als bedeutungsvoll an und wissen, dass sie wachsen und sich weiterentwickeln. Ihre Aufgabe ist es, *die bestmögliche Umgebung zu schaffen*, um das zu ermöglichen. Sie werden alle Fertigkeiten brauchen, die Sie bisher erlernt haben, um kontinuierlich die Übersicht darüber zu behalten, wie Sie Ihre Mitarbeiter bei der Stange halten, bevor diese ihren Antrieb verlieren. Wir haben Ihnen schon auf verschiedene Weisen nahegebracht, dass Leadership darin besteht, Aufgaben mithilfe anderer zum Abschluss zu bringen. Engagement ist der Weg, auf dem dies stattfindet.

Hier sind drei Beispiele dafür, auf welche Weise Leadership und Engagement miteinander verbunden sind:

- Wenn Sie beim Delegieren von Aufgaben darauf achten, den Mitarbeitern bei ihrer persönlichen Entwicklung zu helfen, dann haben diese eine echte Chance, Erfahrung zu sammeln und ihre Skills zu verfeinern.

- Konzentrieren Sie sich nach Möglichkeit immer auf das *Warum.* Wenn Sie die Verbindung zwischen den Aufgaben der Mitarbeiter und den Zielen der Firma deutlich machen, sehen Sie, an welcher Stelle sie sich ins große Ganze einfügen. Die Gründe für etwas zu erklären, das Mitarbeiter als Routineaufgabe ansehen – wie monatliche Berichte –, hilft ihnen zu verstehen, warum ihre Rolle für das Gesamtbild wichtig ist.

Der höchste Antrieb für das Engagement der Mitarbeiter ist die Tatsache, ob sie das Gefühl haben, dass ihre Vorgesetzten ehrlich an ihrem Wohlergehen interessiert sind. Nur etwa 40 Prozent der Arbeitnehmer glauben, dass das der Fall ist.[3]

- Wenn Sie besser darin werden, andere als begleitende Maßnahme zu coachen – *bevor* Probleme auftauchen –, dann fühlen sie sich wertgeschätzt, beschützt und bereit, die nächste Herausforderung anzugehen.

ENGAGEMENT IST ENERGIE

Der **ENGAGIERTE Angestellte** ist von positiver Energie erfüllt, leidenschaftlich, optimistisch und sprudelt über vor Ideen.

Der **BLOCKIERTE Angestellte** operiert im Leerlauf, ist unbeteiligt, hat wenig Energie und leistet nur das absolute Minimum, aber kündigt nicht. Er bremst damit alle anderen.

Der **DESINTERESSIERTE Angestellte** ist negativ eingestellt, beschwert sich, verbreitet Unzufriedenheit und verursacht Konflikte. Typischerweise verlässt er die Firma – oft mit einem Knall.

ENGAGEMENT VORANTREIBEN

Wenn Menschen das Gefühl von Empowerment haben und ihre Arbeit leidenschaftlich angehen, steigt ihre Produktivität, Arbeitsmoral und letzten Endes die Leistungsfähigkeit der Firma signifikant. Als Führungskraft können Sie das Engagement der Mitarbeiter erhöhen, indem Sie drei Faktoren beachten, die im Zentrum dessen liegen, was für die Menschen und ihre Zufriedenheit im Job wirklich wichtig ist. Und diese sind allgemeingültig; wir haben festgestellt, dass diese Kategorien im Großen und Ganzen für alle Menschen gültig sind, unabhängig von Alter, Geschlecht, Beruf, Rasse, Nationalität oder Wohnort. Wir nennen sie *Engagement- und Bindungsförderer* und sie sind relativ simpel.

Es handelt sich um folgende Kategorien:

- **Individueller Wert** – *Ich werde wertgeschätzt und mein persönliches Wachstum wird gefördert.*

- **Bedeutungsvolle Tätigkeit** – *Was ich tue, ist wichtig.*

- **Positive Umgebung** – *Das ist ein toller Platz zum Arbeiten.*

Ein Teil Ihrer neuen Rolle als Führungskraft ist es, Ihren Leuten zu helfen, die Quelle ihrer Zufriedenheit in Karriere und Beruf zu identifizieren. Durch eine Reihe von Gesprächen über Engagement können Sie Ihren Mitarbeitern helfen, eine Verbindung zwischen dem herzustellen, was sie erfüllt, und der Arbeit, die sie tun. Dann liegt es an Ihnen, die Umgebung zu schaffen, in der sie aufblühen und wachsen können, indem sie jegliche Hindernisse überwinden, die ihnen begegnen. Jeder im Team braucht eventuell etwas anderes von Ihnen, um erfolgreich zu sein. Diese Engagementförderer zu verstehen wird Ihnen dabei helfen.

Abbildung 12.1 listet diese Förderer auf, die Arbeitswerte, die sie repräsentieren, und Fragen, die Sie den Mitgliedern Ihres Teams in individuellen Motivationsgesprächen stellen können.

REFLEXIONSPUNKT

Treffen Sie sich regelmäßig mit Ihren Teammitgliedern, um sie über ihren Grad an Engagement und Motivation zu befragen? Wenn ja, decken Sie dabei alle drei Engagement- und Bindungsförderer ab? Falls nicht, wie würden sie reagieren, wenn Sie ihnen die Fragen von Abbildung 12.1 stellen würden?

ABB. 12.1 | EIN MOTIVATIONSGESPRÄCH ALS ÜBUNG

Bedeutungsvolle Tätigkeit

Bedeutung, Information, Empowerment

☐ *Was würde Sie veranlassen, mit Ihrem Job sehr zufrieden zu sein?*

☐ *Ist Ihnen klar, wie sehr Sie zum Erfolg der Firma beitragen?*

☐ *Was würde Ihnen das Gefühl geben, mehr Macht über die Umstände Ihrer Arbeit zu haben?*

Positive Umgebung

Respekt, Zusammenarbeit, Vertrauen

☐ *Wie arbeiten Sie am besten?*

☐ *Wie würden Sie ihre ideale Arbeitsumgebung beschreiben, wenn es um die Zusammenarbeit mit anderen geht?*

☐ *Welche Veränderung würde am meisten Auswirkungen auf Ihre Arbeit und Arbeitsumgebung haben?*

Individueller Wert

Entwicklung, Anerkennung

☐ *Welche Skills, Expertenwissen oder Interessen haben Sie, die wir bisher übersehen haben?*

☐ *In welchen Bereichen würden Sie sich gerne weiterentwickeln und wachsen?*

☐ *Wie und wofür würden Sie gerne Anerkennung finden?*

Sie bekommen vielleicht langsam einen Eindruck davon, wieso Sie so wichtig sind, wenn es um das Mitarbeiterengagement geht. Als Frontline Leader haben Sie direkten Einfluss auf jeden einzelnen der fördernden Faktoren, die wir gerade erwähnt haben. Nicht nur das – Sie haben auch Einfluss *auf persönlicher Ebene*. (Lesen Sie Kapitel 20, um mehr darüber zu erfahren, wie man andere beeinflusst.) Die Ihnen unterstellten Mitarbeiter wenden sich normalerweise an Sie, um Richtung und Unterstützung für ihre tägliche Arbeit zu erhalten. Aber sie wollen auch, dass Sie ihre individuellen Bedürfnisse, Fähigkeiten und ihr Potenzial anerkennen. Und das, was Sie sagen, wird tonangebend für die ganze Gruppe sein. Kommt Ihnen das bekannt vor? Das sollte es auch. Dies ist eine der vielen, vielen direkten und praktischen Anwendungsmöglichkeiten der Gesprächsfertigkeiten – Gesprächsgrundsätze und Gesprächsrichtlinien. Ihre Fähigkeit, auf die praktischen und persönlichen Bedürfnisse der Menschen einzugehen, wird eine Menge dazu beitragen, eine Arbeitsumgebung zu fördern, in der die Menschen das Gefühl haben, bedeutungsvolle Arbeit zu leisten. (Und auch Sie selbst werden als Führungskraft glücklicher und produktiver sein.) Wir ermutigen Sie, die *Gesprächsfertigkeiten* zu nutzen, um Ihre Motivationsgespräche zu planen, die beide Seiten dieser sehr menschlichen Bedürfnisse ansprechen.

Zur Erinnerung:

Die Gesprächsfertigkeiten bestehen aus zwei Teilen:

Gesprächsgrundsätze – um Ihnen zu helfen, die persönlichen Bedürfnisse einer Person anzusprechen.

Gesprächsrichtlinien – um Ihnen zu helfen, die praktischen Bedürfnisse einer Person anzusprechen.

DINGE, DIE SIE TÄGLICH TUN KÖNNEN, UM ENGAGEMENT ZU FÖRDERN

Wenn Sie mit den Mitarbeitern darüber reden wollen, wie sie sich fühlen, wie wichtig sie für die Firma sind oder was sie für ihr persönliches Wachstum benötigen, dann müssen Sie sich vorbereiten. Der erste Schritt besteht darin, eine echte menschliche Verbindung herzustellen. Das ist leichter gesagt als getan, da es unangenehm sein kann, ein Gespräch über

Engagement und Motivation zu beginnen. Abbildung 12.2 bietet einige Anhaltspunkte, wie man das angenehmer gestalten kann.

ABB. 12.2 | EINFACHE TIPPS, UM ENGAGEMENT ZU FÖRDERN

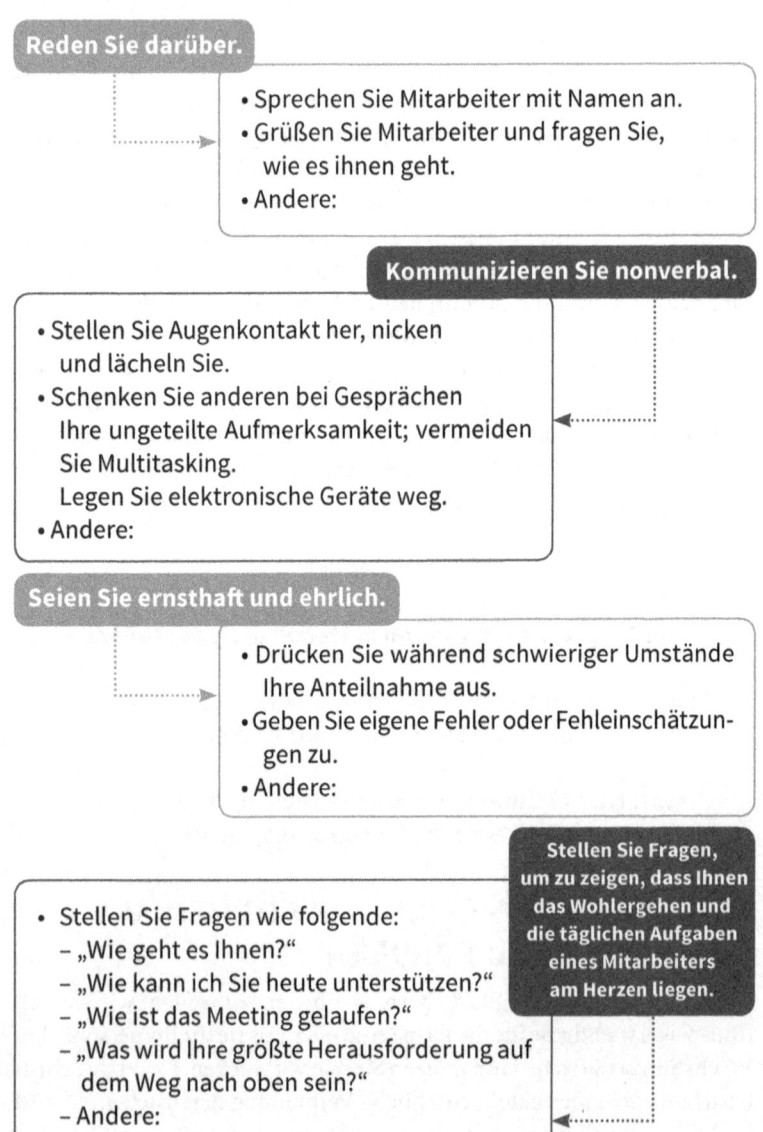

Reden Sie darüber.

- Sprechen Sie Mitarbeiter mit Namen an.
- Grüßen Sie Mitarbeiter und fragen Sie, wie es ihnen geht.
- Andere:

Kommunizieren Sie nonverbal.

- Stellen Sie Augenkontakt her, nicken und lächeln Sie.
- Schenken Sie anderen bei Gesprächen Ihre ungeteilte Aufmerksamkeit; vermeiden Sie Multitasking.
 Legen Sie elektronische Geräte weg.
- Andere:

Seien Sie ernsthaft und ehrlich.

- Drücken Sie während schwieriger Umstände Ihre Anteilnahme aus.
- Geben Sie eigene Fehler oder Fehleinschätzungen zu.
- Andere:

Stellen Sie Fragen, um zu zeigen, dass Ihnen das Wohlergehen und die täglichen Aufgaben eines Mitarbeiters am Herzen liegen.

- Stellen Sie Fragen wie folgende:
 - „Wie geht es Ihnen?"
 - „Wie kann ich Sie heute unterstützen?"
 - „Wie ist das Meeting gelaufen?"
 - „Was wird Ihre größte Herausforderung auf dem Weg nach oben sein?"
 - Andere:

ABB. 12.2 | EINFACHE TIPPS, UM ENGAGEMENT ZU FÖRDERN

Respektieren Sie die Zeit und den Aufwand anderer.

- Sagen Sie „bitte" und „danke", um eine Person um Hilfe zu bitten oder ihr für ihre Arbeit zu danken.
- Stellen Sie Fragen wie „Haben Sie ein paar Minuten Zeit, um zu reden?" oder „Passt es gerade?"
- Reagieren Sie in angemessener Zeit auf Nachrichten, E-Mails et cetera, auch wenn Sie nur mitteilen, dass Sie mehr Zeit brauchen, um zu antworten, oder um dem Aufwand der Mitarbeiter Anerkennung zu zollen.
- Erscheinen Sie pünktlich zu Meetings und Telefonkonferenzen. Wenn Sie sich verspäten, schreiben Sie eine kurze E-Mail oder Ähnliches, um die anderen darüber zu informieren.
- Andere:

Hören Sie zuerst zu und bieten Sie dann Führung und Hilfe an.

- Notieren Sie knapp Ihre Kommentare, Ideen und Fragen vor einem Gespräch, damit Sie diese äußern können, nachdem Sie sorgfältig zugehört haben.
- Stellen Sie Fragen wie diese:
  - „Erzählen Sie mir zuerst Ihre Ideen. Was denken Sie?"
  - „Können Sie mir helfen, Ihre Perspektive besser zu verstehen?"
  - „Was sind Ihre Bedenken?"
  - Andere:

ABB. 12.2 | EINFACHE TIPPS, UM ENGAGEMENT ZU FÖRDERN

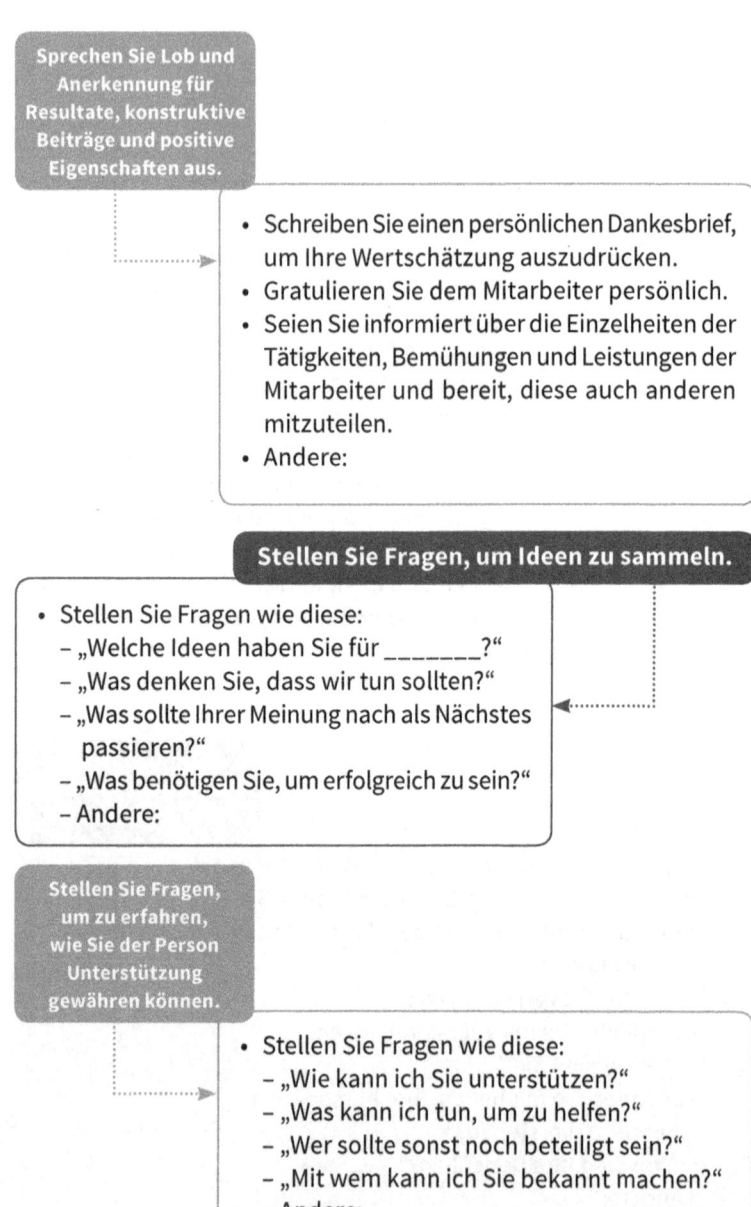

Sprechen Sie Lob und Anerkennung für Resultate, konstruktive Beiträge und positive Eigenschaften aus.

- Schreiben Sie einen persönlichen Dankesbrief, um Ihre Wertschätzung auszudrücken.
- Gratulieren Sie dem Mitarbeiter persönlich.
- Seien Sie informiert über die Einzelheiten der Tätigkeiten, Bemühungen und Leistungen der Mitarbeiter und bereit, diese auch anderen mitzuteilen.
- Andere:

Stellen Sie Fragen, um Ideen zu sammeln.

- Stellen Sie Fragen wie diese:
  - „Welche Ideen haben Sie für _____?"
  - „Was denken Sie, dass wir tun sollten?"
  - „Was sollte Ihrer Meinung nach als Nächstes passieren?"
  - „Was benötigen Sie, um erfolgreich zu sein?"
  - Andere:

Stellen Sie Fragen, um zu erfahren, wie Sie der Person Unterstützung gewähren können.

- Stellen Sie Fragen wie diese:
  - „Wie kann ich Sie unterstützen?"
  - „Was kann ich tun, um zu helfen?"
  - „Wer sollte sonst noch beteiligt sein?"
  - „Mit wem kann ich Sie bekannt machen?"
  - Andere:

ABB. 12.2 | EINFACHE TIPPS, UM ENGAGEMENT ZU FÖRDERN

> **Stellen Sie häufig Kontakt zu den Mitarbeitern eines virtuellen Teams her.**

- Nutzen Sie regelmäßig E-Mails oder kurze Anrufe, um Kontakt zu halten.
- Machen Sie angemessenen Gebrauch von der Kommunikationstechnologie, indem Sie das Medium der Botschaft entsprechend wählen.
- Sprechen Sie während Telefonkonferenzen die Menschen mit Namen an und geben Sie ihnen Gelegenheit, sich einzubringen. Fragen Sie nach dem neuesten Stand der Arbeit, inklusive Erfolgen und Herausforderungen.
- Laden Sie sie ein, ihre Erfahrungen mitzuteilen, und beteiligen Sie andere an der Suche nach Lösungsstrategien.
- Behalten Sie die verschiedenen Zeitzonen im Blick. Legen Sie die Termine für Meetings nach dem Rotationsprinzip fest, damit diese nicht immer für dieselben Mitarbeiter zu ungelegener Zeit stattfinden.
- Seien Sie im angemessenen Zeitrahmen erreichbar, um Fragen zu beantworten und Hindernisse aus dem Weg zu räumen.
- Andere:

MOTIVATIONSGESPRÄCHE: MEHR ALS NUR BLICKKONTAKT

Bei jedem Gespräch mit einem Teammitglied bietet sich die Möglichkeit zu verstehen, was er oder sie denkt und warum – und der Person zu zeigen, dass ihre Arbeit wichtig ist. Ein formelles Motivationsgespräch mindestens einmal pro Jahr sorgt dafür, dass Sie den Fokus weiterhin auf die Faktoren legen können, die mit größter Wahrscheinlichkeit dafür sorgen, dass die Person mit maximalem Einsatz arbeitet. Wenn das nach einer Menge emotionaler Schwerstarbeit aussieht, dann täuscht das. Es bedeutet nur, dass Sie die Einzigartigkeit jeder einzelnen Person und den Wert anerkennen, den sie einbringt. Diese Gespräche müssen nicht lang und kompliziert sein, aber sie müssen für alle Beteiligten auf einer persönlichen Ebene stattfinden. Wenn Sie die Menschen kennen, ist es wahrscheinlicher, dass Sie dafür sorgen können, dass sie bei der Arbeit glücklich und ausgefüllt sind – und Sie können Probleme schneller aus der Welt schaffen. Wenn Sie wirklich gut sind, dann stellen Sie Fragen, die Mitarbeiter dazu bringen, auf neue und aufregende Art und Weise über ihr eigenes Potenzial nachzudenken.

 **WICHTIGE TIPPS:**

- Bereiten Sie sich auf ein Motivationsgespräch vor, indem Sie darüber nachdenken, welcher der drei Motivationstreiber für die Person am wichtigsten sein könnte und warum.
- Fragen Sie die Person, was ihr *im Moment* an ihrem Job am meisten bedeutet. Achten Sie darauf, ob sich das mit der Zeit ändert.
- Fragen Sie, was sie Aufregendes während der Arbeit gelernt hat. Liegt es auf einer Linie mit den Aufgaben ihrer Position?
- Halten Sie die Gespräche kurz, formlos und freundlich. Wenn ein Problem auftaucht, das mit dem Gespräch nichts zu tun hat, besorgen Sie sich die Informationen, die Sie brauchen, um sich damit zu befassen, und vereinbaren Sie ein weiteres Gespräch.
- Überlegen Sie sich Schritte, um das Engagement der Person zu erhöhen.

LOB: INDIVIDUELLE LEISTUNGEN UND BEMÜHUNGEN ANERKENNEN

Die Forschung zeigt eindeutig: Lob zahlt sich am Ende aus. Mitarbeiter, die regelmäßig Anerkennung für ihre guten Leistungen erhalten, steigern ihre persönliche Produktivität, erzielen höhere Werte bei Loyalität und Zufriedenheit der Kunden, haben eine bessere Bilanz bei der Sicherheit am Arbeitsplatz und weniger Unfälle und bleiben mit höherer Wahrscheinlichkeit ihrer Firma treu.[4]

Führungskräfte, die eben erst ihren Job angetreten haben, neigen dazu, Probleme mit Lob zu haben, weil sie sich Sorgen machen, dass es unprofessionell ist oder dass die Mitarbeiter zu selbstsicher und selbstgefällig werden. So ist es aber nicht und das wird auch nicht passieren. Also ermutigen wir Sie, Ihre Hemmungen zu überwinden. Sie müssen kein großes Gewese darum machen, aber ein Lob bedeutet für denjenigen, der es erhält, eine Menge. Und es kann und sollte bei den regelmäßig stattfindenden Interaktionen mit Mitarbeitern ausgesprochen werden.

Wir vergessen meistens nicht, jemanden zu loben, wenn er etwas Besonderes geleistet hat – ein Projekt noch vor Ablauf der Frist abgeschlossen hat, sich freiwillig gemeldet hat, um beim Auswahlprozess eines neuen Mitarbeiters zu helfen, oder Verbesserungen für einen Arbeitsablauf des Teams vorgeschlagen hat. Aber es ist genauso wichtig, auch dann ein angemessenes Lob auszusprechen, wenn jemand mittelmäßige oder sogar enttäuschende Resultate bei einer ihm zugeteilten Aufgabe erzielt hat. Das ist natürlich auch eine gute Gelegenheit, die Person zu coachen, um eine Verbesserung herbeizuführen. Aber oft hat sich die Person angestrengt. *Sehr* angestrengt. Ihre Bemühungen geben Ihnen eine gute Gelegenheit, ein ehrlich gemeintes Lob in einer schwierigen Coaching-Situation auszusprechen. Stellen Sie sicher, sich die Bemühungen genau anzusehen, die eine Person in die Arbeit gesteckt hat, und machen Sie darauf bezogen spezifische und ernst gemeinte Komplimente.

WIR FRAGTEN; SIE HABEN ÜBER FACEBOOK GEANTWORTET

F. Welches Lob von Ihrem Chef hat Ihnen am meisten bedeutet?

Chris Allieri: Wir müssen bei Events immer Präsenz zeigen, auch auf der Bühne. Dieses Feedback erhielt ich nach einer besonders schwierigen Präsentation, für deren Vorbereitung wir Ewigkeiten gebraucht hatten. Danach hat mein Chef gesagt: „Sie sind furchtlos in einem Raum voller Fremder. Das ist gut." Ich war schwer begeistert und fühlte mich, als hätte ich eine neue Seite an mir entdeckt, die ich vorher selber nicht kannte.

WICHTIGE TIPPS: Was man tun und lassen sollte, wenn man jemandem Anerkennung zollt

- Finden Sie heraus, welche Form der Anerkennung die Menschen bevorzugen. Manche wollen nicht bei Meetings im Mittelpunkt stehen; andere wollen lieber einzeln angesprochen werden statt mit einer Rundmail.

- Es gibt drei Dinge, die Sie beachten müssen, wenn Sie die Leistungen anderer würdigen wollen: ihre *Anstrengungen,* ihre *Beiträge* und ihre *Resultate.* Wenn Sie nur Lob für die Ergebnisse aussprechen, dann versäumen Sie es, die Arbeit zu würdigen, die diese Ergebnisse ermöglicht hat.

- Finden Sie heraus, wie Mitarbeiter ihre Arbeit angehen und warum andere gerne mit ihnen zusammenarbeiten. Erwähnen Sie, welchen positiven Einfluss ihr Arbeitsstil auf andere hat.

- Informieren Sie regelmäßig die oberste Führungsetage über individuelle Leistungen. (Fragen Sie zuerst Ihren

Vorgesetzten, auf welche Art er über solche Dinge unterrichtet werden will.)

- Vergessen Sie nicht die Mitglieder des virtuellen Teams! Auch wenn diese nicht direkt in Ihr Blickfeld geraten, können Sie deren Einbindung ins Team fördern, wenn Sie sie wissen lassen, wie wertvoll auch ihr Beitrag ist.

- Versenden Sie handgeschriebene Dankesschreiben. Auf Papier. Ja, das funktioniert tatsächlich! Heute sogar mehr denn je.

DDI-PROFI-TIPP: Es müssen nicht immer Sie sein, der Hände schüttelt und tolles Feedback verteilt. Denken Sie sich Möglichkeiten aus, wie Peers sich auch gegenseitig Anerkennung für ihre Arbeit aussprechen können. Zum Beispiel mit informellen Ansätzen wie Anerkennungspreisen für Mitarbeiter, in einer Form, die für Ihr Team bedeutungsvoll ist. Oder bitten Sie einfach in den Team-Meetings um anerkennende Worte der Mitarbeiter füreinander. *Wir hatten diese Woche viel zu tun. Will jemand was Nettes über einen Kollegen sagen, der sich selbst übertroffen hat?* Aber belassen Sie es nicht dabei. Vielleicht können Sie die Werbetrommel für etwas Offizielleres in Ihrer Firma rühren, etwa eine spezielle Software, die Ihren Angestellten die Möglichkeit gibt, sich gegenseitig Anerkennung zu zollen und bedeutungsvolle Prämien zu erhalten. (DDI nutzt dafür Yammer, aber es gibt eine Riesenauswahl an weiteren Möglichkeiten.) Gehen Sie auf unsere Microsite, um sich eine Liste mit Möglichkeiten anzusehen, die Leistungen Ihrer Mitarbeiter zu würdigen. Wir können Ihnen Argumente dafür liefern, dass eine Belohnungskultur gut fürs Geschäft ist.

GESPRÄCHE ZUR FÖRDERUNG DER MITARBEITERBINDUNG

Egal wie gut Sie Ihr Team motivieren können, manchmal denken Mitarbeiter darüber nach, aufzuhören. Schlaue Führungskräfte wissen, dass Gespräche zur Mitarbeiterbindung – bei denen man Mitarbeiter identifizieren kann, die lustlos geworden sind oder über einen Jobwechsel nachdenken – ihnen helfen können, jemanden, der ein Gewinn für die Firma ist, davon abzuhalten, die Firma zu verlassen. Vielleicht erfahren sie dabei sogar etwas, das den reibungslosen Arbeitsablauf in der Firma erleichtert.

Aber bei allem, was Sie zu erledigen haben, ist es für Sie unmöglich, sich ständig auf dem Laufenden zu halten. Auch wenn Sie nach eventuell auftauchenden Problemen mit der Mitarbeiterbindung Ausschau halten sollten, so können Sie sich nicht um alle auf einmal kümmern. Als *Erstes* sollten Sie sich um diejenigen bemühen, die (1) einen *beträchtlichen Wert* für Sie und die Firma darstellen und (2) von allen *am wahrscheinlichsten kündigen werden.*

Es ist wichtig, dass Sie Ihre Bemühungen zur Mitarbeiterbindung nach Prioritäten ordnen, indem Sie sich darüber klar werden, um wen Sie sich als Erstes kümmern müssen und was Sie tun können, um wirklich etwas zu bewirken beim Versuch, diese Person zu halten. Nutzen Sie Tool 12.1, um das genau zu analysieren.

TOOL 12.1

IDENTIFIZIEREN SIE TALENTE, DIE SIE BINDEN WOLLEN

1. Wählen Sie die Person aus Ihrem Team, mit der Sie als Erstes ein Gespräch zur Mitarbeiterbindung führen wollen. Sie können die folgenden Parameter als Richtschnur nutzen; wählen Sie diejenigen, die auf die Person zutreffen. Nutzen Sie dann den Platz unter „Andere", um sich zu notieren, wieso Sie mit dieser Person als Erstes sprechen wollen.

☐ Besitzt Expertise, Wissen und Erfahrung, die einen beträchtlichen Wert für die Firma haben.

☐ Verfügt über spezialisierte Skills, die schwierig zu ersetzen wären.

☐ Es wäre schwierig für jemand anderen, die Aufgaben dieser Person schnell und kompetent zu übernehmen.

☐ Bekommt durchgängig positives Feedback von Kunden, Teammitgliedern und Partnern innerhalb der Firma.

☐ Erhält im Allgemeinen gute Leistungsbeurteilungen.

☐ Ist sehr gut einsetzbar und hat einen hohen Marktwert.

☐ Ist offen für Veränderungen und hat keine Angst, Risiken einzugehen.

☐ Wäre ein beträchtlicher Gewinn für die Konkurrenz.

☐ Andere:

2. Überdenken Sie das Risiko oder die Wahrscheinlichkeit, dass diese Person die Firma verlassen könnte.

Nachdem Sie ermittelt haben, mit wem Sie als Erstes reden sollten, ist es jetzt an der Zeit, das Gespräch zu führen! Normalerweise finden diese Gespräche unter vier Augen statt. Diese Gespräche sind wichtig, also stellen Sie sicher, dass Sie dafür Ruhe haben. Jetzt, wo Sie in ihren eigenen Worten die Hauptmotivationsfaktoren dieser Person identifiziert haben, ist es Ihr Job als Führungskraft, sie bei der Stange zu halten. Auch wenn viele denken, dass die Bezahlung meistens der wichtigste Kündigungsgrund ist, wird doch am häufigsten der Mangel an Karrieremöglichkeiten – mit dazugehörigen Beförderungen natürlich – als Grund genannt, wieso jemand darüber nachdenkt, die Firma zu verlassen.

Mindestens 75 Prozent der Gründe für einen freiwilligen Wechsel des Arbeitsplatzes können von Vorgesetzten beeinflusst werden. Finden Sie heraus, was am wichtigsten für einzelne Mitglieder Ihres Teams ist, und leiten Sie dann vorausschauende Schritte ein, genau davon so viel wie möglich zur Verfügung zu stellen.[5]

WICHTIGE TIPPS:

- Denken Sie an frühere Gespräche mit dieser Person zurück. Was war ihr damals am wichtigsten in ihrem Job?

- Lassen Sie die Person wissen, dass Sie mit ihr reden wollen, um sie in der Firma zu halten.

- Stellen Sie direkte und relevante Fragen:

  - *Wie fühlen Sie sich in Bezug auf den momentanen Status Ihrer Karriere und wohin diese führt?*

  - *Angesichts Ihrer wertvollen Erfahrung und Expertise bin ich besorgt, dass eine andere Firma an Sie herantreten könnte. Was können wir tun, um Sie zu halten?*

  - *Was würde Ihnen das Gefühl geben, erfolgreich in Ihrem Job oder Ihrer Karriere zu sein?*

- Fragen Sie nach spezifischen Ideen darüber, was sie will oder braucht. Teilen Sie Ihre Überlegungen mit.

- Fassen Sie die Ergebnisse des Gesprächs zusammen und planen Sie die nächsten Schritte.

- Wenn Sie erfahren, dass ein Top-Performer in einem anderen Team oder an einem anderen Projekt innerhalb der Firma arbeiten möchte, dann tun Sie alles, um das zu ermöglichen. Der Clou daran ist, dass es schon einen Gewinn darstellt, diese Person in der Firma zu halten.

REFLEXIONSPUNKT

Was ist mit Ihnen? Wie engagiert und motiviert sind Sie? Engagement hat viel mit Energie zu tun. Motivierte Führungskräfte sorgen für ein motiviertes Team. Nehmen Sie sich einen Moment Zeit, um über Ihr eigenes Maß an Engagement nachzudenken.

• Auf einer Skala von 1 bis 4, wobei 1 „überhaupt nicht engagiert/ motiviert" bedeutet und 4 „hochmotiviert", wie würden Sie sich selber einschätzen? Und welchen Einfluss hat Ihr Grad an Engagement auf Ihre direkten Mitarbeiter?

• Was halten Sie davon, Ihrem Supervisor zu sagen, was Ihnen an der Arbeit am wichtigsten ist? Welche Vorschläge werden Sie Ihrem Vorgesetzten machen, die Ihr eigenes Interesse an Ihren Aufgaben und Ihre Zufriedenheit im Job steigern?

13.

Leadership-Skills und die Skills der Profis

MEETINGS

Geben Sie ihnen Bedeutung!

Vorab-Gedanken
Fertigen Sie eine Liste mit fünf Dingen an, die jemand in einem Meeting gesagt oder getan hat und die auf negative Art und Weise Ihre Aufmerksamkeit erregten. Etwas wirklich Unerhörtes, Unproduktives oder nur absolut Merkwürdiges. Was ist passiert? Wie haben andere darauf reagiert? Wie würden Sie sich wünschen, dass sie reagiert hätten? Wenn Sie, ohne Ärger zu kriegen, etwas hätten tun können – was hätten Sie gesagt oder getan?

Wenn ich nicht den ganzen Tag in Meetings sitzen würde, könnte ich hier wirklich einiges an Arbeit erledigen.

Viele von Ihnen, ob Führungskraft oder nicht, haben sich sicher schon einmal so gefühlt, und vermutlich auch zu Recht. Eine kürzlich durchgeführte Untersuchung unter mehr als 1.000 englischen Arbeitnehmern hat ergeben, dass ihr Land mehr als 26 Millionen Pfund (etwa 36 Millionen Euro) durch ergebnislose Meetings verloren hat. Die Studie ergab, dass man durchschnittlich zwei Stunden und 39 Minuten pro Woche in Meetings verschwendet![1] Damit ist das Vereinigte Königreich natürlich nicht allein. Rechnen Sie die 26 Millionen auf die ganze Welt um und Sie können begründet annehmen, dass Hunderte Milliarden pro Jahr durch ineffiziente Meetings verloren gehen. Wollen Sie die wahren Kosten von Meetings selber berechnen? Dank der Wunder der modernen Technik gibt es über ein Dutzend Apps, die es Ihnen ermöglichen, ganz einfach die Kosten von Meetings zu berechnen. Einige davon funktionieren wie eine Stoppuhr. Geben Sie die durchschnittlichen Lohnkosten pro Stunde und die Zahl der Leute ein, die das Meeting besuchen, und sehen Sie zu, wie die Kosten steigen und steigen.

Trotz der Schwierigkeiten, die mit Meetings einhergehen, werden diese nicht verschwinden! Obwohl Sie vielleicht daran arbeiten müssen, die Zahl der Meetings und/oder die Zeit zu verringern, die damit verbunden ist, so dienen sie dennoch einem wichtigen Zweck. Es gibt eine ganze Reihe von Gründen, wieso gut organisierte Meetings die Zeit wert sind, die man dafür aufwendet. Sie sind dann sinnvoll, wenn Sie ...

- Probleme und Geschäftsmöglichkeiten identifizieren müssen und wie man diese am besten angeht. Es gibt eine Vielzahl von Untersuchungen, die zeigen, dass eine Gruppe ein Problem besser lösen kann als eine Einzelperson.[2]

- eine Entscheidung treffen müssen oder Input dafür brauchen und die Beteiligung der Teilnehmer des Meetings entscheidend ist.

- den Mitgliedern eine Veränderung mitteilen wollen, die jeden betrifft, der am Meeting teilnimmt, was Ihnen eine gute Gelegenheit bietet, Probleme und Bedenken der Mitarbeiter anzusprechen.

- Projekte oder alltägliche Aufgaben zum Abschluss bringen wollen, die Koordination und Kommunikation unter den Teammitgliedern erforderlich machen.

WIESO SIND MEETINGS SCHWIERIGER ALS JE ZUVOR?

Wir haben drei Faktoren identifiziert, die das Abhalten von Meetings noch schwieriger macht, als es jemals war.

Sie stehen auf einer Bühne

Wenn Sie mit nur einer Person eine positive oder negative Interaktion haben, dann sind die Konsequenzen normalerweise begrenzt. Aber in einem einzigen einstündigen Meeting, können Sie Ihre Glaubwürdigkeit als Führungskraft bei jedem einzelnen Teilnehmer beschädigen oder auch erhöhen. Wenn der Ablauf zeitlich schlecht organisiert ist, Sie sich gerne kampflustig verhalten oder unfähig sind, das schlechte Verhalten von Menschen in einer Gruppensituation in den Griff zu kriegen, dann werden die Mitarbeiter anfangen, Meetings mit Ihnen zu fürchten. Darüber hinaus können Sie damit rechnen, dass Ihr Ruf Schaden nimmt, weil die Leute über Ihre (Un)fähigkeit, ein Meeting oder gar ein Team zu leiten, mit ihren Kollegen reden werden. Die Folgen für Ihre Karriere als Führungskraft können dadurch um ein Vielfaches verstärkt werden.

Tina erinnerte sich an das erste Mal, als ihre Kollegen sich versammelten, um ihren neuen Vorgesetzten zu treffen. Das zwölfköpfige Team brachte einen monatlichen Newsletter im Finanzbereich für Buchhalter, Planer und andere Berufsgruppen heraus. Der neue Teamleiter hatte vorher eine größere Publikation betreut und wurde an Bord geholt, um den Mitgliedern des Teams zu helfen, ihr Hauptprodukt zu überarbeiten und neue digitale Produkte zu entwickeln. Es gab eine Menge Details, um die man sich kümmern musste. *Wir waren recht begeistert davon, unsere Arbeit auf ein höheres Niveau zu bringen,* sagte Tina. *Aber es war von Anfang an klar, dass es Probleme geben würde.* Der neue Vorgesetzte begann damit, von den Teilnehmern ein Brainstorming durchführen zu lassen, um Worte zu finden, den Newsletter zu beschreiben, den sie im Moment herausbrachten. *Wir sagten Dinge wie: „Informativ, genau, zeitnah" – so was in der Art,* erinnerte sich Tina. *Dann schrieb er „LANGWEILIG" über die Liste. In riesigen Buchstaben! Dann andere Worte wie „pedantisch" und „behandelt Menschen von oben herab" und „RICHTIG LANGWEILIG." Wir waren schockiert und verletzt.* Ab diesem Zeitpunkt ging alles den Bach runter. *Alle regten sich ziemlich auf. Er konnte nicht einmal die einfachsten Fragen beantworten – wie wir zum Beispiel unseren Workflow in den Griff kriegen oder uns auf die kommenden Veränderungen in der Produktion einstellen sollten. Einen Plan für das geplante Re-Design der Website? Bitteschön? Fehlanzeige.*

Um alles noch schlimmer zu machen, war jedes Meeting gleichermaßen angespannt und unproduktiv. Die Reaktion des Teams war vorhersehbar. Es brach eine Meuterei aus. Den Rest des Jahres machte sich das

Team insgeheim über jedes Memo lustig, das der Chef schickte – sie schrieben „LANGWEILIG" drauf und ließen es in der Gruppe herumgehen, damit es jeder kommentieren konnte. *Wir verbrachten mehr Zeit damit, uns über ihn lustig zu machen, als nötig gewesen wäre,* gab Tina zu. Die Mitglieder des Teams gaben außerdem ihr Bestes, um das Produktionsproblem selber zu lösen. *Wie kamen zu dem Punkt, an dem wir es einfach aufgaben, das mit ihm durchzuarbeiten.* Später in diesem Jahr, als es Zeit war, den Managern in der jährlichen Mitarbeiterbefragung der Firma Feedback zu geben, koordinierten die Teammitglieder ihre Antworten, damit jeder genau dasselbe schrieb. *Wir erzählten alle dieselbe Geschichte über dieses erste, furchtbare Meeting und brachten Belege vor für das, was wir für seinen Unwillen hielten, seinen Job zu machen,* sagte sie. *Jede einzelne Antwort war genau gleich. Wir gingen davon aus, dass die Botschaft ankommen würde.*

Um Aufmerksamkeit kämpfen

Vor etwa einem Jahrzehnt war eine der häufigsten Folgen eines ineffizienten Meetings, dass die Teilnehmer einfach abschalteten. Sie waren gelangweilt und unbeteiligt und manche schliefen sogar ein. Nicht heutzutage! Alle haben ihre Laptops und Smartphones an und sie konkurrieren nicht mit der Langeweile, sondern mit den anderen Aufgaben, an denen die Teilnehmer während des Meetings arbeiten. Das mag zwar ein wenig Ihrem Ego schaden, aber es ist nicht unbedingt das Schlechteste. Wenn Menschen Technologie für Multitasking nutzen, dann haben sie oft ein Auge für dringende Bedürfnisse der Kunden, Peers und Klienten, die größere Probleme verursachen würden, wenn man nicht schnell darauf reagieren würde. Sie wollen sicher nicht, dass Ihre Meetings der Grund für das Scheitern anderer Projekte sind. Die Technologie, die uns mit der Außenwelt verbindet, hilft auch, Fragen zu beantworten, die in Meetings auftauchen – zum Beispiel die entscheidenden Daten zu bekommen oder schnell eine E-Mail von einem Experten von außerhalb zu einem dringenden Problem zu erhalten.

Aber stellen Sie sich die Reaktion eines Vorgesetzten vor, mit dem wir gesprochen haben und der von einem seiner engeren Kollegen erfuhr, dass die Teilnehmer des Meetings tatsächlich ihre Zeit damit verbrachten, sich Textnachrichten darüber zu schicken, wie schlecht das Meeting geleitet wurde! Wenn die Technologie ein Weg für die Mitarbeiter ist, dem Meeting zu entfliehen, dann haben Sie ein Problem.

Virtual Technology

Viele Meetings werden heute mithilfe der Virtual Technology abgehalten, einige nur als Gespräch, andere auch mit Bildübertragung (in variierender Qualität). Es ist viel schwieriger, die Gefühle und Reaktionen der Mitarbeiter im Griff zu haben, wenn jeder an einem anderen Ort ist, manchmal in verschiedenen Ländern. Was kann da alles schiefgehen?

 **WIR FRAGTEN, SIE ANTWORTETEN ÜBER QUORA**

F: Was war das schlimmste Meeting, an dem Sie je teilgenommen haben?

Neel Kumar:

Ich habe für eine GROSSE Softwarefirma gearbeitet. Ich sollte an einer Konferenzschaltung um 22:00 Uhr teilnehmen, die „entscheidend" für das Produkt war, an dem ich arbeitete und das kurz vor der Auslieferung stand.

Erstes schlechtes Zeichen – Keine Tagesordnung. Aber das ist ja normal für meine Firma.

Zweites schlechtes Zeichen – Es gab keine E-Mails vor dem Meeting. Auch normal für meine Firma.

Drittes schlechtes Zeichen – Es sollten Leute von der Westküste, Ostküste, aus Europa, China und Indien teilnehmen.

Ich hab mich also um 22:00 Uhr eingeloggt. Ich war der erste. Fünf Minuten später hat sich jemand aus Deutschland eingeloggt. Um 22:15 dann mein Chef (der das Meeting organisiert hatte). Er fragt, ob Mister X sich eingeloggt hat. Ich sage: „Nein." Chef: „Oh, es ist aber ausschlaggebend, dass Mister X dabei ist." Und loggt sich wieder aus.

Um 22:30 Uhr sind über 30 Leute in der Konferenzschaltung, als sich mein Chef wieder einloggt. Er kann Mister X nicht finden, aber das Meeting soll fortgeführt werden. Das Meeting fängt an. Es werden jede Menge Fragen gestellt. Aber eigentlich beantwortet sie niemand. Die meisten Fragen beziehen sich nicht auf mein Spezialgebiet. Und die wenigen, auf die das zutrifft, werden von meinem Chef abgefangen und auf einen anderen Termin verschoben. Um 23:30 Uhr loggt sich Mister X ein. Mein Chef fängt damit an, alles noch mal für ihn zusammenzufassen. Inzwischen schnarcht irgendjemand und alle können es hören. Mein Chef muss den Lärm übertönen, um seine Zusammenfassung zu beenden. Plötzlich hört man eine Frau ihren Ehemann auf Hindi anschreien (meine Muttersprache), weil er immer noch im Haus rumschleicht. Es ist mittlerweile Mitternacht und das Meeting ist noch nicht beendet. Ich weiß nicht, ob ich einfach auflegen soll oder anfangen, wahllos Geräusche von mir zu geben :-)
Um 1:00 Uhr ist das Meeting endlich zu Ende. Keine der gestellten Fragen wurde (meiner Meinung nach) zufriedenstellend beantwortet. Das einzige Ergebnis ist, dass dieses Meeting zur selben Zeit am nächsten Tag wiederholt werden soll.
Ich hab dann bequemerweise die nächsten vier Meetings versäumt. Das erste Meeting hatte über 100 Arbeitsstunden vergeudet. Ich wollte das Monster nicht weiter füttern.

 ### TECHNOLOGIE-TIPP!! Virtuelle Meetings leiten

Wählen Sie den Tipp, der am besten zu Ihrer Situation passt oder von dem Sie denken, dass er Ihnen hilft, ein produktives virtuelles Meeting abzuhalten, das die aufgewendete Zeit wert ist.

- Gehen Sie zu Beginn und nach Pausen die Namensliste durch.

- Entwerfen Sie eine virtuelle Sitzordnung, um sich Ihr Team besser vorzustellen.

- Geben Sie den Teilnehmern Gelegenheit, sich kennenzulernen, indem Sie sie vor Beginn des Meetings bitten, kurz etwas über sich selbst zu erzählen.

- Ernennen Sie jemandem zum Schriftführer, sodass die Teilnehmer sich auf die Diskussion konzentrieren können.

- Legen Sie ein paar grundlegende Regeln über Multitasking während des virtuellen Meetings fest.

- Nutzen Sie geeignete technische Hilfsmittel, um die Zusammenarbeit zu verbessern, Informationen und visuelle Hilfsmittel darzustellen, Schlüsselpunkte zusammenzufassen und Konsens herzustellen. Tools wie Whiteboarding, Desktop-Sharing und Umfragen sind dabei gebräuchlich.

- Überprüfen Sie öfter als in einem normalen Face-to-face-Meeting, ob alles verstanden wurde, und ermuntern Sie die Leute zur Mitarbeit.

- Achten Sie genau auf jeden Teilnehmer des Meetings und notieren Sie Ihre Beobachtungen. Das kann Ihnen dabei helfen, Verhaltensmuster aufzudecken, die Ihnen anderweitig vielleicht entgangen wären. In künftigen Meetings können Sie dann Problemen aus dem Weg gehen, weil Sie wissen, wer zurückhaltend oder dominant war, und dann die Gesprächsgrundsätze anwenden, um sicherzustellen, dass alle ganz bei der Sache sind.

- Sprechen Sie während einer Pause mit Teilnehmern, die das Meeting stören, unter vier Augen, oder schreiben Sie ihnen eine Instant Message oder E-Mail. Vermitteln Sie, wie wichtig es ist, die Tagesordnung des Meetings mit so wenig Ablenkungen wie möglich abzuarbeiten.

FRAGEN, DIE SIE VON TEILNEHMERN EINES MEETINGS NICHT HÖREN WOLLEN

Im oben geschilderten bedauerlichen, aber auch lustigen Beispiel hörten wir nur die Meinung eines Teilnehmers (Neel). Aber stellen Sie sich die Unterhaltungen zwischen den Mitarbeitern vor, wenn Meetings schlecht verlaufen. Werfen Sie einen Blick auf das Beispiel von Thomas, der gerade ein wichtiges zweistündiges Meeting mit sieben Kollegen leitete, in dem sie am Geschäftsplan für das nächste Jahr arbeiten wollten. Das Meeting lief leider nicht so gut, wie er erwartet hatte. Nach dem

Meeting unterhielten sich die Teilnehmer noch ein wenig miteinander – aber nicht mit Thomas! Wieso? Weil sie den Glauben an seine Fähigkeit verloren hatten, ein Meeting zu leiten. Und die Teilnehmer begannen natürlich sofort damit, untereinander zu klären, was ihrer Meinung nach falsch lief.

Die Fragen, die nach einem schlecht gelaufenen Meeting gestellt werden, können von seinem Zweck bis zum Verhalten anderer alles umfassen. Zum Beispiel:

- *Haben wir zu diesem Thema wirklich ein Meeting gebraucht? Jeden von uns einzeln um Input zu bitten wäre vielleicht effektiver gewesen.*

- *Was war überhaupt der Zweck des Meetings? Wir haben uns nur ohne wirkliches Ziel im Kreis gedreht.*

- *Wieso wurde ich eingeladen? Ich fühlte mich fehl am Platz und konnte nur sehr wenig zur Diskussion beitragen.*

- *Wieso hatte niemand Judy im Griff? Sie hat die Hälfte der Zeit geredet. Außer ihr ist kaum jemand zu Wort gekommen.*

- *Was war mit Amit los? Er rief spätnachts an, um die Zeitverschiebung auszugleichen. Ich hab ihn nur einmal einen Kommentar abgeben hören.*

- *Was war denn mit Janice und Ricardo los? Gegen Ende haben sie sich nur noch gestritten. Das war peinlich für alle anderen.*

- *Wieso haben wir 30 Minuten überzogen? Eine Stunde war mehr als genug. Ich musste meinen ganzen Tagesablauf umstellen. Vielleicht hätten wir pünktlich anfangen sollen. Weiß irgendjemand, wie die nächsten Schritte aussehen? Es gab jede Menge Probleme. Ich hab keine Ahnung, was deswegen passieren soll.*

Sobald diese Fragen nach einem Meeting auftauchen, ist es sehr schwer, wieder Fahrt aufzunehmen. Es gibt eine Menge guter, praktischer Tipps, wie man ein Meeting plant und leitet, aber es gibt auch Tipps aus dem Bereich der Philosophie, die man bedenken sollte – zum Beispiel die Art, wie man Menschen, besonders in einem öffentlichen Umfeld, behandelt. Und das ist sowohl für persönliche als auch virtuelle Meetings wichtig.

WERDEN SIE EIN MEETING-PROFI: TIPPS, UM SCHWACHSTELLEN IN MEETINGS ZU VERMEIDEN

Wann Sie kein Meeting abhalten sollten!

Überlegen Sie sich, ob ein Meeting das richtige Mittel ist, ein bestimmtes Thema/Themen anzusprechen. An früherer Stelle in diesem Kapitel haben wir Beispiele dafür genannt, wann ein Meeting sinnvoll ist. Häufig genug ist es das nicht. Zum Beispiel, wenn ...

- Sie nicht ganz sicher sind, wieso Sie ein Meeting einberufen und/ oder Sie sich nicht über die Ziele im Klaren sind, die Sie erreichen wollen.

- Sie nur Informationen weitergeben wollen. Mit der heutigen Technologie gibt es dafür viel schnellere Wege.

- ein wichtiger Teilnehmer nicht erscheinen kann. Sagen Sie es dann besser ab. Wenn nicht, müssen Sie mit Sicherheit noch mal ganz von vorne anfangen.

- es nur einer Handvoll Leute bedarf, um Ihr Ziel zu erreichen, aber ein Dutzend Leute im Meeting sitzen. Das ist nicht nur ineffizient, sondern die anderen wundern sich auch, wieso sie eingeladen wurden.

- eine Entscheidung bereits getroffen wurde oder in Kürze getroffen werden muss. Manche, die zum ersten Mal eine Führungsposition innehaben, machen den Fehler, die Mitarbeiter zu sehr einzubinden.

Manchmal kommt es auch vor, dass ein kleines Meeting nötig ist, Sie aber nicht dabei sein müssen. Je mehr Sie Ihren Mitarbeitern vertrauen können, sich allein zu treffen, desto besser für Sie.

Der richtige Anfang:
Klare Ziele mit hoher Priorität setzen

Horrorstorys von schlecht verlaufenden Meetings lassen sich vermeiden, wenn man einen klaren Zweck oder ein Ziel hat und vermittelt, wieso dieses Ziel für Sie, die Teilnehmer und die Firma entscheidend ist. Das kann man oft schon vorher kommunizieren, aber es sollte trotzdem der erste Schritt sein, wenn Sie mit dem Meeting anfangen.

Legen Sie die Tagesordnung vorher fest

Eine Tagesordnung festzulegen und sich daran zu halten ist ein wichtiger Teil eines jeden Meetings. Sie ist Ihre Landkarte, um sich durch die Themen zu navigieren, die Sie ansprechen wollen. Tagesordnungen beinhalten den Zweck des Meetings und wieso es wichtig ist, die Namen/Rollen der Teilnehmer, Ort und Zeit, die Themen, die Sie abdecken wollen (mit Zeitangaben) und die erwarteten Ergebnisse. Warten Sie nicht bis zum Meeting, um die Tagesordnung zu verteilen, sondern schicken Sie diese zwei oder drei Tage vorher. Außerdem sollten vorbereitende Aufgaben und Erwartungen an die Teilnehmer zusammen mit der Agenda verschickt werden. Wir waren auf Meetings, bei denen die Hälfte der Zeit dafür verbraucht wurde, Dokumente zu verlesen, die besser schon vorher gelesen worden wären.

Kein Protokoll bedeutet verschwendete Zeit

Hört sich nach etwas an, worüber man nicht weiter nachzudenken braucht, aber wir können Ihnen gar nicht sagen, in wie vielen Meetings wir waren, bei denen jemand nach der Hälfte der Zeit gefragt hat: „Wer schreibt eigentlich mit?" Ernennen Sie immer einen Schriftführer, am besten nicht sich selbst. Wenn Sie ein wenig recherchieren, werden Sie entdecken, dass es sehr günstige Apps gibt (zum Beispiel Evernote), die den Prozess, Notizen festzuhalten, zu speichern und zu verteilen sehr vereinfachen können.

Man kann schlecht gleichzeitig Leiter und Teilnehmer eines Meetings sein

Es ist sehr schwer, ein Orchester zu dirigieren und gleichzeitig ein Instrument zu spielen! Rajev, der gerade erst ein halbes Jahr eine Führungsposition innehatte, merkte, dass er während der Meetings am meisten redete. Als Leiter eines Meetings müssen Sie jeden Teilnehmer im Blick haben und alle beteiligen. (Sie finden später in diesem Kapitel mehr Tipps, wie man es den Teilnehmern leichter macht.) Sie müssen vielleicht Konflikte zwischen Teilnehmern schlichten und Sie müssen die Dinge vorantreiben. Als Leiter eines Meetings müssen Sie Ihre Fähigkeit, andere einzubeziehen, einsetzen, um der Tagesordnung zu folgen und die Menschen im Raum dazu zu bringen, ihre Ideen und Bedenken mitzuteilen. Wenn Sie selber am Meeting aktiv teilnehmen wollen, sollten Sie vielleicht jemand anderen als Moderator einsetzen.

Halten Sie den Zeitrahmen ein

Nichts ist einem produktiven Meeting abträglicher als zu spät anzufangen und dann zu überziehen. Hier ein einfacher Tipp: Machen Sie es sich zur Gewohnheit, pünktlich zu beginnen und aufzuhören. Sie müssen dabei natürlich mit gutem Beispiel vorangehen. Wenn Sie feststellen, dass Teilnehmer regelmäßig zu spät kommen oder zu früh gehen, ist vielleicht etwas Coaching sinnvoll.

Behalten Sie die Kontrolle über Multitasking

Mit Teilnehmern umzugehen, die sich dem Multitasking widmen, ist für viele First-Time Leader eine echte Herausforderung. Ein Teilnehmer eines Meetings, der E-Mails und Textnachrichten schreibt oder anderen Arbeiten nachgeht, hat sich entschieden, sich nicht auf die vorliegende Aufgabe zu konzentrieren. Wenn Sie sicherstellen wollen, dass Ihnen die ungeteilte Aufmerksamkeit zuteilwird, dann müssen Sie *Ihre Erwartungen früh während des Meetings äußern*. Verlangen Sie, dass die Mitarbeiter ihre Laptops, Tablets und Smartphones nicht benutzen, außer sie sind unerlässlich für die Aufgabe oder werden genutzt, um Notizen zu machen oder um Informationen von außerhalb in die Diskussion einzubringen.

Der nächste Schritt

Die meiste Kraft entfaltet ein gut geführtes Meeting erst, *nachdem* es vorbei ist. Fast jedes Meeting sollte mit einer klaren Liste beendet werden, die weitere Schritte festhält, wer dafür verantwortlich ist und bis wann sie unternommen werden sollten. Stellen Sie sicher, dass dafür Zeit ist, da das leicht unter den Tisch fällt. Einer der Leader, die wir interviewt haben, plant auch ein paar Minuten Zeit ein, um Feedback über die Effektivität des Meetings zu bekommen. War es effizient? Konnte sich jeder einbringen? Sind die Ergebnisse klar? Eine großartige Idee!

Die Grundlage für den Erfolg eines Meetings: Gesprächsfertigkeiten

Eine der schwierigsten Aufgaben bei der Mitarbeiterführung ist es, den Ablauf eines Meetings zu *erleichtern*. In Teil 1 haben wir Sie mit einigen grundlegenden Gesprächsfertigkeiten bekannt gemacht, die Ihnen helfen, den persönlichen und praktischen Bedürfnissen der Menschen gerecht zu werden. Tool 13.1 beschreibt, wie Sie einigen der typischen Herausforderungen während eines Meetings begegnen und diese Skills einsetzen können, um sie zu bewältigen.

Antizipieren und verhindern Sie Probleme

Vorbeugen ist besser als heilen. Wenn Sie Hindernisse voraussehen können, hilf Ihnen das, während des Meetings einen Weg zu finden, sie zu umgehen. Hier sind einige Fragen, die Sie sich vor dem Meeting stellen können:

• Gibt es anhaltende Konflikte zwischen einzelnen Teilnehmern?

• Könnte jemand, der nachdrücklich seine Meinungen vertritt, die Diskussion dominieren?

• Könnten bestimmte Diskussionsthemen die Leute überraschen oder negative Reaktionen hervorrufen?

Tool 13.1 wird Ihnen helfen, die vorangegangenen Tipps in bestimmten Situationen während eines Meetings anzuwenden. Es wird Sie auf dem Weg zum Meeting-Profi ein gutes Stück voranbringen.

TOOL 13.1

GESPRÄCHSFERTIGKEITEN NUTZEN, UM PROBLEME BEI EINEM MEETING ZU LÖSEN

PROBLEM	SYMPTOME	SIE SOLLTEN ...
Streit	Teamwork lässt nach. Jemand will keinen Kompromiss eingehen. Emotionen nehmen zu. Es kommt zu persönlichen Angriffen. Es wird nur zugehört, um den anderen zu widerlegen.	**Andere ermutigen, sich beim Reden abzuwechseln.** **Ideen und Handlungsvorschläge zusammenfassen.** Bitten Sie die Streitenden, die Standpunkte des anderen zusammenzufassen, um das gegenseitige Verstehen zu fördern. **Eine Pause machen.** Lasssen Sie die Gemüter sich beruhigen. Sprechen Sie unter vier Augen mit den Streitenden und nutzen Sie die entsprechenden *Gesprächsgrundsätze*.
Dominantes Verhalten	Die Diskussion wird zu einem Monolog; andere Teilnehmer schalten ab.	**Den Fokus auf die Tagesordnung/die gewünschten Ergebnisse lenken** Wiederholen Sie noch einmal die Ziele des Meetings und wieso diese wichtig sind.

PROBLEM	SYMPTOME	SIE SOLLTEN ...
	Jemand braucht zu lange, um zum Punkt zu kommen. Jemand besteht auf seinen eigenen Ideen und hört nicht auf andere.	**Ideen und Handlungsvorschläge zusammenfassen.** Unterbrechen Sie den dominanten Teilnehmer, fassen Sie zusammen, wie Sie das Gesagte verstehen, und erteilen Sie jemand anderem das Wort. **Eine Pause machen.** Sprechen Sie dann unter vier Augen mit der Person, die das Meeting an sich riss. **Selbstwertgefühl** Das kann die Person davon abhalten, ins andere Extrem zu verfallen und sich zurückzuziehen. **Mitteilen** Beschreiben Sie, wie Ihrer Meinung nach das Verhalten dieser Person auf andere wirkt. **Beteiligung** Fragen Sie nach Ideen der Person, wie man die Form der Teilnahme am Meeting anders gestalten könnte.

PROBLEM	SYMPTOME	SIE SOLLTEN …
Meeting gerät ins Stocken	Ablauf des Meetings wird langsamer oder stoppt ganz. Niemand beteiligt sich.	**Den Fokus auf die Tagesordnung/die gewünschten Ergebnisse lenken** Wiederholen Sie noch einmal die Ziele des Meetings und wieso diese wichtig sind.
	Die Gruppe lässt Sie (den Leiter) am meisten reden.	**Beim Zuhören und Antworten Empathie zeigen.** Bringen Sie die Diskussion ins Rollen, indem Sie andere nach Ideen oder Vorschlägen fragen.
	Entscheidungen werden verschoben.	**Eine Pause machen.** Erlauben Sie jedem, Sie selbst eingeschlossen, sich einen Kaffee zu holen. **Die Lösung eines Problems auf später verschieben.** Wenn die Teilnehmer Schwierigkeiten haben, ein bestimmtes Thema anzugehen oder ein bestimmtes Problem zu lösen, bitten Sie einige von ihnen, später daran zu arbeiten.

PROBLEM	SYMPTOME	SIE SOLLTEN ...
Meeting kommt vom Thema ab	Leute diskutieren Themen, die nicht auf der Tagesordnung stehen, oder unterstützen das gewünschte Ergebnis nicht.	**Den Fokus auf die Tagesordnung und die gewünschten Ergebnisse lenken.** Fragen Sie nach, inwiefern die Kommentare relevant sind.
	Teilnehmer überspringen Tagesordnungspunkte.	**Gedanken, Gefühle und Überlegungen mitteilen.** Erklären Sie, welche Folgen es Ihrer Meinung nach hat, wenn die Tagesordnung nicht abgearbeitet wird.
	Teilnehmer verbringen mehr Zeit mit einem Thema als vorgesehen.	**Selbstwertgefühl erhalten und Ideen/Handlungsvorschläge zusammenfassen.** Unterbrechen Sie die Person vorsichtig, fassen Sie zusammen, was sie gesagt hat, und erteilen Sie jemand anderem das Wort.
		Die Lösung eines Problems auf später verschieben. Wenn Mitarbeiter relevante Themen anschneiden, die nicht auf der Agenda stehen, schreiben Sie eine Liste mit dem Titel „Themen" auf ein Flipchart. Vereinbaren Sie, diese am Ende des Meetings oder zu einem späteren Zeitpunkt zu besprechen.

PROBLEM	SYMPTOME	SIE SOLLTEN ...
Unter-brechungen	Jemand unterbricht andere, während sie reden. Die Teilnehmer führen nebenher andere Gespräche. Jemand bittet Sie, Informationen zu wiederholen, nachdem er zu spät kam oder nachdem er das Meeting verlassen hatte, um etwas anderes zu erledigen.	**Andere ermutigen, abwechselnd zu sprechen.** Beenden Sie höflich die Diskussion und bitten Sie die Person, die jemanden unterbrochen hat, zu warten, bis sie dran ist. **Eine Pause machen.** Wenn jemand weiter das Meeting unterbricht, sollten Sie mit ihm während der Pause unter vier Augen reden. **Den Fokus auf die Tagesordnung und die gewünschten Ergebnisse lenken.** Bestätigen Sie erneut die Wichtigkeit, die Agenda zu Ende zu bringen, um die Teilnehmer dazu zu bringen, sich unnötiger Kommentare zu enthalten.

PROBLEM	SYMPTOME	SIE SOLLTEN ...
Unangemessene Gefühlsausbrüche	Teilnehmer beschweren sich lautstark oder regen sich auf. Die Gruppe beschuldigt andere, an einem Problem schuld zu sein. Ein Teilnehmer deutet an, dass die Dinge besser laufen würden, wenn ein anderer Teilnehmer seine Arbeit besser erledigt hätte.	**Beim Zuhören und Antworten Empathie zeigen.** Helfen Sie den Mitarbeitern, sich anderen Dingen zuzuwenden; zeigen Sie ihnen, dass Sie verstehen, wie sie sich fühlen und warum. **Den Fokus auf die Tagesordnung und die gewünschten Ergebnisse lenken.** Betonen Sie, dass es zur Verbesserung der Situation am meisten beiträgt, wenn man sich auf die Faktoren konzentriert, welche die Gruppe kontrollieren kann. **Die Lösung eines Problems auf später verschieben.** Legen Sie einen Zeipunkt fest, zu dem Sie den Bedenken der Mitarbeiter genauer nachgehen werden.

PROBLEM	SYMPTOME	SIE SOLLTEN ...
Teilnehmer ziehen sich zurück	Jemand scheint nicht gewillt zu sein, überhaupt etwas beizutragen. Eine Person erledigt während des Meetings andere Arbeiten.	**Die entsprechenden Gesprächsgrundsätze nutzen:** **Beteiligung fördern.** Locken Sie die Person aus der Reserve, indem Sie nach ihren Ideen fragen. **Angemessen das Selbstwertgefühl steigern.** Zeigen Sie, wie sehr Ihnen der Beitrag dieser Person am Herzen liegt.

14.

Leadership-Skills und die Skills der Profis

COACHING

Der Erfolg als Lehrmeister

Vorab-Gedanken
Denken Sie an etwas zurück, woran Sie hart arbeiten mussten, um gut darin zu werden. Das kann die Schule sein, Sport, Tanzen, Videos drehen, Reden halten, Tabellenkalkulation – egal was. Lernen Sie lieber aus Ihren Erfolgen oder aus Ihren Fehlern?

ICH WILL AUCH MITSPIELEN, TRAINER!

Wenn man fragt, was die Menschen unter „Leadership" verstehen, dann werden die meisten eine vage Beschreibung von „Coaching" liefern, zusammen mit einer Handvoll Sportmetaphern. Der Grund ist offensichtlich. Die Figur des Trainers ist ein romantisches und aufregendes Beispiel für Leadership – eine Person holt das Bestes aus anderen heraus und holt gleichzeitig den Titel. Das ist heldenhaft! Gefühlsduselige Halbzeitansprachen in der Kabine, die nervenzerfetzende Anspannung an der Seitenlinie und von der Mannschaft nach dem Sieg bejubelt zu werden – das alles ergibt ein emotional befriedigendes, inspirierendes Bild. Es gibt einen Grund dafür, wieso die Trainer von Gewinnerteams jedes Jahr die Bestenlisten der „großartigen Führungspersönlichkeiten" in Zeitschriften bevölkern: Sie erscheinen als das perfekte Modell dafür, wie man im Business und im Leben erfolgreich ist. Wer hätte nicht gerne das Jubeln der Menge als Beleg für seinen Erfolg?

Aber an dieser Art des Coachings sind wir nicht interessiert. Tatsächlich könnte der Trainer als Metapher für die Art des Coachings, die Sie durchführen müssen, in fast allen Punkten außer einem kontraproduktiv sein. Wieso? Weil die inspirierende Ansprache am Tag eines wichtigen Spiels ein schlechter Ersatz ist für die regelmäßige, rechtzeitige Anleitung, die Ihr Team von Ihnen braucht, um den Mitgliedern zu den Skills, dem Wissen und den Verhaltensweisen zu verhelfen, die sie brauchen, um ihre Arbeit zu tun und zum Wachstum der Firma beizutragen. Diese Art des Coachings vollzieht sich täglich in kleinen, aber wirksamen Schritten. Eine Sektdusche hinterher ist optional.

Die meisten Menschen würden lieber aus ihren Erfolgen lernen.

In den Vorab-Gedanken haben wir Sie gefragt, ob Sie lieber aus Erfolgen oder Fehlern lernen. Wenn Sie wie die meisten der Teilnehmer unseres Kurses „Coaching für Spitzenleistungen" antworten, dann haben Sie „Erfolg" gesagt. Das sollte einfach sein, oder? Aus Fehlern zu lernen kann effizient sein, aber auch anstrengend, zeitraubend und peinlich. Und Fehler am Arbeitsplatz können ein ganzes Team aufmischen, Projekte verzögern oder aus der Bahn werfen und zu finanziellen Verlusten führen. Aus Erfolgserfahrungen zu lernen fördert die Begeisterung, verstärkt gute Angewohnheiten und begünstigt das Wohlwollen aller Beteiligten. Die Mitglieder Ihres Teams würden wie die meisten Menschen gerne *aus ihren Erfolgen lernen und dabei zuversichtlich die Risiken eingehen, die mit größerer Verantwortung einhergehen.* Und es ist jetzt Ihre Aufgabe, die Art des Coachings zu bieten, die ihnen genau dabei hilft. Anders als schnell zu laufen oder einen Ball präzise zu passen ist das eine Fertigkeit, die jeder erlernen kann. (Damit sind wir mit den Sportvergleichen am Ende.)

Wenn Sie keine Ahnung haben, sollten Sie wenigstens Folgendes wissen: Als Führungskraft müssen Sie zwei Arten von Coaching unterscheiden, anwenden und beherrschen lernen: *Proaktives* und *reaktives* Coaching. Wie der Name schon sagt, hilft Ihnen proaktives Coaching dabei, Möglichkeiten und Situation zu antizipieren, bevor sie eintreten. Es ist ein Baustein, wenn man Menschen helfen will, aus Erfolgen zu lernen.

Reaktives Coaching bringt Sie erst ins Spiel, nachdem etwas eingetreten ist oder während es gerade stattfindet. Es ist ein Baustein, wenn man Menschen helfen will, nach einem Problem oder Rückschlag die Taktik zu ändern. Als Frontline Leader müssen Sie beide Arten des Coachings beherrschen lernen. Aber noch wichtiger ist es, über beide Bescheid zu wissen und sie unterscheiden zu lernen.

UNTERSCHEIDE UND HERRSCHE

Proaktives Coaching findet statt, *bevor* eine neue oder herausfordernde Situation eingetreten ist, und weist Mitarbeitern dabei den Weg zum Erfolg, zum Beispiel beim ...

- Übernehmen eines neuen Verantwortungsbereichs oder einer ungewohnten Tätigkeit oder Aufgabe.

- Erlernen eines neuen Skills oder Übernehmen einer neuen Funktion.

- Zusammenarbeiten mit neuen Partnern oder Zulieferern.

- Planen eines ersten Meetings oder eines schwierigen Gesprächs.

- Vorbereiten der Lösung eines Konflikts.

Reaktives Coaching findet statt, *nachdem* etwas eingetreten ist, und hilft den Mitarbeitern, ihre Performance zu verbessern oder zu erhöhen, wie zum Beispiel, ...

- gute Resultate noch besser zu machen.

- niedrige oder schwache Leistungsbeurteilungen zu verbessern.

- Ziele oder Deadlines einzuhalten, die verfehlt wurden.

- abgeschlossene Aufgaben oder Tätigkeiten nach Möglichkeiten für Verbesserungen abzuklopfen.

- schlechte Angewohnheiten wie Unpünktlichkeit oder ungenügende Vorbereitung auf Meetings anzugehen.

Eine unangenehme Wahrheit: Die meisten Vorgesetzten sind schlechte Trainer, wenn auch unabsichtlich. Sogar wenn sie an sich großartige Menschen sind. Dafür gibt es viele Gründe. Manchmal liegt es daran, dass sie Konflikte vermeiden wollen. Oft glauben sie auch, dass es besser wäre, wenn ihre Mitarbeiter unternehmerischer denken würden oder selbstständiger wären und Probleme selber lösen würden. Und manchmal sind sie verunsichert von der heldenhaften Anziehungskraft des Coachings. Vielleicht haben Sie schon mal mit jemandem gearbeitet, der es liebte, Ihnen erst hinterher zu sagen, was man hätte besser machen können, und Ihnen dann half, den Scherbenhaufen irgendwie wieder zusammenzuflicken. Vielleicht sind Sie sogar selber diese Person. Wir nennen es das „Feuerwehrmann-Syndrom". Menschen zu retten fühlt sich toll an und sieht toll aus – manchmal ist es auch notwendig –, aber es ist reaktives Coaching.

Doch sobald wir einmal den Unterschied erklärt haben, geben die meisten Führungskräfte, die wir befragt haben zu, dass sie sich vor allem aus einem Grund auf reaktives Coaching verlassen: Sie glauben, dass sie nicht genug Zeit haben, ihren Job zu tun *und* gute Arbeit beim proaktiven Coaching ihrer Mitarbeiter zu leisten. Unsere Daten zeigen aber einen überraschenden Widerspruch: Je mehr Zeit Sie ins proaktive Coaching Ihrer Mitarbeiter stecken, desto mehr Zeit sparen Sie insgesamt. Das Fazit ist: Reaktives Coaching kostet zu viel Zeit, Energie und andere wertvolle Ressourcen.

Der Bewertungsbogen unter Abbildung 14.1 legt nahe, dass Führungskräfte noch einen weiten Weg vor sich haben, um die Skills zu entwickeln, die man für proaktives Coaching braucht.[1]

ABB. 14.1 | COACHING-BEWERTUNGSBOGEN

BEWERTUNGSBOGEN

Fragt Ihr Vorgesetzter nach Ideen, um Probleme zu lösen?

51 %
49 %

Hilft Ihr Vorgesetzter Ihnen dabei, Probleme zu lösen, ohne dass er sie an Ihrer Stelle löst?

53 %
47 %

Gibt Ihr Vorgesetzter Ihnen genügend Feedback über Ihre Performance?

53 %
45 %

Stellt Ihr Vorgesetzter Ihnen bei Gesprächen genügend Fragen, damit er oder sie auch versteht, was Sie meinen?

59 %
41 %

Erhalten Sie von Ihrem Vorgesetzten genügend Anerkennung für Ihre Bemühungen/Beiträge?

60 %
40 %

Geht Ihr Vorgesetzter mit Arbeitsgesprächen effizient um?

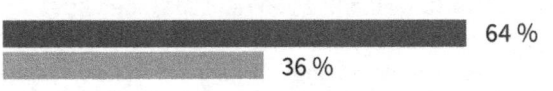

64 %
36 %

 Meistens oder immer   Nur manchmal oder nie

Sie erinnern sich vielleicht noch an John, den Städteplaner aus Kapitel 1. Er musste auf die harte Tour herausfinden, dass sein Versäumnis, seine ranghöchste, direkte Mitarbeiterin zu coachen, Projekte verzögerte und ihr Selbstvertrauen untergrub. *Ich gab ihr nur Anweisungen, wenn es ein Problem gab,* sagte er. *Und ich fühlte mich wie ein Mikromanager. Ich dachte, dass jeder besser zurechtkommt, wenn er die Dinge selber herausfindet.* Nach sechs Monaten in der neuen Position fiel die Produktivität im Büro steil ab. Das Ironische an der Sache war, dass Johns Supervisor es mit ihm genauso machte. *In der Rückschau brauchte ich Hilfe dabei herauszufinden, wie ich mich auf Sachen besser vorbereiten konnte – wie zum Beispiel das erste Mal, als ich eine Präsentation vor den Mitarbeitern hielt,* sagte John. Es gab neue Beziehungen mit Partnern zu managen, Funktionen von HR zu übernehmen und natürlich wären monatliche Meetings und all das viel einfacher gewesen, wenn er das Gefühl gehabt hätte, ordentlich vorbereitet zu sein. Werfen wir einen Blick auf eine andere Führungskraft: Marta wusste, dass einer ihrer High-Performer, William, ein wenig schwierig im Umgang war, doch sie versagte vollkommen, als es darum ging, irgendjemanden proaktiv zu coachen, bevor sie ihn in ein bereits bestehendes Team steckte. *Ab einem gewissen Punkt erscheinen mir die Probleme mit unterschiedlichen Persönlichkeiten wie Hintergrundrauschen,* gab sie zu. *Ich will, dass sie das selber hinkriegen.* Stattdessen verlor Marta wertvolle Zeit damit, aufgebrachte Gemüter zu beruhigen, Probleme zu lösen und die Moral wiederherzustellen.

 **TECHNOLOGIE-TIPP!** Die heutige Welt ist schnelllebig. Warten Sie nicht auf den richtigen Moment oder auf das wöchentliche Mitarbeiter-Meeting, um herauszufinden, wie es den Leuten geht. Sie können Technologie einsetzen, um Gelegenheiten zum Coaching zu nutzen, wenn sie sich bieten. Kurznachrichten mit aufschlussreichen Fragen oder Kommentaren können Menschen auf Kurs halten und motivieren. Nutzen Sie E-Mails oder andere Texte (basierend auf den Vorlieben Ihres Teams), um schnell mal eine Frage zu stellen oder ein kurzes Feedback zu geben, um sicherzustellen, dass die Mitarbeiter vorankommen. Ein kurzes „Wie lief es und wie kann ich helfen?" nach einer wichtigen Präsentation kann einem Teammitglied Antrieb geben und seinen Schwung erhalten.

ARBEITSERFOLGE EINSCHÄTZEN

Die Arbeitsleistung einer Person, ob außergewöhnlich oder armselig, kann einen großen Einfluss auf das gesamte Ökosystem eines Unternehmens haben. Wenn ein Mitarbeiter aus dem Team nicht bei der Sache und unsicher bezüglich eines Projekts oder einer Aufgabe ist, braucht er proaktives Coaching von Ihnen. Fehlt dieses, kann der gesamte Fokus der Abteilung von den Vorbereitungen in letzter Minute beansprucht werden. Oder wenn zum Beispiel ein Sachbearbeiter E-Mails der Kollegen nicht rechtzeitig beantwortet, kann das Verwirrung verursachen und einen Verlust der Produktivität für das gesamte Team bedeuten.

Nutzen Sie die folgenden Fragen, um die Auswirkungen der Performance eines einzelnen in allen Bereichen zu bewerten. Diese Informationen werden Ihnen helfen, sich entweder auf ein proaktives oder reaktives Coaching vorzubereiten.

MENSCHEN

- Wer wird momentan (oder zukünftig) von der Performance eines Teammitglieds beeinflusst (zum Beispiel Kunden, andere Teammitglieder und so weiter)? Inwiefern?

- Welche persönlichen und praktischen Bedürfnisse hat diese Person? Wird diesen entsprochen?

- Welche positiven oder negativen Auswirkungen könnte das Verhalten Ihres Teammitglieds auf andere haben? Auf den Rest des Teams? Auf die Firma?

PRODUKTIVITÄT

- Wie beeinflusst die Performance Ihres Teammitglieds Prozesse, Deadlines oder die Arbeit anderer?

- Welche positiven oder negativen Auswirkungen könnte die Performance Ihres Teammitglieds auf die Produktivität anderer haben? Welche auf die Produktivität insgesamt?

RENTABILITÄT

- Welche positiven oder negativen Auswirkungen könnte die Performance Ihres Teammitglieds auf die Rentabilität der Firma haben?

- Wenn das Teammitglied nicht erfolgreich arbeitet, wie viel Geld könnte dadurch verloren gehen?

 **DDI-PROFI-TIPP:** Wenn Sie sich den Unterschied zwischen proaktivem und reaktivem Coaching auf einfache Weise verdeutlichen wollen, erinnern Sie sich an **Fragen** und **Sagen** aus Kapitel 6. Proaktives Coaching versucht das Engagement einer Person zu ermitteln, indem man ihr wirkungsvolle *Fragen* stellt oder Einsichten mit ihr teilt, um Empathie aufzubauen. Reaktives Coaching stellt darauf ab, jemandem zu *sagen*, was er tun muss, um ein Problem zu lösen oder sich um eine bestimmte Angelegenheit zu kümmern. Fragen und Sagen liegen in verschiedenen Bereichen eines ganzen Spektrums von Coaching-Techniken. Es liegt an Ihnen, bei jedem Coaching die richtige Balance zu finden.

Und soweit es geht, sollten Sie *mehr fragen als sagen*. Benutzen Sie Tool 14.1, um vorauszuplanen, ob Sie an spezifischen Punkten während des Coachings mehr fragen oder sagen sollten.

TOOL 14.1

MEIN ANSATZ

FRAGEN		SAGEN
☐	Hintergrundinformationen	☐
☐	Probleme, Sorgen, Hindernisse	☐
☐	Ideen, um erfolgreich zu sein	☐
☐	Benötigte Ressourcen/Unterstützung	☐
☐	Spezifische durchzuführende Maßnahmen	☐
☐	Wege, um Performance und Resultate zu bewerten	☐
☐	Zusammenfassung der nächsten Schritte	☐

Der perfekte Coach

Einige sagen, der perfekte Coach sei ein Mythos. Aber Tacy und Rich kennen einen. Beide profitierten während ihrer Karriere von den erhellenden Momenten mit dieser Person. Sie ist zu bescheiden, um hier genannt zu werden, aber die folgenden Dinge machen den Mann zum perfekten Coach:

- Seine Tür steht immer offen und man kann ihn immer um Rat fragen.

- Er behält vertrauliche Informationen für sich.

- Er beginnt *niemals* ein Coaching-Gespräch, indem er jemanden in die Defensive drängt.

- Er stellt immer Fragen und hat ein Talent dafür, andere dazu zu bringen, selbst Lösungen zu finden!

Alles in allem ist er jemand, zu dem man gerne geht, um nach Coaching und Rat zu fragen – immer wieder. Eine beneidenswerte Eigenschaft für jeden Leader!

MENSCHLICHES, ALLZUMENSCHLICHES

Coaching ist eine zutiefst menschliche Angelegenheit. Wenn Sie offen und ehrlich mit Ihren direkten Mitarbeitern reden, werden Sie schnell feststellen, dass sie persönliche Bedürfnisse haben, die sie jeden Tag mit zur Arbeit bringen – wie das Bedürfnis, beteiligt, gehört und verstanden zu werden. Sie haben auch praktische Bedürfnisse wie ungenügende Ressourcen, Probleme, die zu lösen sind und einen Handlungsplan, den sie sofort umsetzen können. Und Sie stellen vielleicht fest, dass sie wirkliche Probleme damit haben, sich in ihrem Job wohlzufühlen, und möglicherweise kündigen wollen. (Lesen Sie Kapitel 12, um mehr über Mitarbeiterbindung und Engagement zu erfahren.) Wir ermutigen Sie, die Gesprächsfertigkeiten zu nutzen, die wir in Teil 1 vorgestellt haben und die Ihnen dabei helfen, bei Ihrem Coaching beide Seiten dieser allzu menschlichen Bedürfnisse anzusprechen. Sie werden sich erinnern, dass die Gesprächsfertigkeiten aus zwei Teilen bestehen:

- Gesprächsgrundsätze – um persönliche Bedürfnisse anzusprechen.

- Gesprächsrichtlinien – um praktische Bedürfnisse anzusprechen.

COACHING MITHILFE DER GESPRÄCHSRICHTLINIEN

Ein Gespräch zum Zwecke des Coachings, das die praktischen Bedürfnisse ansprechen soll, besteht aus fünf unterscheidbaren Teilen, die wir weiter oben erwähnt haben: *Eröffnen, Klären, Entwickeln, Zustimmen* und *Abschließen*. Um Erfolg zu haben, müssen Sie sich durch alle fünf durcharbeiten. Letzten Endes ist es übrigens egal, ob diese Gespräche unter vier Augen stattfinden oder in einer Reihe von Meetings, E-Mails oder über Instant Messaging. Für den Anfang sollten Sie aber versuchen, so viele dieser Gespräche wie möglich persönlich oder zumindest per Telefon zu führen. Zwanzig Minuten unter vier Augen sind der Standard; räumen Sie diesen Gesprächen in den ersten 90 Tagen so viel Zeit wie möglich ein.

Abbildung 14.2 wird Ihnen helfen, über die Gesprächsrichtlinien im *Kontext* von proaktiven und reaktiven Coaching-Gesprächen nachzudenken, auf die sie einen enorm positiven Einfluss haben können. Die Beschreibungen in den Textkästen geben spezifische Tipps für die Anwendung der Gesprächsrichtlinien.

ABB. 14.2 | GESPRÄCHSRICHTLINIEN IN COACHING-GESPRÄCHEN

249

 **DDI-PROFI-TIPP:** Unserer Erfahrung nach überspringen die meisten beim Coaching den Punkt „Klären". Es scheint schneller und man fühlt sich mehr wie ein Leader, wenn man direkt von Eröffnen zu Entwickeln springt – das ist aber ein großer Fehler. Wieso? Der Schritt „Klären" verhilft der Person, die Sie coachen wollen, zu einem tieferen Verständnis der Situation. Dieses Verständnis fördern Sie, indem Sie wirkungsvolle Fragen stellen und damit die Person anregen, die Situation aus anderer Perspektive zu sehen und zusammen mit Ihnen laut darüber nachzudenken. Erst dann gehen Sie zum Schritt „Entwickeln" weiter, um Ideen zu entwickeln. Zu diesem Zeitpunkt sollten die meisten der entwickelten Ideen von Ihrem Gesprächspartner stammen.

COACHING MITHILFE DER GESPRÄCHSGRUNDSÄTZE

Die persönliche Seite des Coachings kann herausfordernder wirken, weil das Ergebnis nicht an externen Benchmarks gemessen wird – wie etwa einem ausgearbeiteten Plan –, sondern am Gefühl des gegenseitigen Verstehens. An dieser Stelle werden viele Frontline Leader nervös oder ungeduldig. *Muss das wirklich sein?* Aber indem Sie nachforschen und Fragen stellen, die wertvolle Erkenntnisse liefern – oder auf vernünftige Art und Weise einen Teil Ihrer inneren Beweggründe mitteilen –, können Sie die persönlichen Motivationen der Menschen, die für Sie arbeiten, besser verstehen und auf sie reagieren. Während dieser Momente geschieht Folgendes: Basierend auf Ihrer Fähigkeit, ihre Bedürfnisse und Werte zum Teil Ihrer Vision von Leadership zu machen, entwickeln Mitarbeiter Vertrauen zu Ihnen oder sehen sich in ihrem Vertrauen bestätigt.

Im Folgenden ein kurzes Frage- und Antwortspiel über die Gesprächsgrundsätze und über proaktive und reaktive Coaching-Gespräche:

1. Welche *persönlichen Bedürfnisse* könnten Menschen in einem *reaktiven Coaching*-Gespräch haben? Welche Gesprächsgrundsätze würden Sie anwenden, um diese persönlichen Bedürfnisse anzusprechen?

- **Sich wertgeschätzt und respektiert fühlen.** Mitarbeiter könnten sich vielleicht angreifbar und verletzlich in Bezug auf ihre Performance fühlen, also sollten Sie sie in ihren Skills und Fähigkeiten bestätigen. Um dieses persönliche Bedürfnis anzusprechen, könnten Sie den *Gesprächsgrundsatz des Selbstwertgefühls* verwenden.

- **Angehört und verstanden werden.** Menschen können sehr emotional werden, wenn es um ihre Arbeitsleistung geht. Der *Gesprächsgrundsatz der Empathie* hilft Ihnen, diese Gefühle zu entschärfen, um Mitarbeiter auf die Verstandesebene zurückzuführen.

- **Beteiligt werden.** Mitarbeiter wollen an den Plänen zur Verbesserung ihrer Arbeitsleistung beteiligt sein und Sie sollten ihre volle Einsatzbereitschaft wecken, wenn es darum geht, etwas zu verändern. Um dieses persönliche Bedürfnis anzusprechen, könnten Sie den *Gesprächsgrundsatz der Beteiligung* nutzen.

2. Wieso ist es wichtig, bei proaktiven und reaktiven Coaching-Gesprächen *um Hilfe zu bitten und die Beteiligung zu fördern?*

- Während des proaktiven Coachings hilft Ihnen der Gesprächsgrundsatz der Beteiligung, die Menschen besser zu verstehen und sie bei der Planung des weiteren Vorgehens besser zu involvieren.

- Während des reaktiven Coachings kann Beteiligung helfen, die Bereitschaft des Mitarbeiters zur Veränderung oder Verbesserung zu stärken.

- In beiden Arten von Coaching-Gesprächen ist es wichtig, dass die Mitarbeiter für ihre eigenen Handlungen die Verantwortung übernehmen.

3. Wieso könnte es wichtig sein, den *Gesprächsgrundsatz des Selbstwertgefühls* in einem reaktiven Coaching-Gespräch anzuwenden?

- Um das Selbstwertgefühl zu erhalten. Die Mitarbeiter in ihren Skills und Fähigkeiten zu bestärken hilft ihnen zu sehen, dass es Aspekte ihrer Arbeit gibt, die gut laufen.

4. Wenn Sie während eines reaktiven Coachings das Selbstwertgefühl einer Person erhalten müssten, wie würde sich das dann anhören? Formulieren Sie einen Beispielsatz.

- *Wir haben einige Bereiche identifiziert, an denen Sie arbeiten müssen. Aber ich würde Ihnen auch gerne sagen, in welchen Bereichen alles sehr gut bei Ihnen läuft ...*

- *Auch wenn die Resultate im Moment nicht ganz so sind, wie sie sein sollten, haben Sie die Erfahrung und Motivation, um das zu ändern.*

5. Wieso könnte es während eines reaktiven Coachings wichtig sein, *mit Empathie zuzuhören und zu antworten?*

- Empathisch zu reagieren ermöglicht es Ihnen, starke Emotionen zu entschärfen und den Mitarbeitern die Möglichkeit zu geben, sich davon freizumachen.

Alles, was es braucht, sind also ein paar provokante Fragen, die mit ehrlichem Interesse an den Antworten und Empathie ausbalanciert werden, und Sie sind auf dem Weg, ein perfekter Coach zu werden. Als solcher konzentrieren Sie Ihre Energie auf Ihr Team, auf die Herausforderungen, denen sich die Mitarbeiter gegenübersehen, und auf ihre Bedürfnisse, was Coaching angeht. Aber es ist in proaktiven und reaktiven Coaching-Situationen genauso wichtig, inwieweit Sie *Ihre Gedanken, Gefühle und Überlegungen mitteilen.* Die Mitarbeiter wollen wissen, was Sie als Vorgesetzter fühlen und denken; zum Beispiel: *Wenn das nicht gelöst wird, mache ich mir Sorgen, dass wir die Frist nicht einhalten werden.* Indem Sie Ihre Gefühle mitteilen, helfen Sie anderen, sich mit Ihnen verbunden zu fühlen. Gleichzeitig bauen Sie Vertrauen auf, das für einen Vorgesetzten ein wichtiges Gut ist.

 **TECHNOLOGIE-TIPP!** Was können Sie tun, wenn Sie jemanden coachen müssen, aber keine Zeit für ein richtiges Coaching-Gespräch haben? Zunächst sollten Sie nicht zu lange warten! Sie können das Gespräch anhand der fünf Gesprächsrichtlinien in kleinere Unterhaltungen aufteilen und technische Hilfsmittel nutzen, um von einem Schritt zum nächsten zu gehen. Sie können zum Beispiel E-Mails zum *Eröffnen* eines Coaching-Gesprächs (proaktiv oder reaktiv) nutzen und Informationen und Details *klären.* Der Schritt des *Entwickelns* benötigt normalerweise einen Austausch von Ideen, also sollten Sie ihn am besten

in Echtzeit übers Telefon, per Videochat oder Instant Messaging vollziehen. Die Schritte *Zustimmen* und *Abschließen* können Sie ebenfalls per E-Mail, Instant Messaging oder sogar per SMS durchführen. Ist es schwieriger, häppchenweise mithilfe von Technologie zu coachen? Ja, und es bedarf auch einiger Übung. Aber noch schlechter wäre es, die Unterhaltung zu verschieben, was oft dazu führt, dass man sie ganz ausfallen lässt. Für Führungskräfte, die Mitarbeiter mit Telearbeitsplätzen haben, ist technologiebasiertes Coaching oft die Norm und direkte Gespräche von Angesicht zu Angesicht sind ein seltener Luxus. Sie sollten gut darin werden, damit Sie Ihren Mitarbeitern die nötige Unterstützung geben können, unabhängig von Zeit, Ort oder Terminplan.

TESTEN SIE IHRE SKILLS ALS COACH

Wir laden Sie ein, DDI's Interaction Skills Experience auszuprobieren, um die Fertigkeiten zu üben, die Sie in diesem Kapitel kennengelernt haben. Diese videobasierte Online-Simulation auf der Microsite wird Ihnen Erkenntnisse über Ihre Stärken als Coach und über die Bereiche liefern, die noch Entwicklungspotenzial haben.

Wenn Sie sich einloggen, werden Sie sich in einem Gespräch mit einem Ihrer Teammitglieder wiederfinden – eine Person, deren schlechtes Verhalten andere Mitglieder des Teams irritiert und die Performance des gesamten Teams beeinflusst. Das Gespräch ist beispielhaft für die Art von Interaktionen, mit denen sich Führungskräfte jeden Tag konfrontiert sehen. Sie werden eine Anzahl von Vorgaben erhalten, wie Sie mithilfe der Gesprächsgrundsätze dem Teammitglied antworten können, um diese Person zur Verbesserung ihrer Arbeitsleistung zu coachen.

Am Schluss erhalten Sie eine Auswertung bezüglich Ihrer Beherrschung der Gesprächsgrundsätze – wo Ihre Stärken liegen und wo Sie sich verbessern müssen. Probieren Sie es aus.

SIE TRAUEN IHNEN ALLES ZU, RICHTIG?

Zu Beginn dieses Kapitels sagten wir, dass Sport eine, wenn auch unvollkommene, Metapher für Coaching im Geschäftsleben ist. Dies trifft auf die meisten Aspekte zu, bis auf einen: Der Trainer kann per definitionem nicht die Aufgaben jedes einzelnen Spielers übernehmen. Wie wir in Kapitel 3 näher ausgeführt haben, markiert der Übergang zur Führungskraft auch eine Verschiebung dahingehend, dass Sie nicht länger als Einzelner etwas leisten, sondern ein Katalysator werden, der die Bemühungen anderer anspornt. Coaching ist eine großartige Möglichkeit, den Menschen zu helfen, sich vorzubereiten, zu lernen und letzten Endes in den Job hineinzuwachsen. Aber Sie müssen es sie selbst tun lassen. So absurd es wäre, zum Beispiel einen Trainer bei einer Weltmeisterschaft aufs Feld rennen zu sehen, weil er selbst ein Tor schießen will, so absurd wäre es auch, wenn Sie versuchen würden, die Arbeit Ihres Teams zu erledigen, egal ob aus Verzweiflung oder weil Sie den Nervenkitzel des Triumphs vermissen. Sie müssen ein Risiko eingehen und die Mitglieder des Teams ihre Jobs machen lassen. Wir hoffen, dass Sie sich an diese Sportanalogie erinnern werden.

Wenn Sie Schwierigkeiten haben loszulassen, dann sollten Sie mehr Zeit damit verbringen, über den *Gesprächsgrundsatz der Unterstützung* nachzudenken und darauf Bezug zu nehmen. Damit legen Sie einen Plan fest, wie Sie Ihren direkten Mitarbeitern helfen, ihre Ziele zu erreichen, und gleichzeitig angemessenes Monitoring bieten, um ihnen allen ein Gefühl der Sicherheit zu geben. Dadurch, dass Sie die Unterschiede zwischen proaktivem und reaktivem Coaching meistern lernen und mithilfe der Gesprächsrichtlinien einüben, werden Ihnen die wesentlichen Elemente des Coachings immer vertrauter werden.

15.

Leadership-Skills und die Skills der Profis

GRUNDREGELN DES FEEDBACKS

Spezifisch, rechtzeitig und ausgewogen

Vorab-Gedanken

Wir haben alle schon mal während unserer Karriere Feedback erhalten, bei dem wir hinterher dachten, *Das war erhellend*. Und Tage oder Wochen später haben wir sogar demjenigen gedankt, der uns das Feedback gab. Denken Sie darüber nach: Erhalten die Leute in Ihrer Firma genügend Feedback? Wie sicher fühlen Sie sich beim Erteilen von positivem Feedback oder konstruktiver Kritik? Und was noch wichtiger ist: Leidet die Leistung Ihres Teams, weil Mitarbeiter nicht das Feedback erhalten, das sie benötigen, um ihr Potenzial auszuschöpfen?

Manchmal ist es genauso gut, etwas zu erhalten, wie etwas zu geben. Die Crew von Apollo 11 sah sich während ihrer legendären Mondmission 1969 mit folgender Situation konfrontiert: Auf halber Strecke war die Besatzung weit vom Kurs abgekommen und sie hatte fast ihren Treibstoff verbraucht. In dieser Situation hätten die Astronauten die Daten (Feedback) ihrer Fluginstrumente und Computer ignorieren können. Neil Armstrong steuerte das Kommandomodul und hätte es überall hinsteuern können, wo er wollte. Aber er akzeptierte die Daten und vollzog die Kurskorrekturen, die es ihm ermöglichten, ein bewegliches Ziel in über 300.000 km Entfernung von der Erde zu treffen.

Das ist ein kleiner Schritt für einen Menschen, aber ein riesiger Sprung für die Menschheit.

– **Neil Armstrong** (1969)

Während Feedback im Weltall über Leben und Tod entscheiden kann, funktionieren die Prinzipien des effektiven Feedbacks hier auf der Erde genauso wie im Weltraum. (Auch wenn für die meisten von uns die Folgen weit weniger dramatisch sind.) Feedback beantwortet die Frage „Was leiste ich?" und ist ein häufiges Element in vielen Gesprächen, die Sie als Vorgesetzter führen werden. Die Leute genießen es normalerweise, *positives Feedback* zu erhalten, da es das verbreitete persönliche Bedürfnis befriedigt, wertgeschätzt und anerkannt zu werden. Darüber hinaus hilft es jemandem, der eine gute Leistung erbracht hat und dafür positives Feedback bekam, zu wissen, welches Verhalten er in der Zukunft wiederholen sollte. *Entwicklungsbezogenes Feedback* ist genauso wichtig, um den Menschen zu helfen, gute Arbeitsbeziehungen aufzubauen oder diese noch zu verbessern und auch die Performance zu erhöhen, um bessere Resultate zu erzielen. Wenn Feedback effektiv übermittelt wird, hilft es den Menschen, zu wissen, an welchen Fehlern sie arbeiten müssen, und dabei, sich zu entwickeln und im Beruf zu wachsen. Oft sind Vorgesetzte aber zögerlich, Feedback zu geben, und Angestellte zögern, es anzunehmen.

Effektives Feedback ist mehr als nur „Danke!" oder „Gut gemacht" zu sagen. Obwohl Menschen gerne für ihre harte Arbeit Anerkennung ernten, wird zu vage formuliertes positives Feedback nur wenig Auswirkungen haben. Dasselbe gilt für entwicklungsbezogenes Feedback. Um echten Wert und einen bleibenden Effekt zu haben, muss Feedback *spezifisch, rechtzeitig* und *ausgewogen* erfolgen. Effektives Feedback konzentriert sich außerdem auf die Leistung oder das Verhalten und nicht auf die Person oder ihre Motive. Behalten Sie diese Prinzipien im Hinterkopf, wenn Sie um Feedback für Ihre Leistung bitten.

LEADER GEBEN STÄNDIG FEEDBACK – MYTHOS ODER FAKT?

Der bekannte Redner Jack Welch, ehemaliger Vorstand und CEO von General Electric, hat schon viele Vorträge vor Tausenden von Leuten gehalten. Er fragt sein Publikum oft: *Wie viele von Ihnen arbeiten für eine Firma, die Integrität schätzt?* Daraufhin heben normalerweise die meisten im Publikum ihre Hand. Dann fragt er: *Wie viele von Ihnen erhalten direktes und ehrliches Feedback über ihre Leistungen?* Daraufhin melden sich jedes Mal nur wenige Menschen. Welch weist dann darauf hin, dass eine Firma nicht Integrität fordern kann, wenn sie es versäumt, ihren Angestellten direktes und ehrliches Feedback zu geben.[1]

Und das ist unsere Rolle als Leader – die Arbeitsleistung unseres Teams zu unterstützen, sein Wachstum und seine Entwicklung zu fördern. Feedback ist der Schlüssel dazu. Aber wie bereits angemerkt, ist es ein Märchen, dass Mitarbeiter im Allgemeinen regelmäßiges und nützliches Feedback über ihre Arbeitsleistung erhalten. Tatsächlich zeigen unsere eigenen Untersuchungen, dass für 42 Prozent der einzelnen Mitarbeiter (der Mitglieder Ihres Teams) der Übergang in ihre neue Rolle wesentlich einfacher gewesen wäre, wenn sie „mehr Feedback und Anleitung von meinem neuen Vorgesetzten" erhalten hätten.[2]

Aber sollten Sie Feedback nur als Werkzeug bei der Arbeit mit Ihrem Team einsetzen? Nein, es ist ein effektives Business-Tool, das auf allen Ebenen wirkt. Die begehrtesten Leader coachen auch ihre Peers, wenn sich die Situation ergibt. Und sie werden zu exzellenten Mentoren für die nächste Generation an Führungskräften. Also kann und sollte Feedback eingesetzt werden, um Ihrem ganzen Team, Ihrer Funktion und Ihrer Firma zu mehr Wachstum zu verhelfen. Daher sollte Feedback nicht nur regelmäßig von Ihnen entgegengenommen, sondern auch Ihren Kollegen, Kunden (wenn angemessen) und Ihrem Chef übermittelt werden. Eine Firma, in der es viele Mitarbeiter gibt, die talentiert darin sind, sowohl positives als auch entwicklungsbezogenes Feedback zu geben und zu empfangen, hat einen bedeutenden Wettbewerbsvorteil.

REFLEXIONSPUNKT

Nehmen wir an, Jack Welch hielte eine private Rede nur für Ihr Team. Hätten die Mitglieder als Antwort auf seine zweite Frage die Hand gehoben? Wieso oder wieso nicht?

ABWEHR VON FEEDBACK

Es ist wichtig, Ihr Team und die Persönlichkeiten der Menschen zu berücksichtigen, die von Ihnen Feedback erhalten. Sie können sich sicher vorstellen, dass Gedanken wie die folgenden Ihren Teammitgliedern durch den Kopf gehen, während sie Ihnen gegenübersitzen und Feedback erhalten:

„Das ist nicht mein Fehler. Zu viele Elemente unterliegen nicht meiner Kontrolle. Wollen Sie wissen, wer oder was schuld ist?"

Anton Ausweicher

„Wollen Sie mir an den Karren fahren oder nur Ihre eigene Verantwortung abwälzen? Ich muss vielleicht ein bisschen was verbessern, aber Sie sind zehnmal schlimmer. Soll ich es Ihnen aufzählen?"

Albert Aggressor

„Ich weiß mehr über diese Arbeit als die meisten. Ich bin eine absolute Expertin in meinem Job. Das zählt wohl gar nicht?"

Stefanie Star

„Sie haben mir vorher immer positives Feedback gegeben. Jetzt denken Sie auf einmal, ich muss mich verbessern. Wieso sind Sie jetzt gegen mich? Wissen Sie nicht mehr, was für ein guter Mensch ich bin?"

Bettina Betrogen

„Ich will mich gar nicht mit den Menschen verstehen. Das Wichtigste ist, zuzuhören, zu nicken und zu lächeln. Sie erwarten nicht, dass ich irgendetwas unternehme, oder?"

Viktor Vortäuscher

„Das sehen Sie ganz falsch. Ich muss da wohl mal was geraderücken. Wieso sollte ich sonst auf Sie hören?"

Willi Widersprecher

Kein Wunder, dass sich Vorgesetzte davor fürchten, Feedback zu geben! Aber als katalytische Führungskraft sind wir herausgefordert, Feedback auf eine Weise zu erteilen, die konstruktiv und nicht strafend ist. Also machen Sie sich keine Sorgen; es gibt zwei Bereiche von Skills, die sicherstellen, dass Feedback, das Sie geben, nicht nur in einer verbindlichen Art und Weise erfolgt, sondern auch vom Empfänger akzeptiert wird. Die erste Gruppe an Skills haben wir bereits besprochen – sie nutzt die Gesprächsgrundsätze, um persönliche Bedürfnisse des Empfängers zu berücksichtigen. Wenn Sie zum Beispiel entwicklungsbezogenes Feedback geben, ist *Erhalten oder Erhöhen von Selbstwertgefühl* der beste Gesprächsgrundsatz (besonders „Erhalten"), da er Ihnen helfen wird, Abwehrhaltungen zu überwinden und ein produktiveres Ergebnis zu erzielen. Je nach Situation spielen auch die anderen vier Gesprächsgrundsätze eine wichtige Rolle. Den Gesprächsgrundsatz der *Empathie* zu nutzen wird Ihnen helfen, auf Emotionen und Herausforderungen des Empfängers einzugehen, und *Beteiligung* wird Ihnen und dem Empfänger helfen, alternative Lösungsansätze zu entwickeln. Um Vertrauen aufzubauen, können Sie von einer ähnlichen Situation erzählen, mit der Sie konfrontiert waren. Und Sie können Unterstützung anbieten (ohne Verantwortung zu entziehen), um beim Vorankommen zu helfen.

LASSEN SIE DIE STARS LEUCHTEN

Das nächste Skill-Set, das Sie brauchen werden, besteht aus einem einfachen Prozess – wir nennen ihn den STAR-Ansatz –, um vollständiges und spezifisches Feedback zu geben. Wenn Sie bereits das Profi-Kapitel über Auswahl gelesen haben, kennen Sie schon das Merkwort STAR. Im vorliegenden Fall wird der praktische Gebrauch des STARs erweitert, indem man ihn auf positives und entwicklungsbezogenes Feedback anwendet.

STAR ist eine nützliche Methode, sich zu merken, wie Sie Ihr Feedback aufbauen sollten, um einen größtmöglichen positiven Effekt zu erzielen.

Positives Feedback geben

STAR erinnert Sie daran, Folgendes zu beschreiben:

- Die Situation oder Aufgabenstellung (ST), die von der Person oder Gruppe bearbeitet wurde, wie zum Beispiel ein Problem, eine Geschäftsgelegenheit, eine besondere Herausforderung oder eine Routineaufgabe.

- Die Aktion (A), welche die Person oder Gruppe ausführte, oder was sie tatsächlich gesagt oder getan haben, das sich als effektiv herausstellte.

- Das positive Resultat (R) oder was sich zum Besseren geändert hat oder wie es die Situation beeinflusste.

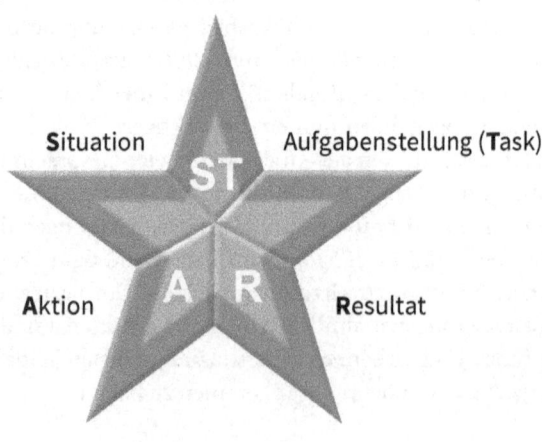

Situation   Aufgabenstellung (**T**ask)

ST

A   **R**

Aktion   **R**esultat

DDI-PROFI-TIPP: Stellen Sie sicher, dass Ihre Kommentare folgendermaßen beschaffen sind:

• **Spezifisch** – Feedback muss in präzisen und messbaren Begriffen wiedergeben, was erreicht wurde. Zum Beispiel:

– *Sie haben den Vorschlag einen Tag vor dem Ende der Frist abgegeben.*

– *Mit letztem Freitag als Stichtag betrugen Ihre Verkaufszahlen 101 Prozent Ihrer Zielvorgaben für dieses Vierteljahr.*

– *Der Bericht der letzten Woche zeigt, dass Sie durchschnittlich 55 Telefonate am Tag geführt haben.*

• **Rechtzeitig** – Loben Sie die Handlungen (und alle positiven Resultate) der Person so bald wie möglich. Die Einzelheiten werden Ihnen noch frisch im Gedächtnis sein und Ihre Kommentare noch die meiste Relevanz für die Arbeit haben, welche die Person aktuell erledigt. Auch wirkt rechtzeitiges Feedback am aufrichtigsten – als wären Sie so beeindruckt, dass Sie es der Person sofort mitteilen mussten.

• **Ausgewogen** – Mit der Zeit sollten Sie Ihr positives Feedback mit entwicklungsbezogenem Feedback ausbalancieren. Wenn Ihr Feedback immer nur positiv ist, verpassen Sie Gelegenheiten, die Mitarbeiter zum Streben nach besseren Ergebnissen zu animieren. Zudem könnten andere Ihre Ehrlichkeit in Zweifel ziehen, wenn Ihr Feedback nur aus einem endlosen Strom positiver Kommentare besteht.

Entwicklungsbezogenes Feedback geben

Um effektives entwicklungsbezogenes Feedback zu geben, müssen Sie den STAR leicht anpassen und noch ein AR anhängen. Das Ergebnis, genannt STAR/AR, erinnert Sie daran, Situation/Aufgabenstellung (ST), Aktion (A) und Resultat (R) gemeinsam zu besprechen. Effektives entwicklungsbezogenes Feedback muss außerdem Folgendes beinhalten:

• Eine *alternative* Aktion – was die Person stattdessen hätte sagen oder tun können.

- Das erwartete *verbesserte* Resultat – wieso die alternative Handlungsweise möglicherweise effektiver gewesen wäre.

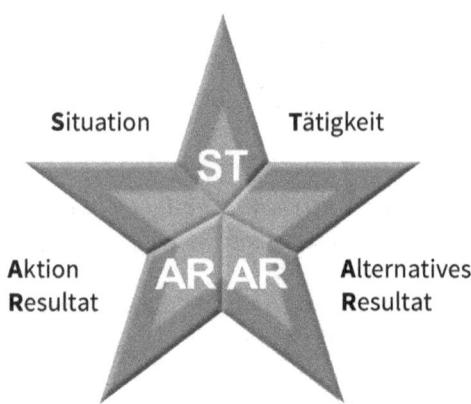

Situation **T**ätigkeit

Aktion
Resultat

Alternatives
Resultat

DDI-PROFI-TIPP: Stellen Sie sicher, dass Ihre Kommentare folgendermaßen beschaffen sind:

• **Spezifisch** – Wenn Sie die momentane Leistung spezifisch mit den gesteckten Zielen vergleichen, können die Mitarbeiter genau sehen, welche Anpassungen sie vornehmen müssen, um den künftigen Erfolg sicherzustellen.

- **Rechtzeitig** – Sie müssen so schnell wie möglich Feedback geben, das auf eine Verbesserung abzielt, denn:

  – Wenn die Einzelheiten der Leistung noch frisch in Erinnerung sind, können Sie genauer erklären, was die Person getan hat, das suboptimal war.

  – Die Person, die das Feedback erhält, kann sich wahrscheinlich noch genau erinnern, was sie getan hat und wieso diese Aktionen suboptimal waren.

  – Sie können den Leuten helfen, ihr Verhalten anzupassen, bevor sie in ähnliche Situationen geraten.

- **Ausgewogen**– Es ist wichtig, entwicklungsbezogenes Feedback mit positivem Feedback auszugleichen, um das Selbstwertgefühl und die Offenheit in Bezug auf Feedback zu erhalten. Selbst wenn jemand eine wirklich schlechte Leistung abgeliefert oder einen schwerwiegenden Fehler begangen hat, ist es dennoch möglich, ausgewogenes Feedback zu geben – etwas zu finden, was die Person gut gemacht hat, und zugleich entwicklungsbezogenes Feedback zu geben.

- **Mehr fragen/weniger sagen** – Manchmal kann es effektiver sein, die Person nach Ideen für alternative Handlungsansätze zu fragen, als ihr einfach nur zu sagen, was sie anders hätte sagen oder tun können.

Einige Beispiele:

UNVOLLSTÄNDIGES FEEDBACK	VOLLSTÄNDIGER STAR ODER STAR/AR
• *Sie haben das gestern großartig gemacht, die dringende Bestellung auf den Weg zu bringen.* Dieses Feedback ist nicht spezifisch genug; die Person, die es erhält, weiß nicht, welche Aktionen sie beim nächsten Mal wiederholen soll. • *Jane, als Sie Mark erklärt haben, wie das System funktioniert, sagten Sie ihm, dass er es einfach „nicht kapiert". Er wurde wütend und hat keine Fragen mehr gestellt. Sie sollten weniger streng mit ihm sein.* Dieses Feedback zeigt keine alternative *Aktion* auf oder das verbesserte *Resultat*, das dadurch möglich würde.	• Sie haben eine Menge Eigeninitiative gezeigt, als Sie das Problem im Versandprozess entdeckt haben, das durch das Bestellsystem ausgelöst wurde *[Situation/Aufgabenstellung (Task)]*. Statt zu warten, dass der Supervisor sich darum kümmert, haben Sie gleich das MIS kontaktiert und das Problem gezeigt *[Aktion]*. Der Fehler im System wurde behoben und die Materialien fristgerecht versandt *[Resultat]*. • *Jane, als Sie Mark erklärt haben, wie das System funktioniert [Situation/Aufgabenstellung]*, sagten Sie ihm, dass er es einfach „nicht kapiert" *[Aktion]*. Er wurde wütend und hat keine Fragen mehr gestellt *[Resultat]*. Ein besserer Ansatz wäre gewesen, anzuerkennen, dass das System kompliziert ist und seine Fragen durchaus angemessen sind *[alternative Aktion]*. Das hätte sein Selbstwertgefühl erhalten und ihn ermutigt, es weiter zu versuchen *[verbessertes Ergebnis]*.

Es steht jetzt in Ihrer Macht, geschickt auszuwählen, wann Sie anderen Feedback erteilen. Wir wissen, dass diese Skills Ihnen helfen werden, authentische und vertrauensvolle Beziehungen zu Kollegen aufzubauen, die zeigen, dass Ihnen ihr Wohl am Herzen liegt. Aber der Schlüssel dazu ist Erfahrung im Erteilen und Empfangen von Feedback.

Wie können Feedback, die Gesprächsgrundsätze und Gesprächsrichtlinien dabei helfen, Unternehmen zu verschlanken? [3]

Wollen Sie verschlanken? Trotz gut gemeinter Initiativen zum Identifizieren und Beseitigen von Ballast haben Sie vielleicht eine offensichtliche Quelle übersehen: Interaktionen am Arbeitsplatz.

Alle Interaktionen zwischen Vorgesetzten und Teammitgliedern sind potenzielle Quellen von unnötigem Ballast. Das beinhaltet formelle Interaktionen (Meetings, Coaching, Feedback, Leistungsbeurteilungen und so weiter) und informelle (zum Beispiel Telefongespräche, E-Mails, Instant Messages und Unterhaltungen im Flur/Aufzug) – beide sind entscheidend, wenn es um die alltäglichen Arbeitsabläufe in Produktionsteams geht.

Und wenn diese Interaktionen nicht gut verlaufen oder ineffizient sind, dann können sie zum negativen Einfluss der bereits etablierten acht Formen der Verschwendung beitragen: Produktionsfehler, Überproduktion, Ausfallzeiten, ungenutzte Skills, Transport, Bestände, Bewegungsabläufe (zum Beispiel beugen, heben, reichen) und aufwendige Prozesse. Das Endergebnis? Firmen versäumen es, wesentliche Ziele des Lean Management zu erreichen: Stetige Verbesserung und verbesserte Performance.

Wenn wir es also ernst damit meinen, Verschwendung zu eliminieren, dann müssen wir auch den Teil der Produktion berücksichtigen, der hauptsächlich von den Soft Skills beeinflusst wird – den Skills, die es Führungskräften ermöglichen, ihre Interaktionen und ihr Team effektiv zu managen. Die Trendforschung zeigt, dass das produzierende Gewerbe am härtesten vom

Fehlen dieser Soft Skills getroffen wird.[4] Darüber hinaus hat die Accenture 2013 Global Manufacturing Study ergeben, dass 35 Prozent der Supervisoren und 20 Prozent der operativen Führungskräfte von „entscheidenden" Lücken bei bestimmten Skills berichten.[5]

16.

Leadership-Skills und die Skills der Profis

DER UMGANG MIT SCHWIERIGEN MITARBEITER-SITUATIONEN

Auf das Verhalten konzentrieren, nicht auf die Person

Vorab-Gedanken
Wann waren Sie das letzte Mal wütend (oder verletzt oder verwirrt) wegen dessen, was jemand anderes gesagt oder getan hat? Was ist schiefgelaufen? Wie hat sich die Situation aufgelöst? Wen haben Sie um Rat gefragt? Was hätten Sie gerne anders gemacht?

Evan hatte vor Kurzem die Rolle als Leiter eines Callcenters mit zwölf Mitarbeitern übernommen, in dem er vorher drei Jahre als Mitglied des Teams gearbeitet hatte. Seine Mitarbeiterin Judy, die noch nicht lange dabei war, arbeitete daran, Termine fürs Verkaufsteam auszumachen. Obwohl sie am Anfang sehr enthusiastisch bei der Sache war, ließ ihre Arbeitsmoral schnell nach und sie kam häufig zu spät oder beanspruchte Krankheitstage, die sie schon genommen hatte.

Evan vermied es, Judy direkt zu konfrontieren. Alle anderen Mitglieder seines Teams brachten überdurchschnittliche Leistungen und er musste noch mit niemandem ein Gespräch über mangelnde Leistungen führen. Nach etwa einem Monat begannen die anderen Teammitglieder sich über Judy zu beschweren. Nicht nur erfüllte sie ihr Soll nicht, sondern sie hatte auch einen negativen Einfluss auf die Performance des gesamten Teams. Evan war schlau genug, sich an seinen Vorgesetzten zu wenden, der ihn ermutigte, etwas zu unternehmen, und mit ihm gemeinsam das Gespräch plante. Auch wenn es nicht einfach war, wusste Evan genau, was er zu tun hatte. Er musste Judy davon überzeugen, an ihrer Leistung zu arbeiten oder das Team zu verlassen.

Jing, die schon seit zwei Jahren Teamleiterin war, sah sich mit einer schwierigeren Situation konfrontiert, die mit Sam zu tun hatte, einem exzellenten IT-Programmierer, der seit einem Jahr dabei war. Sam war außerhalb seines Teams sehr beliebt, erledigte die meisten seiner Projekte im Zeitrahmen und hatte eine hohe Arbeitsmoral. Es gab nur ein kleines Problem: Jeder andere in Jings Team hasste ihn. Sam war nicht kooperativ, redete über seine Peers hinter deren Rücken und beschwerte sich ständig bei Jing über andere. (Er machte den Fehler, auch über Jing zu lästern.) Unglücklicherweise war Sam jedoch auf die Unterstützung anderer angewiesen, um seine Arbeit zu erledigen. Als zwei von Sams Teammitgliedern darum baten, versetzt zu werden, wusste Jing, dass sie handeln musste. Es würde ein schwieriges Gespräch werden.

Diese wahren Begebenheiten geben Ihnen einen Eindruck von den unangenehmen Situationen mit Angestellten, mit denen Sie sich als neue Führungskraft wahrscheinlich konfrontiert sehen werden. Sie können aus einer Reihe von Gründen unangenehm und aufwühlend sein. Egal wie groß Ihr Team ist, in welchem Geschäftsbereich Sie arbeiten oder wie gut Sie bei der Auswahl Ihrer Teammitglieder geworden sind, können Sie doch nicht allen möglichen Fehlschlägen, Konflikten und Streitereien aus dem Weg gehen, die nun mal vorkommen, wenn Menschen zusammenarbeiten. Und jetzt ist es Ihr Job, sich damit zu befassen.

Zuerst die gute Nachricht: 85 Prozent Ihrer Angestellten werden wahrscheinlich keine Probleme verursachen. Und die anderen 15 Prozent? Manchmal werden Sie es mit schwerwiegenden Problemen zu tun haben, aber meistens sind die Angestellten, die zu den 15 Prozent gehören, keine schlechten Menschen – es gibt oft gute Gründe für ihre Verhalten.

Um verfahrene Situationen zu beheben, müssen Sie auf das Verhalten fokussieren, das sich ändern soll, nicht auf die Person. Wir sagen gerne: Seien Sie hart in der Sache, aber sanft zu den Beteiligten.

Aber um diese Situationen zu beheben, müssen Sie auf das Verhalten fokussieren, das sich ändern soll, und Regel Nummer 1 ist, nicht den Charakter oder die Persönlichkeit derjenigen anzugreifen, die beteiligt sind. Wir sagen gerne: *Seien Sie hart in der Sache, aber sanft zu den Beteiligten.* Damit tun Sie nicht nur das Richtige, sondern indem Sie Ihr Feedback und Coaching auf die Situation konzentrieren und nicht auf die Person, laufen Sie weniger Gefahr, starke negative Emotionen hervorzurufen, und die Chancen auf ein positives Ergebnis steigen.

NICHTSTUN IST KEINE OPTION

Vor diesem Teil des Jobs haben Führungskräfte am meisten Angst. Diese Gespräche können belastet werden von starken Gefühlen und noch stärkeren Worten, was während unserer Interviews laut und deutlich zu vernehmen war. Und selbst den Führungskräften, die den Mut aufbringen, solche Situationen direkt anzugehen, fehlen oft die nötigen Skills. Aber letztendlich können Sie das Benehmen eines schwierigen Angestellten nicht ignorieren, und zwar aus einer Reihe von Gründen:

Sie schulden es dem Angestellten

Angestellte haben das Recht, zu wissen, wo sie stehen. Offenes und konstruktives Coaching kann eine Person häufig wieder auf den richtigen Weg bringen und damit Situationen vermeiden, die zu schwerwiegenderen Konsequenzen sowohl für die betreffende Person als auch für Sie führen könnten.

Sie schulden es sich selbst

Wenn es ungemütlich wird, leidet jeder Vorgesetzte, den wir interviewt haben. Stress, schlaflose Nächte, Selbstzweifel. Das ist kein Spaß. Und auch nur ein einziges dieser Probleme kann so viel von Ihrer Zeit beanspruchen, dass Sie Ihre eigenen Ziele nicht erreichen. Einer der frischgebackenen Leader, die wir gecoacht haben, gab zu, 20 Prozent seiner Zeit für ein einziges Problem mit einem Mitarbeiter zu verbrauchen. Wie viel konnte er dadurch nicht erledigen? Auf welche Weise wurde dadurch der Rest des Teams beeinträchtigt?

Sie schulden es dem Team

Ein Angestellter wie Judy oder Sam kann verheerende Schäden bei der Zusammenarbeit im Team, der Moral und beim Engagement verursachen. Das haben die anderen Mitglieder des Teams nicht verdient! Und sie werden mit dem Finger auf Sie zeigen, weil Sie es versäumen, die Person für die schlechte Performance des Teams und/oder den Mangel an Zusammenarbeit zur Verantwortung zu ziehen.

Sie schulden es Ihrem Unternehmen

Selbst ein einziger Vorfall von zwischenmenschlichem Chaos kann der Performance Ihres gesamten Unternehmens schaden. In einer Welt, in der das Talent und die Begabung der Mitarbeiter der wichtigste Faktor für die Leistungsfähigkeit einer Firma sind, können Sie es sich nicht leisten, die Unternehmenskultur von diesen wenig hilfreichen Verhaltensweisen bestimmen zu lassen. In einigen Fällen können schwerwiegende Verstöße gegen die Verhaltensregeln eines Unternehmens wie Drogenmissbrauch, sexuelle Belästigung, Sicherheitsverstöße und Ähnliches zu ernsthaften und teuren rechtlichen Konsequenzen führen – mit denen Sie sich sicher nicht belasten wollen. In diesen Fällen kann eine Art Bewährungsfrist oder die Kündigung angemessen sein. Sollten Sie mit solchen Situationen konfrontiert werden, raten wir Ihnen dringend, sich Rat bei Ihrem HR-Team zu holen, das Ihnen wahrscheinlich beim Gespräch hilft und dabei, rechtlich verfängliche Situationen zu vermeiden.

ACHT TIPPS, UM RESULTATE ZU ERZIELEN

Wir glauben fest, dass Sie als Leader eine mächtige, kreative und unverzichtbare Kraft für das Gute in der Gesellschaft sind. Aber Sie sind weder Gedankenleser noch Psychiater (höchstwahrscheinlich). Sie könnten feststellen, dass die Angestellten, die Sie coachen werden, persönliche Probleme haben, die über Ihre Fähigkeiten hinausgehen. Dadurch kann es nötig werden, bei Ihrem HR-Ansprechpartner einen Termin zu machen. Aber indem Sie die gesamte Situation mit Empathie und Planung angehen – und dabei die persönlichen und praktischen Bedürfnisse aller Beteiligten berücksichtigen –, wird es Ihnen besser möglich sein, Ihrem Team zu einer dauerhaften guten Zusammenarbeit zu verhelfen. Die folgenden Tipps können Ihnen dabei helfen.

Fangen Sie mit einem umfangreichen Einstellungsprozess an

In Kapitel 10 („Die Besten suchen und einstellen") haben wir Ihnen gezeigt, wie man Teammitglieder so auswählt, dass die Performance der Mitarbeiter und ihr Engagement ein Maximum erreichen. Das könnte man auch folgendermaßen ausdrücken: Heute die richtige Entscheidung bei der Anstellung eines neuen Mitarbeiters zu treffen wird Ihnen in der Zukunft ein beträchtliches Maß an Kopfschmerzen ersparen.

Stellen Sie sicher, dass Leistungserwartungen immer glasklar formuliert werden

Wie um alles in der Welt können Sie mir sagen, ich hätte meine Zielvorgaben verfehlt? schimpfte Malu. *Sie haben mir ja nie welche gegeben!* Das passiert leider häufiger, als uns lieb wäre. Nutzen Sie das Performance-Management-System Ihrer Firma, um jedes Jahr Zielvorgaben festzulegen. Nennen Sie sowohl das „Was" (quantitative Ziele) als auch das „Wie" (Verhalten/Kompetenzen). Und analysieren Sie diese regelmäßig mit Ihren Angestellten. Klare Erwartungen bedeuten weniger Überraschungen! Werfen Sie einen Blick in Kapitel 18 („Performance Management") für weitere Hilfestellung.

Analysieren Sie die Situation

Am Ende dieses Kapitels nennen wir einige Situationen – mit einigen bekannten Charakteren –, in denen Sie sich wiederfinden können, und einige Ratschläge, wie Sie sich auf jede einzelne vorbereiten können. Nehmen Sie das als Startpunkt, um Ihre Gespräche zu planen. Es können große Unterschiede dazwischen bestehen, mit einem Angestellten umzugehen, der sich ausgeklinkt hat, und einem, der andere damit verärgert, ständig alles besser zu wissen.

Vorbeugen ist besser als Heilen

Planen Sie Ihr Vorgehen und Ihre Gespräche im Voraus. Wenn die Situation ernst ist oder wahrscheinlich formelle Konsequenzen hat wie Probezeitverlängerung oder Kündigung, bitten Sie Ihren HR-Spezialisten um Rat. Auf eines können Sie sich verlassen – die Angestellten werden Einzelheiten wissen wollen: *Was habe ich falsch gemacht?* Stellen Sie sicher, nach verlässlichen Daten zu fragen und diese zu nutzen (werfen Sie einen Blick auf die folgende Liste für Einzelheiten). Folgendes können wir gar nicht genug betonen: Während Sie sich auf das Gespräch vorbereiten, sollten Sie darauf achten, wie Sie die Gesprächsrichtlinien und Gesprächsgrundsätze einsetzen. Diese Skills zu nutzen wird Sie daran erinnern, zur Person zu sprechen und nicht nur auf das Problem zu reagieren.

Umfassendes Coaching

Wie wir in Kapitel 14 erläutert haben, ist das Coaching eine Ihrer wichtigsten Aufgaben als Führungskraft. Wenn Sie *proaktiv* coachen, indem Sie den Mitgliedern Ihres Teams dabei helfen, von Anfang an alles richtig zu machen, baut das nicht nur ihr Selbstvertrauen auf, sondern verhindert auch von vornherein, dass Probleme entstehen – was noch besser ist. Lieber aus Erfolgen statt aus Fehlern lernen. Aber wenn Sie auf ein Teammitglied reagieren müssen, das aus der Reihe tanzt, sollten Sie lieber *früher* als später ein Coaching durchführen, um Verbesserungen zu erzielen.

Machen Sie Notizen

Verlassen Sie sich nicht auf Ihr Gedächtnis. Mitarbeitergespräche mit problematischen Angestellten sollten aus drei Gründen dokumentiert werden. Als Erstes hilft die Dokumentation Ihnen und den Angestellten, getroffene Vereinbarungen im Laufe der Zeit zu überwachen. Zweitens bereitet es Sie auf Ihr nächstes von vielen Coaching-Gesprächen vor. Und drittens stellt es sicher, dass es später keine Missverständnisse gibt über das, was besprochen wurde. (*Das habe ich nie gesagt, dem habe ich nicht zugestimmt, ich wusste nicht, dass es ein ernstes Problem war.*) Wenn Probleme so schwerwiegend werden, dass es zu disziplinarischen Maßnahmen oder sogar zur Kündigung kommt, sind Aufzeichnungen sogar noch wichtiger. Diese könnten tatsächlich in einigen Ländern Teil eines Gerichtsprozesses werden, sollte Sie der Angestellte verklagen.

Bereiten Sie sich auf mehrere Gespräche vor

Es können mehrere Coaching- und Feedback-Sessions nötig sein, um einen negativen Trend zu stoppen. Wenn Sie einen Schritt vorwärts und zwei zurück tun, ist das in Ordnung – Sie machen immer noch Fortschritte. Setzen Sie immer Folgemeetings an, um zu sehen, wie die Dinge stehen, und um den Prozess abzuklären. Positives Feedback ist ebenfalls entscheidend. Wenn (falls) die Dinge sich zum Besseren wenden, lassen Sie es die Person mithilfe von ehrlichem, positivem Feedback wissen. Eine Supervisorin erzählte uns, dass sie fünf Meetings mit einem ihrer Teammitglieder über einem Zeitraum von zwei Monaten hatte. Es hat sich gelohnt! Diese Person ist jetzt einer ihrer Top-Performer.

Lassen Sie sich sich nicht emotional hineinziehen

Ihre Hingabe an gutes Leadership ist bewundernswert. Und es ist kein schlechtes Zeichen, dass Sie sich Sorgen um den Angestellten machen oder nervös sind, wenn Sie Feedback geben müssen. Aber die Probleme anderer können schnell zu Ihren eigenen werden. Um das Ganze noch zu verschlimmern, kann es vorkommen, dass Angestellte Sie persönlich angreifen – *Das ist alles Ihre Schuld!* Viele Vorgesetzte können die ganze Nacht nicht schlafen und geben sich selbst die Schuld an dem schlechten Verhalten eines Angestellten oder eines ganzen Teams. Aber das heißt nicht, dass es Ihre Schuld ist! Abgesehen von Selbstmitleid haben Sie vielleicht auch das Gefühl, das ganze Chaos allein lösen zu müssen. Atmen Sie tief durch. Ihre *Rolle* ist es, dem Angestellten zu verstehen zu helfen, dass sich etwas ändern muss. Danach ist es ihr *Job*, ihm zu helfen, Lösungen zu finden. Und in den meisten Fällen sollte der Angestellte selber auf die Lösung kommen und nicht Sie. Ihr *Ziel* ist es, Unterstützung zu gewähren, ohne der Person die Verantwortung und Zuständigkeit für das Angehen der Probleme abzunehmen.

Daten nutzen

Das Fehlen spezifischer Daten kann schnell dazu führen, dass ein Gespräch über Performance aus dem Ruder läuft. Geben Sie dem Angestellten die Möglichkeit, Ihre Daten infrage zu stellen: *Nennen Sie mir ein paar Beispiele.* Es ist unmöglich, Verbesserungen zu erwarten, wenn Sie das Problem nicht klar definieren und mit Daten untermauern können. Quantitative Daten sind leicht zu bekommen; Sie können aufzählen, wie oft ein Angestellter zu spät kam oder wie viele Deadlines er verpasst hat. Daten über das Verhalten sind sehr viel schwerer zu erheben. Hier kann das STAR-Feedback (siehe Kapitel 15) nützlich sein. Es ermöglicht Ihnen, Feedback sowohl zu positivem als auch zu negativem Verhalten zu sammeln. Bei Gesprächen über schlechte Performance ist es wichtig, quantitative Daten und Daten über das Verhalten miteinzubeziehen, besonders wenn es schwierig wird. Hier ein Beispiel für die Anwendung von STAR:

S/T (Situation/Aufgabenstellung) – *Sie haben letzte Woche an einem Teammeeting über neue Software teilgenommen.*

A (Aktion) – *Sie haben die Diskussion ständig unterbrochen und den Ideen anderer nicht zugehört.*

R (Resultat) – *Jeder im Meeting hat einfach abgeschaltet. Sie hatten offensichtlich keine Lust, weiter mitzumachen. Um alles noch zu verschlimmern, konnten wir uns auch nicht auf einen Handlungsplan einigen.*

ALSO, WAS IST PASSIERT?

Erinnern Sie sich noch an Judy und Sam vom Anfang unseres Kapitels? Nach einer Serie von emotionsgeladenen Gesprächen wurde Judy offener und besorgte sich Hilfe bei einigen persönlichen Problemen. Sie wurde wieder ein tolles Mitglied des Teams. Sam war nicht empfänglich für Feedback und hatte auch noch andere Probleme. Er verließ letztlich die Firma. So was kommt vor.

Auf einen problematischen Angestellten zuzugehen sollte als Möglichkeit gesehen werden, der Person zu helfen, sich um das Problem zu kümmern und wieder auf den richtigen Weg zu kommen. Und in den seltenen Fällen, in denen das nicht funktioniert, tun Sie der Person keinen Gefallen, wenn Sie zulassen, dass dieses schlechte Verhalten anhält und ihre Karriereaussichten ruiniert. Doch der Schlüssel zum Erfolg liegt in den Skills, die Sie bei Ihren vielen Coachings und Feedback-Gesprächen anwenden (siehe Kapitel 14 und 15). Sie werden feststellen, dass diese Fertigkeiten entscheidend für jedes Gespräch sind, das Sie als Vorgesetzter führen.

Wir haben auch einen hilfreichen und humorvollen Leitfaden entwickelt, der einige der schwierigen Situationen beschreibt, mit denen Sie sich vielleicht konfrontiert sehen. Und einige Ratschläge, wie man damit umgeht.

IHR LEITFADEN ZUM UMGANG MIT SCHWIERIGEN MITARBEITERSITUATIONEN

Obwohl wir glauben, dass es am besten ist, beim Umgang mit schwierigen Mitarbeitern auf die Situation zu fokussieren und nicht auf die Person, sind manchmal Beschreibungen und Illustrationen hilfreich beim Verstehen bestimmter Typen von Personen und Situationen, die Sie immer wieder vor die gleichen Herausforderungen stellen. Jeder „Was tun?"-Abschnitt gibt Ihnen praktische Tipps, um mit dieser speziellen Situation umzugehen.

DIE UNSICHTBAREN

Ihr Büro ist um 9:30 Uhr noch leer und am Ende des Arbeitstags sieht man sie als Erste zur Tür hinausgehen. Die Unsichtbaren nehmen zwar Einladungen zu Meetings an, aber finden im letzten Moment eine Ausrede, um nicht teilzunehmen, und sie erscheinen auch nie bei irgendwelchen Events des Teams oder der Firma. Wenn sie doch mal bei einem Meeting erscheinen, starren sie auf ihren Laptop oder ihr Smartphone. Bevor irgendeine Aufgabe, die Sie ihnen übertragen haben, erledigt wird, müssen Sie mindestens dreimal nachfragen – und das muss per E-Mail oder Voicemail geschehen, denn Unsichtbare sind nie zu sehen.

Was tun?

Sammeln Sie Details über ihre schlechten Arbeitsgewohnheiten und deren Einfluss auf das Team. Konzentrieren Sie sich beim Gespräch auf die Fakten, fragen Sie nach Input für Lösungsansätze, um Arbeitsgewohnheiten künftig zu verbessern, und erarbeiten Sie gemeinsam einen durchführbaren Plan. Wenn dann immer noch keine Verbesserung bei der Arbeitsgeschwindigkeit und Anwesenheit zu verzeichnen ist, wird es vielleicht Zeit für eine etwas formellere Warnung.

DIE ZOMBIES

Manchmal fangen eigentlich gute Performer damit an, plötzlich durch die Gänge zu schlurfen und mit dumpfem, leblosem Blick nur unbeteiligt die Arbeitsbewegungen zu vollziehen, bis es Zeit ist, heimzugehen. Irgendetwas muss sie abgeschaltet haben – vielleicht ein unbewältigter Konflikt oder ein Mangel an neuen Herausforderungen. Völlig apathisch und unbeteiligt können Zombies aber unerwartet zubeißen und Kollegen ebenfalls in Schlafwandler oder Faulpelze verwandeln. Also ist schnelles Handeln angesagt.

Was tun?

Fangen Sie damit an, Selbstwertgefühl zu erhalten; erinnern Sie sich, Zombies waren mal gute Performer. Diskutieren Sie offen darüber, was sie bedrückt und was getan werden muss, um sie zurückzubringen. Hören Sie zu, antworten Sie mit Empathie und legen Sie unmittelbare weitere Schritte fest, um Bedenken in Angriff zu nehmen. Es könnte an der Zeit für ein neues Projekt, ein neues Team oder eine komplett neue Rolle sein, um einen Zombie ins Leben zurückzuholen.

DIE VULKANE

Vulkane sind unberechenbar und sprunghaft – mit ständigen Stimmungsschwankungen. Obwohl sie meistens ruhig und schlummernd wirken, kochen die Emotionen unter der Oberfläche. Ein Ausbruch kann jederzeit erfolgen – normalerweise unvorhergesehen – und heiße Lava und Asche auf Sie, das gesamte Team und noch schlimmer, auf die Kunden herabregnen lassen. Peers bewegen sich in der Nähe von Vulkanen nur auf Zehenspitzen, weil sie nicht wissen, wann der nächste Ausbruch bevorsteht.

Was tun?

Geben Sie Feedback in Bezug darauf, wie Stimmungsschwankungen andere unbeabsichtigt, aber schwerwiegend beeinflussen. Nehmen Sie kürzlich erfolgte Ausbrüche unter die Lupe und stellen Sie fest, ob es bestimmte Auslöser gab, denen man sich bewusst sein und die angegangen werden sollten. Bitten Sie um Hilfe und Rat, wie man die Lage ausgeglichener halten kann.

DIE SELFIES

Selfies wollen Aufmerksamkeit und nutzen jede Gelegenheit, um ihre letzten Aktivitäten oder Aufgaben zu posten, in der Hoffnung, eine Million Likes zu bekommen. Sie wollen anderen gefallen, aber merken nicht, dass jeder die Augen verdreht, wenn er Zeuge einer weiteren Selbstbeweihräucherung auf einem Meeting wurde. Selfies sind sehr wettbewerbsorientiert und fühlen sich berechtigt, jeden Bonus und jede mögliche Vergünstigung zu fordern, genau wie die Beförderung, für die sie eindeutig noch nicht bereit sind. Das Fazit? Es dreht sich alles um sie!

Was tun?

Geben Sie ehrliches Feedback darüber, dass dieses selbstbezogene Verhalten andere vergrault und ihr eigenes Image, das sie so angestrengt vermitteln wollen, negativ beeinflusst. Versichern Sie ihnen, dass ihre Bemühungen die verdiente Anerkennung finden. Richten Sie den Konkurrenzkampf wieder auf das richtige Ziel, indem Sie den Selfie daran erinnern, dass die wahre Konkurrenz außerhalb der Firma zu finden ist!

DIE STATUEN

 Statuen stehen groß und selbstgefällig auf einem Podest und fühlen sich den Teamkollegen, die sie überragen, weit überlegen. Statuen haben ihre Stärken schon genügend herausposaunt, um diejenigen mit höherem Rang zu überzeugen, dass sie sämtliches Lob und alle Auszeichnungen verdient haben. Tatsächlich sind Statuen meist innen hohl und bewegen sich kaum – oder leisten wirkliche Arbeit. Auch wenn Statuen davon abhängig sind, andere ihre Arbeit erledigen zu lassen, versuchen sie doch, ihre Kollegen klein zu halten, damit sie weiter die am meisten bewunderte und respektierte Person im Team sind.

Was tun?

Seien Sie offen und teilen Sie ihnen mit, welchen negativen Einfluss Statuen auf andere und auf ihr eigenes Image haben. Unterstreichen Sie die Botschaft, dass sich nicht alles um sie dreht, indem Sie die Stärken anderer Mitglieder des Teams herausstellen. Um ihnen zu helfen, vom Sockel herabzusteigen, müssen Sie Feedback über die Bereiche geben, in denen noch Entwicklungspotenzial besteht, und ihnen Möglichkeiten der Zusammenarbeit mit ihren Peers aufzeigen.

DIE MAUERBLÜMCHEN

Mauerblümchen wenden den Blick ab und vermeiden Blickkontakt, weil sie keine Wellen schlagen wollen. Sie wissen, dass sie das Herz am rechten Fleck haben, aber es kommen kaum Kommentare oder Fragen von ihrer Seite. Und Mauerblümchen warten immer, bis man an sie herantritt oder ihnen gesagt wird, was sie zu tun haben, fast als wäre es ihnen peinlich, einen Beitrag zu leisten. Wenn man sie nach Ideen oder Input fragt, zucken sie nur die Schultern und sagen: *Was auch immer Sie für richtig halten* oder *Wie Sie wollen*, um auf der sicheren Seite zu sein und Verantwortung zu vermeiden.

Was tun?

Erinnern Sie Mauerblümchen daran, dass Sie auch nicht alle Antworten kennen und dass Sie von den Teammitgliedern erwarten, ihre Ideen und Lösungen einzubringen. Ermutigen Sie Mauerblümchen zu eigenständigem Handeln innerhalb ihres Verantwortungsbereichs. Geben Sie ihnen bestimmte Aufgaben, die sie allein oder mit anderen erledigen können (und unterstützen Sie sie, ohne ihnen Verantwortung zu entziehen!), bestätigen Sie dann diese Erfolge, um Selbstvertrauen aufzubauen und Eigeninitiative zu fördern.

DIE REGENWOLKEN

Regenwolken bringen Schwere und übles Gerede mit, da sie schmollen, andere schlecht machen und jammern. Regenwolken sind die klassischen Opfer und nutzen jede Gelegenheit, vor sich hin zu brüten und sich über die vorliegende Situation zu beschweren, statt nach mehr Informationen und Hilfe zu suchen. Sie haben Schwierigkeiten damit, das Gute in anderen zu sehen, und verbreiten Argwohn, Angst und Negativität am Arbeitsplatz.

Was tun?

Versuchen Sie die Hauptursache von Unbehagen und Angst abzuklären und zu verstehen und suchen Sie nach konkreten Möglichkeiten, sich um diese Bedenken zu kümmern. Zeigen Sie Empathie, soweit angemessen, und fragen Sie nach ihrer Hilfe und Ideen darüber, was sich ändern müsste oder verbessert werden sollte. Geben Sie Feedback darüber, welchen negativen Einfluss ihre Stimmung und Grundhaltung auf andere und die Leistung des Teams hat.

17.

Leadership-Skills und die Skills der Profis

DELEGIEREN

Nicht „aufhalsen",
sondern delegieren

Vorab-Gedanken
Hatten Sie je einen Boss, der Ihnen eine Aufgabe einfach aufgehalst
hat und Ihnen wenig oder gar keine Hilfestellung bezüglich der Anforderungen oder gar Coaching angeboten hat, um Ihnen zu helfen, die
Aufgabe erfolgreich zu erledigen? Wie hat sich das angefühlt? Wie sind
Sie damit umgegangen? Wie wollen *Sie*, dass man von Ihnen als Führungskraft denkt – als jemand, der delegieren kann oder als jemand,
der die Arbeit nur anderen aufhalst?

DELEGIEREN ODER NICHT DELEGIEREN, DAS IST HIER DIE FRAGE

Seien wir ehrlich: Nur allzu oft halten Vorgesetzte an Aufgaben und
Tätigkeiten fest, die sie lieber abgeben sollten. Also, was hält *Sie* davon
ab? Tun Sie Folgendes:

- Aufgaben behalten, weil Sie glauben, kurzfristig würden die Ergebnisse darunter leiden, dass die Person, an die Sie die Aufgabe delegieren, erst noch Erfahrung sammeln muss.

- Aufträge mit Entwicklungsmöglichkeiten vermeiden zu delegieren, weil Zeit und Aufwand damit verbunden sind, den Erfolg der beauftragten Person sicherzustellen.

- Sich darüber Sorgen machen, dass man austauschbar wird, wenn man noch mehr Aufgaben delegiert.

- In die Falle tappen, denselben Mitarbeitern immer und immer wieder Aufgaben zu übertragen, weil Sie wissen, dass diese den Job erledigen werden.

- Vermeiden, Aufgaben an Ihr Team zu delegieren, weil Sie wissen, dass alle zu beschäftigt sind.

- Aufgaben selber erledigen, weil Sie befürchten, dass Mitarbeiter die Arbeit anders ausführen werden, als Sie das gerne hätten.

Wenn es Ihnen so geht wie den meisten, die zum ersten Mal Führungsverantwortung tragen, werden Sie nicht über die Zeit oder Kapazität verfügen, um alles selber zu erledigen. Aber Aufgaben zu delegieren kann herausfordernd sein, besonders wenn Sie nur widerstrebend Arbeit abgeben, die Sie selber gerne machen, oder wenn Sie Sorge haben, ein Projekt könnte an Schwung verlieren, weil die delegierte Arbeit nicht sofort dem geforderten Standard entspricht. Folgender Gedankengang ist dabei verlockend: *Wenn ich **mehr** Zeit brauche, anderen zu helfen, als es brauchen würde, die Arbeit selber zu erledigen, dann ist es das einfach nicht wert.* Aber diese Rechnung geht nicht auf. Nicht nur ist das die Überholspur zum Burnout (Ihrem), es ist auch ein todsicherer Weg, damit sich ihr Team langweilt, das Gefühl hat, Sie trauen ihm nicht, sich ausgebremst und unwichtig fühlt. Im Endeffekt werden Sie weniger Arbeit erledigt kriegen und nicht mehr. Und indem Sie zu wenig delegieren, stellen Sie sicher, dass Ihre Firma mit Personal ausgestattet ist, das nicht vorbereitet ist, neuen Herausforderungen entgegenzutreten, die der Markt bereithält. Sie wollen natürlich, dass die Arbeit getan wird, aber sie wollen auch, dass jeder seinen Beitrag für die Firma leistet und seine Skills entwickelt, wenn Sie schon mal dabei sind. Die Daten von DDI bestätigen das. In unseren 360-Grad-Assessments (Ihre Peers, Ihr Chef und Ihre direkten Mitarbeiter) ist Delegieren bei Führungskräften einer der Skills mit dem niedrigsten Rating.[1] Es gehört also zu den Fertigkeiten, die den höchsten Prozentsatz an Entwicklungspotenzial haben.[2]

Wir definieren das Delegieren auf eine Weise, die Ihnen hilft, die Fehler zu vermeiden, die viele Führungskräfte, ob neu oder erfahren, machen – und stellen sicher, dass Sie richtig delegieren und nicht nur Arbeit abladen.

Die Definition von Delegieren: *Das beständige Suchen nach und Nutzen von Gelegenheiten, Resultate zu erzielen und/oder Kompetenz aufzubauen, indem man Aufgaben und Verantwortung zur Entscheidungsfindung an Individuen oder Teams überträgt – mit klarer Abgrenzung, Unterstützung und Follow-up.*

Lassen Sie uns das genauer betrachten. Delegieren ist ein entscheidendes Werkzeug der Mitarbeiterführung, das es Ihnen ermöglicht, Zeit in andere wichtige Vorhaben zu investieren. Zugleich geht es um weit mehr als nur darum, anderen Arbeit zuzuteilen. Es ist vielmehr ein Werkzeug, um sicherzustellen, dass jedes Mitglied Ihres Teams zu den Geschäftsergebnissen beiträgt und fortlaufend neue Skills entwickelt und Fachwissen vermehrt. Ihre Aufgabe ist es, den Horizont nach neuen Möglichkeiten abzusuchen, die richtigen Leute mit den richtigen Aufgaben zusammenzubringen, um beides sicherzustellen. Wenn Sie erfolgreich sind, werden Sie Ihre Zeit, Skills und Fähigkeiten zum größtmöglichen Gewinn für alle einsetzen können. Das ist gut für Sie, Ihr Team, Ihre Firma und Ihre Kunden. Und nach diesen Möglichkeiten zu suchen sollte Ihnen zur zweiten Natur werden.

Der Prozess des Delegierens besteht vor allem im „Was", „Wer" und „Wie". Fragen Sie sich:

1. *Was* soll ich delegieren und was soll ich selber übernehmen? (Arbeit auf die richtige Art verteilen.)

2. Wie entscheide ich, *wer* welche Aufgabe übernehmen soll? (Den richtigen Leuten die Arbeit übertragen.)

3. *Wie* kann ich diese Entscheidung effektiv kommunizieren? (Persönliche und praktische Bedürfnisse des Teams ansprechen.)

4. *Wie* gestalte ich das Follow-up? (Überwachen der delegierten Aufgaben und Coaching.)

Brauchen Sie ein wenig Coaching von Tacy? Ihr Video wird Ihnen helfen, zweckgerichtet – und mit Selbstvertrauen – zu delegieren. Sie finden es auf unserer Microsite.

WAS SOLL ICH DELEGIEREN UND WAS BEHALTEN?

Um darüber nachzudenken, wie man die Arbeit auf richtige Art und Weise verteilt, ist es wichtig, ein Verständnis von *Autorität* zu haben. Insbesondere von der Autorität, die derjenige haben wird, der die Aufgabe übertragen bekommt – und zwar in drei Schlüsselbereichen: *Entscheidungen zu treffen* in Bezug auf die Arbeit, *Ressourcen zu nutzen* und *Probleme zu lösen*. Sie werden einige wichtige Entscheidungen darüber treffen müssen, wie viel, wann und warum Sie Autorität abgeben. Es gibt drei grundlegende Kategorien, die man berücksichtigen sollte:

Eine Aufgabe behalten

Behalten Sie die Autorität und Verantwortung für das Erledigen der Aufgabe. Sie werden wahrscheinlich dann eine Aufgabe selbst übernehmen, wenn sie in Ihren alleinigen Verantwortungsbereich fällt, wie etwa ein Problem mit der Performance, das die Ergebnisse der gesamten Gruppe gefährden kann. (Die meisten Dinge, die mit Personalfragen zu tun haben, sollten wohl in Ihrer Hand bleiben.) Zudem werden Sie eine Aufgabe für sich behalten, wenn andere nicht dafür qualifiziert sind oder die Frist nicht einhalten können.

Das Entwickeln von Ideen delegieren

Übertragen Sie Verantwortung für das Entwickeln von Ideen oder Analysieren einer Situation. Auf diese Art zu delegieren ist vorteilhaft, wenn man in den Genuss der Expertise oder Perspektive anderer kommen will oder Engagement fördern will, indem man die Menschen beteiligt, die von den entwickelten Ideen oder Entscheidungen betroffen sein werden. Lassen Sie das nicht zu einem fruchtlosen Unterfangen werden! Wenn Sie nicht bereit sind, die Ideen (in einem gewissen Rahmen) anzunehmen, die vorgetragen werden, dann übermitteln Sie die Botschaft, dass Sie Ihren Mitarbeitern nicht trauen. Das ist nicht nur der Motivation abträglich, es kostet Sie auch Glaubwürdigkeit.

Eine Aufgabe delegieren

Übertragen Sie die Verantwortung zum Erledigen einer genau umrissenen Aufgabe, die wenig oder keine Autorität zum Fällen von Entscheidungen beinhaltet. In diesem Fall behalten Sie als Führungskraft die Verantwortung, eine Idee zu entwickeln, und delegieren nur die Anstrengung, die nötig ist, um die Aufgabe abzuschließen. Das ist die Art von Aufgaben, die vorschriftsmäßig erfüllt werden müssen, aber trotzdem einem Teammitglied die Möglichkeit bieten, etwas Neues auszuprobieren. Wenn zum Beispiel Ihr Geschäftsbereich streng reguliert ist, dann können Sie diese Art des Delegierens mit klaren Richtlinien bei einem neuen Mitglied des Teams für einige Projekte einsetzen.

Die Verantwortung delegieren

Übertragen Sie die Verantwortung für das Erledigen einer genau umrissenen Aufgabe, die eine bestimmte Autorität zum Fällen von Entscheidungen beinhaltet. Dabei geht es um einiges. Wenn andere zum Treffen wichtiger Entscheidungen befugt sind oder die Aufgabe mit ein wenig Coaching selber erledigen können, dann ist das die perfekte Gelegenheit, Autorität für die gesamte Aufgabe zu übertragen. Wieso nicht Ihre beiden Projektleiter das Training übernehmen lassen, statt selber das neue Teammitglied fürs Projektmanagement einzuarbeiten? Letzten Endes wird der neue Mitarbeiter sowieso eng mit den Teamleitern zusammenarbeiten und so können diese gemeinsam ihre Skills auf- und ausbauen.

Nehmen Sie sich kurz Zeit, um darüber nachzudenken, womit Sie in der Arbeit Ihre Zeit verbringen. Welche Aufgaben und Verantwortungsbereiche könnten Sie delegieren, um schneller und effizienter Ergebnisse zu erzielen? Welche neuen Rollen würden Sie dabei annehmen? Welche können Sie delegieren? Welche Aufgaben können Sie noch delegieren, um mehr Zeit zu haben, die Ziele mit der höchsten Priorität zu verfolgen? Nutzen Sie dabei Tool 17.1 zur Unterstützung.

 **DDI-PROFI-TIPP:** Fragen Sie Ihre Peers, welche Aufgaben und Aufträge sie normalerweise delegieren, und fragen Sie dann, was sie daraus gelernt haben und welche Vorteile sich daraus ergeben haben.

TOOL 17.1

WAS SOLL ICH DELEGIEREN?

Anleitung: Denken Sie über die vier Kategorien nach, die auf den vorherigen Seiten genannt wurden, und schreiben Sie Ihre Aufgaben in die folgende Liste. (Anmerkung: Dies ist eine gute Übung, die regelmäßig wiederholt werden kann.) Wenn Sie fertig sind, haben Sie einen Grund zum Feiern! Sie haben gerade Ihre To-do-Liste fürs Delegieren erstellt, angefüllt mit dem, was Sie behalten, und dem, was Sie an Ihr Team delegieren.

Eine Aufgabe behalten

☐ _____

☐ _____

☐ _____

Das Entwickeln von Ideen delegieren

☐ _____

☐ _____

☐ _____

Eine Aufgabe delegieren

☐ _____

☐ _____

☐ _____

Die Verantwortung delegieren

☐ _____

☐ _____

☐ _____

WIE ENTSCHEIDE ICH, WER WELCHE AUFGABE BEKOMMT?

Im Verlauf dieses Buches haben wir Sie stets dazu ermuntert, sich viel mit anderen auszutauschen. Die Gespräche, die stattfinden, bevor Sie eine Aufgabe delegieren, werden für Sie, besonders als neue Führungskraft, der Schlüssel dazu sein, herauszufinden, wer für welche Aufgabe geeignet ist. Aber diese Gespräche sollten nicht aufhören, wenn Sie eine Weile Ihre neue Rolle ausgefüllt haben! Wenn Sie Ihren Job machen, werden die Fähigkeiten Ihres Teams sehr schnell und messbar zunehmen. Ziehen Sie also alle Möglichkeiten in Betracht, jedes Mal, wenn Sie eine Aufgabe delegieren.

 **DDI-PROFI-TIPP:** Bedenken Sie, welchen Einfluss das Delegieren einer bestimmten Aufgabe an ein Teammitglied auf den Rest des Teams haben wird. Werden einige Leute verärgert sein, weil sie nicht für die Aufgabe ausgewählt wurden? Wird die neue Aufgabe den Fortschritt des Mitglieds bei anderen Aufgaben behindern? Wie wird es die Gesamtergebnisse des Teams beeinflussen?

Die vier unten stehenden Fragen können Ihnen helfen, den besten Kandidaten für jeden der vier Punkte auszusuchen, die Sie mit Tool 17.1 ermittelt haben. Gehen Sie den Ablauf durch, auch wenn Sie meinen, die Antwort schon zu kennen:

- **Fähigkeiten** – Hat diese Person das Wissen und die Skills, die Aufgabe/Verantwortung zu übernehmen?

- **Verfügbarkeit** – Hat diese Person Zeit, die Aufgabe zu übernehmen? Könnten ihre sonstigen Aufgaben neu nach Wichtigkeit geordnet werden?

- **Motivation** – Ist die Person motiviert, die delegierte Aufgabe auszuführen?

- **Möglichkeiten zur Entwicklung** – Hat diese Person in einem bestimmten Bereich Entwicklungsbedarf oder ist es eine Möglichkeit, die Fähigkeiten des Teams weiterzuentwickeln?

Lassen Sie uns die letzte Frage ein wenig genauer betrachten. Es ist wichtig zu verstehen, dass die meisten Aufgaben, die Sie delegieren, die Entwicklung fördern, was bedeutet, dass sie den Mitarbeitern helfen, neue Skills zu entwickeln und gleichzeitig die Geschäftsziele zu erreichen. Tatsächlich ist es selten, keinen Bereich zu haben, der über Entwicklungspotenzial verfügt, selbst bei erfahrenen Mitarbeitern. Wenn Sie jemanden auf den Weg des „learning by doing" schicken – worum es beim Delegieren häufig geht – ist es für Sie wichtig sicherzustellen, dass die Person hat, was sie braucht, um erfolgreich zu sein.

WIE GEBE ICH DIE ENTSCHEIDUNG WEITER?

Zum jetzigen Zeitpunkt sollten Sie ein Gefühl dafür haben, wie wichtig Kommunikation für Ihre Karriere als Führungskraft ist. Die Gesprächsgrundsätze und Gesprächsrichtlinien sind das Rückgrat einer effektiven Kommunikationsstrategie für Themen jeglicher Priorität. Nutzen Sie Abbildung 17.1 als praktischen Leitfaden, wie man Gesprächsfertigkeiten für Delegierungsgespräche optimiert.

ABB. 17.1 | EIN DELEGIERUNGSGESPRÄCH FÜHREN

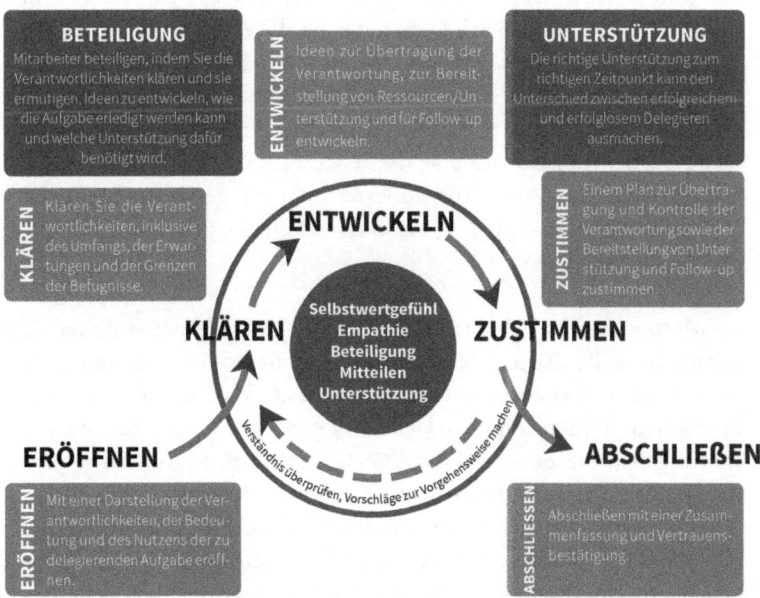

WIE GESTALTE ICH DAS FOLLOW-UP (UND VER-MEIDE ES, AUFGABEN EINFACH ABZULADEN)?

In unseren Vorab-Gedanken befragten wir Sie über das Aufhalsen von Arbeiten. Das haben wir alle schon mal erlebt. Vorgesetzte laden meist aus Verzweiflung Aufgaben bei anderen ab. Ihr Vorgesetzter musste vielleicht eine Aufgabe erledigt bekommen und hatte weder die Zeit noch die Energie dazu, also hat er sie bei Ihnen abgeladen und Sie die gesamte Aufgabe erledigen lassen – nur um sie dann abgeschlossen und mit einer unterwürfigen Verbeugung Ihrerseits zurückzubekommen.

Nun, hier kommt die Rettung für all die kämpfenden, verzweifelten Führungskräfte: Follow-up ist der Schlüssel, um zu garantieren, dass Sie nie als jemand gesehen werden, der Aufgaben einfach nur ablädt! Beim Follow-up ist es wichtig, sich darauf zu einigen, wie Sie den Fortschritt *überwachen*, Coaching anbieten und woran Sie den Erfolg *messen*. Wenn Sie das nicht tun, riskieren Sie den Misserfolg der Mitarbeiter.

Überwachen bezieht sich auf die Methoden, die Sie verwenden, um den Fortschritt zu beobachten und nachverfolgbar zu machen, während die Person die delegierte Aufgabe erledigt. Monitoring-Methoden erlauben Ihnen, wenn nötig Anpassungen vorzunehmen, bevor die Leistung nachlässt. Diese Methoden erlauben es auch, die Performance zu erhalten, wenn Mitarbeiter Fortschritte machen. Zum Beispiel könnte ein Vorgesetzter den Fortschritt eines Teammitglieds überwachen, indem er die anfänglichen Meetings mit ihm genau beobachtet und dann Follow-up bietet, bei dem er Feedback über die Leistung und begleitendes Coaching anbietet. Am Anfang ist es für Sie besser, alles sehr genau zu überwachen. In dem Umfang, in dem die Person an Erfahrung gewinnt, können Sie mehr Abstand halten.

Messen bezieht sich auf die Ergebnisse der geleisteten Arbeit, auf vorgegebene Standards oder Kennzahlen, anhand derer Sie, der Mitarbeiter oder auch andere Personen die Resultate der übertragenen Aufgabe messen können. *Ergebniskennzahlen* bieten spezifische, objektive Zielvorgaben – in Bezug auf Qualität, Quantität, Kosten oder Zeitvorgaben –, anhand derer Mitarbeiter ihre Ergebnisse quantifizieren können. Diese Zielvorgaben ermöglichen es Ihnen und der betreffenden Person, den Effekt des Delegierens auf wichtige Geschäftsergebnisse einzuschätzen. Es erleichtert Ihnen die Arbeit, wenn Sie Mitarbeiter dazu ermutigen,

Feedback und andere Daten bezüglich der Performance zu sammeln, während sie die Verantwortung innehaben. Das ist besser, als auf einen offiziellen Bericht oder Feedback zu warten. Selbsteinschätzung führt zu mehr Empowerment, denn es legt die Verantwortlichkeit für den Erfolg direkt in die Hände derjenigen, die den Job erledigen.

Sie müssen sich über die Monitoring- und Messmethoden einig sein, mit denen jeder einzelne zurechtkommt – diese Methoden müssen Ihre Bedürfnisse und die Erfahrung und persönlichen Bedürfnisse der Teammitglieder berücksichtigen. Aber bedenken Sie, dass eine Führungskraft, die zu viel Gewicht auf die Kontrolle legt, leicht demotivierend auf andere wirken kann. Es ist wichtig, die richtige Balance zwischen Ihrer Komfortzone und derjenigen der Mitarbeiter zu finden.

Es mag der Intuition widersprechen, aber in Kontakt mit einer delegierten Aufgabe zu bleiben ist das richtige Mittel, um loszulassen und letztendlich den Mitarbeitern die volle Kontrolle über die gestellte Aufgabe zu überlassen, während Sie eine unterstützende Rolle einnehmen. Das ist der Kern des letzten Gesprächsgrundsatzes – Unterstützung zu gewähren, ohne Verantwortung zu entziehen. Stellen Sie während des Delegierungsgesprächs sicher, den Grad an Unterstützung zu klären, den Sie als Vorgesetzter gewähren, und sich darüber einig zu werden. In der weiter oben erwähnten Situation, in der ein neuer Mitarbeiter ins Boot geholt wurde, obliegt diese Unterstützung Ihren Teamleitern, die Sie über den Fortschritt auf dem Laufenden halten.

 **TECHNOLOGIE-TIPP!** Manchmal ist eine unverbindliche Nachfrage und Bestätigung alles, was jemand braucht, um zuversichtlich und motiviert zu bleiben. Nutzen Sie für das Follow-up mehrere Kommunikationskanäle. Unvorbereitete, spontane Nachfragen können mithilfe jeder beliebigen Kommunikationsmethode erfolgen, inklusive E-Mails, Kurznachrichten, Instant Messaging und so weiter: *Ich habe eben festgestellt, dass Sie Ihre letzte Deadline eingehalten*

haben! Weiter so! Nächstes Mal könnte es schwieriger werden; texten Sie einfach, wenn Sie mich brauchen. Zusätzlich sollten Sie vielleicht Benachrichtigungen für delegierte Aufgaben in Ihrer Arbeitsliste aktivieren oder Erinnerungen per E-Mail mithilfe irgendeiner der heute verfügbaren Apps einrichten. Sie helfen Ihnen als Führungskraft, zum richtigen Zeitpunkt nachzuhaken.

GESCHENKT IST GESCHENKT, WIEDER HOLEN IST GESTOHLEN!

Eine der schwierigsten Versuchungen für Sie wird es sein, dem zu widerstehen, was wir *umgekehrtes Delegieren* nennen. Dabei lassen Sie jemanden, der auf Schwierigkeiten gestoßen ist, einen Teil der Aufgabe (oder die gesamte!) wieder zurückgeben, um sie selbst zum Abschluss zu bringen. (Noch schlimmer ist es, wenn Sie die Aufgabe einfach nur an sich reißen, weil Sie nervös werden.) Erinnern Sie sich an den Chef aus Kapitel 7 mit all den schwarzen Petern (delegierten Aufgaben) in der Hand. Widerstehen Sie diesem Impuls! Stattdessen sollten Sie erkennen, dass diese Momente Ihnen signalisieren, dass Sie mehr oder anders geartete Unterstützung gewähren müssen.

Um die Aufgaben dort zu belassen, wo sie hingehören, müssen Sie Ihr Team frühzeitig und häufig coachen. Diese fortlaufenden Coaching-Gespräche helfen Ihnen zu sehen, wie die Dinge laufen, und auftauchende Hindernisse frühzeitig zu erkennen. Diese Interaktionen können förmlich oder formlos sein und sogar ein einfaches „Wie läuft's?" als Kurznachricht kann ausreichend sein. Aber Ihr Job ist es, der Person dabei zu helfen, die Aufgabe oder Verantwortung effektiv allein zu handhaben, von Anfang bis Ende. Delegieren endet also nicht nach dem ersten Meeting, bei dem Sie die Aufgabe zugeteilt haben. Es ist eine Reise, die Sie zusammen unternehmen.

Formelle Besprechungen sind geplante, regelmäßige Meetings, um Fortschritte festzuhalten, Feedback und Coaching zu geben, Bedenken anzusprechen und die ursprüngliche Planung, basierend auf dem Fortschritt der Person, anzupassen.

Informelle Besprechungen können jederzeit stattfinden durch spontane Unterhaltungen oder kurze Nachfragen. Das Ziel ist es, proaktiv Herausforderungen oder Probleme zu besprechen, denen der Mitarbeiter begegnen könnte, und zusätzliches Coaching und Unterstützung anzubieten.

═══════════════════════════════════════

Wenn Sie diese Gespräche führen, stellen Sie sicher, dass Sie offen formulierte Fragen stellen, die den Mitarbeitern helfen, ihren Fortschritt einzuschätzen und Dinge zu identifizieren, die ihnen Sorgen bereiten. Sie sollten also weniger planen, was Sie der Person sagen wollen, sondern planen, was Sie fragen werden.

 **DDI-PROFI-TIPP:** Gehen Sie nicht davon aus, dass die Person keine Hilfe braucht. Mitarbeiter sind oft gehemmt, um Hilfestellung zu bitten, weil Sie ihnen diese bestimmte Aufgabe oder Verantwortung vertrauensvoll übertragen haben. Daher denken sie, dass es ein Zeichen von Schwäche wäre, um Hilfe zu bitten.

Zu guter Letzt: Wenn Sie wirklich Ärger am Horizont heraufziehen sehen, kann es klug sein, andere Stakeholder als Verbündete zu gewinnen, um Feedback zu geben und, wenn angemessen, Vorschläge und Ratschläge auszutauschen. Wenn Sie das Gefühl haben, einschreiten zu müssen, tun Sie das mit Bedacht! Emotionen können hochkochen, wenn Projekte auf der Kippe stehen. Basierend darauf, wie die betreffende Person vorankommt, sollten Sie Ihre Planung für Verantwortungsbereiche, Vollmachten, Unterstützung und das Follow-up überdenken und anpassen. Und bleiben Sie dabei zuversichtlich.

Sie leben in einer aufregenden Zeit mit ständig zunehmenden Anforderungen an Ihre Firma, Ihr Team, Ihre Familie und an Sie selbst. Menschen darauf vorzubereiten, diesen Anforderungen gerecht zu werden, hilft allen Beteiligten. Als Führungskraft können Sie es sich nicht leisten, den Reichtum, der durch Erfahrung entsteht, nicht mit anderen zu teilen, genauso wenig wie Ihr Team das kann.

18.

Leadership-Skills und die Skills der Profis

PERFORMANCE MANAGEMENT

Ein Prozess, kein
einmaliges Ereignis

Vorab-Gedanken
Denken Sie über folgende zwei Fragen nach. Erstens: *Wollen Sie,
dass Ihr Vorgesetzter Ihnen sagt, wie gut Sie Ihre Arbeit machen?* Und
zweitens: *Mögen Sie Leistungsbeurteilungen?* Wenn es Ihnen geht wie
den meisten Menschen, die wir interviewt haben, dann ist die Antwort auf die erste Frage ein lautes Ja und die Antwort auf die zweite ein energisches Nein. Das ist das Paradoxon des Performance Managements.

SCHLAGEN SIE DAS SYSTEM

Einfach ausgedrückt soll gutes Performance Management den Menschen helfen – Vorgesetzten und einzelnen Mitarbeitern gleichermaßen – zu verstehen, wie sie die Ziele in ihrem Job erreichen und dabei in ihrem Job besser werden. Und wenn Sie über den strategischen Zweck nachdenken, ermöglicht es das Performance Management Ihrer Firma, ihre Geschäftsstrategie zu verfolgen, indem innerhalb der Firma Prioritäten in Übereinstimmung gebracht werden und Verantwortlichkeit geschaffen wird, um die Ziele der Firma zu verfolgen. Wenn Ihre Firma so wie die meisten vorgeht, dann gibt es mit ziemlicher Sicherheit irgendeine Form von Performance Management, das Sie nutzen sollen. Oft sind diese Systeme computerbasiert und ermöglichen es der oberen Führungsebene, zentralisierten Zugriff auf Berichte zu erhalten. Möglicherweise sind dafür spezielle Formulare vorgesehen. Die Informationen, die Sie sammeln – gesetzte Ziele, erreichte Wegmarken und Ähnliches – werden oft verwendet, um eine in Zahlen ausdrückbare Bewertung oder ein Rating zu generieren, das die Firma verwendet, um jeden Angestellten zu evaluieren. Der ganze Vorgang kann stressig und unangenehm sein und verhindert oft sinnvolle Gespräche, statt sie zu fördern. Aber das muss nicht so sein!

Wie viele Organisationssysteme ist auch Performance Management ein *unvollkommener, aber notwendiger* Bestandteil der heutigen komplexen Geschäftswelt. Und das sollte nicht nur ein einmaliges jährliches Ereignis sein. Performance Management sollte Teil einer größeren, leistungsorientierten Denkstruktur sein, die das ganze Jahr aktuell ist. Aber das System muss für Sie funktionieren. Dieses Kapitel kann Ihnen helfen, Ihre bisherigen Pflichten innerhalb des Performance-Management-Systems zu einer Reihe gehaltvoller Gespräche umzugestalten, die es Ihren Angestellten ermöglichen, sich sicher zu fühlen, integriert und mit der Chance auf persönliches Wachstum ausgestattet. Aber bevor wir uns den Details dieser Gespräche widmen, sollten wir uns zwei Punkte ansehen, die Ihnen helfen, das große Ganze des Performance Managements besser zu verstehen.

ES GEHT NICHT UM SIE

Vor ein paar Jahren hat sich ein Mitarbeiter von Rich beschwert: *Ich habe zehn Leute in meinem Team. Ich habe keine Zeit für all diese Leistungs-*

beurteilungen. Worauf Rich (klug) erwiderte: *Sie müssen keine zehn Leistungsbeurteilungen machen, sondern nur eine – Ihre.* Mit anderen Worten müssen Angestellte Herr und Meister ihrer eigenen Leistung und auch der damit verbundenen Gespräche sein. Und Sie müssen ihnen zeigen, wie.

Jeder Ihrer direkten Mitarbeiter sollte hauptsächlich selber dafür verantwortlich sein, Leistungsdaten zu sammeln, Ergebnisse zusammenzufassen und sogar selbst eine erste Einschätzung seiner Leistung abzugeben. Das ist zum Teil ein praktischer Ansatz. Sie können die Menschen nicht dazu zwingen, bessere Leistungen zu bringen. Aber Sie können Sie coachen, führen und sie unterstützen, damit sie ihre eigenen Leistungen selber besser einschätzen können und wo sie sich auf ihrem Weg der beruflichen Weiterentwicklung befinden. Aber das Ganze hat auch eine persönliche Komponente. Mitarbeiter, die einen Überblick über ihre eigenen Leistungsdaten haben, sind eher in der Lage, frühzeitig Kurskorrekturen vorzunehmen, wenn etwas falsch läuft, und sind im Allgemeinen engagierter. Es mag vielleicht so aussehen, als würden Sie die Kontrolle über das Gespräch abgeben, aber das ist nicht der Fall. Ihr Job ist es, den ganzen Prozess zu managen – das Einhalten von Zeitvorgaben zu überwachen, sicherzustellen, dass die richtigen Daten als Grundlage verwendet und die korrekten Kriterien für das Rating angewendet werden – und am allerwichtigsten, das Gespräch zur Leistungsbeurteilung zu leiten. (Darauf kommen wir gleich zurück.)

 **TECHNOLOGIE-TIPP!** Ermutigen Sie Ihre Teammitglieder, E-Mails an Leute in Schlüsselpositionen zu schreiben – Sie eingeschlossen! –, um während und nach der Erledigung wichtiger Aufgaben wie Präsentationen, Meetings und beim Erreichen von Zwischenzielen von Projekten um Feedback zu bitten. Lassen Sie sie ein bestimmtes Projekt oder einen bestimmten Skill identifizieren. Eine kurze Nachricht – *Ich versuche meine Fähigkeiten bei der grafischen Präsentation zu verbessern. Wie fanden Sie die Grafiken in der letzten Präsentation? Was hätte besser sein können?* – wird ihnen helfen, ihren Fortschritt während des Jahres zu kontrollieren und ihnen viel Stoff geben, den sie mit Ihnen bei der nächsten Leistungsbeurteilung besprechen können.

SEIEN SIE EIN TRAINER, KEIN SCHIEDSRICHTER

Viele Performance-Management-Systeme (und die allgemeinen Vorstellungen über Chefs) machen den Vorgesetzten zu jemandem, der den Angestellten loben und bewerten soll. Zum Teil liegt das in der Natur des Systems: Viele der Systeme, die Sie nutzen werden, generieren eine Zahl (oder eine Reihe von Zahlen) zur Bewertung der Performance der Mitarbeiter. Viele Leute fürchten das, und aus gutem Grund. David Rock und das NeuroLeadership Institute legen nahe, dass Beurteilungsgespräche über das, was Sie im letzten Jahr gut oder weniger gut gemacht haben, Ihr Gehirn in einen Angstzustand versetzen, der unsere Fähigkeit, Informationen aufzunehmen, einschränkt.[1] Das ist ein schwerwiegender Fehler im System und kann Momenten der Einsicht in Bezug auf die eigene Leistung im Weg stehen.

Sie können dieses System einfach überlisten, indem Sie den gesamten Prozess des Performance Managements als eine Reihe von Coaching-Gesprächen anlegen statt als ein einziges Gespräch zur Beurteilung. Und wie können Sie dieses Versprechen einhalten? Sie coachen jede Woche Menschen, helfen ihnen bei ihrer Entwicklung und führen regelmäßig Gespräche zur Kontrolle und Bewertung (mindestens eines pro Halbjahr). Auf diese Weise scheint das Gespräch zum Ende des Jahres mehr ein Teil des normalen Kreislaufs aus Coaching und Kontrolle zu sein als eine Leistungsbeurteilung.

Als Teamleiter müssen Sie die Performance und Entwicklungsziele jeder Person kennen und bereit sein, proaktives Coaching und Feedback zu bieten – und Sie sollten die Ergebnisse dabei dokumentieren. Wenn also die Beurteilung zum Halbjahr oder zum Ende des Jahres ansteht, können Sie und Ihr Mitarbeiter die Ergebnisse zusammenfassen und sich auf ein Rating einigen. Abbildung 18.1 zeigt Ihnen, wie eng verbunden Coaching und Performance sind. Ihr Job ist es, diese Verbindung aufrechtzuerhalten.

ABB. 18.1 | DER PERFORMANCE-ZYKLUS: EINE ANLEITUNG FÜR FÜHRUNGSKRÄFTE

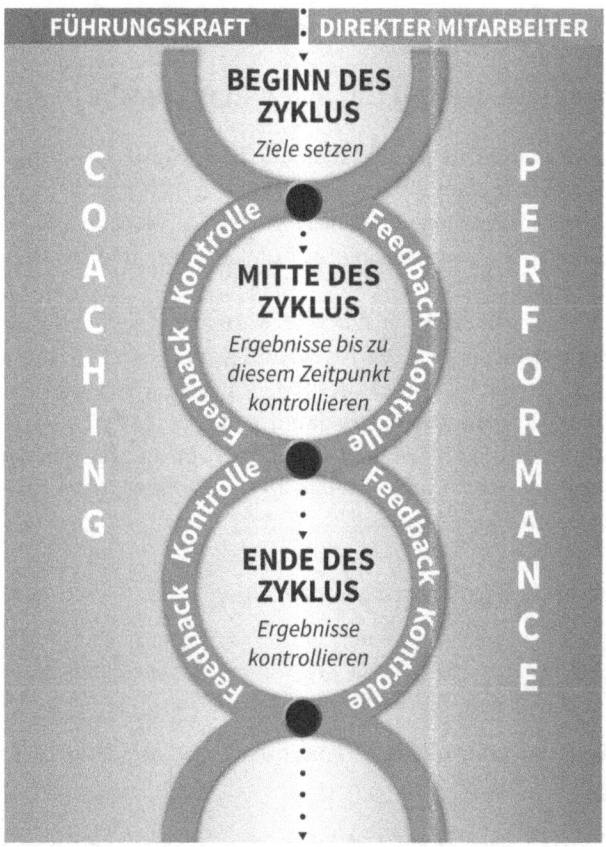

ZIELE SETZEN

Jeder Performance-Zyklus (normalerweise ein Jahr lang) fängt mit einer Zielsetzung an. Es gibt zwei Arten von Zielen, die gleichermaßen wichtig sind: Leistungsziele und Verhaltensziele. Stellen Sie es sich so vor: Leistungsziele beschreiben, „was" eine Person tun sollte, und Verhaltensziele beschreiben, „wie" sie es tun sollte. Sie haben bestimmt schon mal mit jemandem gearbeitet, der gut darin war, Aufgaben zu erledigen – während er sich bei den Kollegen unbeliebt machte. Und es ist ebenso wahrscheinlich, dass Sie mit jemandem gearbeitet haben, der sehr umgänglich war, aber nicht viel leistete. Ihre Aufgabe ist es, sowohl für das „Was" als auch das „Wie" Coaching zu bieten und für eine Weiterentwicklung zu sorgen. Fangen wir mit dem „Was" an.

Leistungsziele SMART machen (das „Was")

Die meisten Firmen empfehlen, die Leistungsziele an bestimmten Kriterien auszurichten. Wir nennen sie SMART-Ziele; Ihre Firma verwendet vielleicht eine andere, ähnliche Formel. Gut formulierte SMART-Ziele sind Ihr Dreh- und Angelpunkt fürs Coaching und für Performance-Gespräche.

Wenn Sie nicht damit vertraut sind, wie man SMART-Ziele formuliert, sehen Sie sich die folgende kurze Anleitung an. Noch ein wichtiger Tipp: Überspringen Sie keine Teile des SMART, denn das wird sich bei der Beurteilung rächen, besonders dann, wenn der Mitarbeiter zu wenig Leistung bringt. Ein fehlender Bestandteil kann zu Missverständnissen oder sogar zu Streit führen: *Ich dachte, die Deadline ist im Februar. Sie können sie jetzt nicht ändern.*

Kriterien für gut formulierte Ziele

SMART steht für:

Spezifisch (Specific) – definiert spezifische Resultate, die erreicht werden sollen.

Messbar (Measureable) – definiert die Kennzahlen in Bezug auf Quantität, Kosten oder Qualität, um den Fortschritt zu bewerten.

Erreichbar (Attainable) – das Ziel kann herausfordernd sein, aber es sollte auch erreichbar sein.

Relevant (Relevant) – fördert das Erreichen von Zielen des Teams oder der Firma.

Zeitgebunden (Time bound) – definiert eine Deadline, einen Zeitrahmen oder eine Frequenzrate.

Tipps zum Formulieren von SMART-Zielen

- Beginnen Sie jedes Ziel mit einem Aktionsverb (zum Beispiel: „erhöhen", „vollenden", „erreichen").

- Definieren Sie Quantität, Kosten, Zeitvorgaben und/oder Qualitätsvorgaben genauso wie jegliche Fälligkeitsdaten oder Zeitrahmen.

- Vermeiden Sie „Alles-oder-Nichts"-Ziele. Zum Beispiel ist „Bringen Sie jedem in der Abteilung bis zum Ende des dritten Quartals das neue Softwaresystem bei" ein Ziel, das man entweder erreichen kann oder eben nicht. Stattdessen sollten Sie flexible Ziele formulieren, wie zum Beispiel einen gewissen Umfang, um das Ziel leichter erreichbar zu machen: „Bringen Sie 95 bis 100 Prozent der Abteilung ..."

- Verwechseln Sie nicht Aufgaben oder Aktivitäten mit Leistungszielen. Zum Beispiel kann „Führen Sie eine Umfrage unter Vertretern des Servicebereichs durch, um festzustellen, ob diese bestimmte Trends beim Gebrauch des Produkts feststellen" eine von vielen Aufgaben sein, die abgeschlossen werden muss, um ein bestimmtes Leistungsziel zu erreichen.

- Stellen Sie sicher, dass ein Ziel auch erkennbar ist. Die Ergebnisse der Anstrengungen einer Person müssen offensichtlich für Sie und für andere sein, die Feedback über die Leistung abgeben müssen.

- Begrenzen Sie die Anzahl von Teilzielen auf ein bis drei für jedes Gesamtziel des vorliegenden Arbeitsauftrags. Das macht den gesamten Performance-Plan realistischer. Sie können später immer noch neue hinzufügen oder Ziele modifizieren.

- Fragen Sie den Mitarbeiter: *Nützt dieses Ziel Ihnen, unserem Team und der Firma?* Falls nicht, sollten Sie überlegen, es neu zu formulieren.

Schema zum Formulieren von SMART-Zielen

Sie und Ihre direkten Mitarbeiter können dieses dreiteilige Schema nutzen, um Leistungsziele zu formulieren, die den SMART-Kriterien genügen.

Beginnen Sie mit einem **Aktionsverb** wie:	Geben Sie eine **Kennzahl** an wie:	Geben Sie **ein Fälligkeitsdatum, einen Zeitrahmen** oder **eine Frequenz** an wie:
Erhöhen Sie ... Vollenden Sie ... Erzielen Sie ... Erreichen Sie ... Reduzieren Sie ...	wie viel wie viele wie viel besser wie viel schneller wie viel günstiger	Phase 1 zum Ende des zweiten Quartals zum Ende des Geschäftsjahrs täglich wöchentlich wie vereinbart

Beispiele:

Aktionsverb	Kennzahl	Fälligkeitsdatum
▼	▼	▼

Vermindern Sie Fehler bei der Auslieferung um **3 bis 5 Prozent** zum Ende des dritten Quartals.

Erreichen Sie eine **durchschnittliche Mindestbewertung von 3 auf einer 5-Punkte-Skala** bei jeder vierteljährlichen Umfrage zur Kundenzufriedenheit.

Reduzieren Sie die Wartezeit der Patienten auf **20 Minuten** bis zum Ende des Geschäftsjahrs.

Verhaltensziele (das „Wie")

Verhaltensziele beschreiben die Erwartungen, „wie" eine Person die Leistungsziele erreichen wird. Wir haben in diesem Buch schon viel über Verhalten gesprochen und das ist einer der Gründe dafür. Manchmal sehen wir, dass Firmen die Begriffe „Kompetenzen", „Werte" oder sogar

„Rollen" benutzen, um das *Wie* zu beschreiben. Sie brauchen aber nicht für jedes Leistungsziel ein Verhaltensziel; tatsächlich sind fünf bis sieben verschiedene Fähigkeiten meistens genug, um den Job jeder Person zu erledigen. Um effektiv Leistungen zu erbringen, braucht zum Beispiel ein Angestellter im Dienstleistungsbereich wahrscheinlich ein Händchen für den Dienst am Kunden, muss zum Erfolg des Teams beitragen, qualitätsorientiert und anpassungsfähig sein. Ein Teil Ihrer Rolle als Führungskraft ist es, die wichtigsten *Wies* im Plan einer Person zu identifizieren und sie mit den entsprechenden Leistungszielen zu verbinden.

Daten über Verhalten zu sammeln ist ein wenig schwieriger als die (meistens quantitativen) SMART-Ziele. Die STAR-Methode (Kapitel 15) ist ein guter Weg, um das zu erreichen. Sowohl Sie als auch die Mitglieder Ihres Teams sollten während des Performance-Zyklus genügend STARs gesammelt haben. Ermutigen Sie Ihre direkten Mitarbeiter dazu, nicht nur ihre eigenen STARs vorzubereiten, sondern auch welche von anderen zu bekommen (zum Beispiel von Peers, Kunden, Zulieferern und so weiter).

> *Kompetenzen sind Gruppen von miteinander in Beziehung stehenden Verhaltensweisen, die über Erfolg oder Misserfolg in einem Job entscheiden.*

FÜHREN VON PERFORMANCE-GESPRÄCHEN

Leider lenken die meisten Performance-Management-Systeme die Aufmerksamkeit von dem weg, was am wichtigsten ist – dem Setzen von Zielen, den Gesprächen zur Leistungsbeurteilung und all den Coaching-Gespräche, die Sie zwischendrin mit Ihren Teammitgliedern haben werden. Vorgesetzte (und Angestellte) konzentrieren sich zu sehr auf das Ausfüllen der Formulare und darauf, Leistungsbewertungen zu generieren; was am wichtigsten ist, wird am schnellsten abgehakt: offene, transparente, wechselseitige Gespräche über die erwartete im Vergleich zur tatsächlichen Performance. (Tatsächlich vermuten wir, dass zu viele Vorgesetzte das Formular und das System als Weg sehen, ein ehrliches Gespräch zu *vermeiden.*)

Wie wir am Anfang des Kapitels gesehen haben, wollen die Leute wissen, wo sie stehen und wie sie sich machen – das ist Ihre Chance, es von ihnen zu erfahren. Ja, Sie haben richtig gelesen. Weil Menschen über ihre eigene Leistung bestimmen, sollten sie auch die Leistungsbeurteilung bestimmen, das heißt, sie sollten den Großteil der Sprechzeit haben. Sie können das fördern und verstärken, indem Sie die Unterhaltung steuern: *Also, was ist Ihr nächstes Ziel?* und *Angesichts der Daten, die Sie gesammelt haben, wie würden Sie Ihre Performance in Bezug auf dieses Ziel einschätzen – „unterdurchschnittlich", „überdurchschnittlich" oder „erfüllt die Erwartungen"?*

Die meisten Führungskräfte befürchten, dass Angestellte nur die positiven Aspekte besprechen, negatives Feedback ignorieren und ihre eigene Leistung überbewerten. Allerdings haben wir festgestellt, dass genau das Gegenteil zutrifft – besonders wenn Sie während des Performance-Zyklus regelmäßig Coaching-Gespräche führten. Die meisten Menschen sprechen offen über ihre Erfolge und auch die Bereiche, in denen Schwächen sichtbar wurden. Und meistens werden sie ihre Leistung eher unterbewerten als überbewerten. In jedem Fall ist es wichtig, den Angestellten anfangen zu lassen und herauszufinden, wie er seine eigene Leistung sieht, bevor Sie entweder zustimmen und das Rating bestätigen oder widersprechen und ein Gespräch über das „Warum" anfangen.

DER BOSS IST IMMER NOCH DER BOSS

Wir haben bisher den Begriff *Boss* vermieden (oder manchmal sogar abgelehnt), aber hier trifft er zu. In Bezug auf das Performance Management sind Sie verantwortlich für das letztgültige Urteil über die Bewertung der Leistung. Wenn Sie nach einem ehrlichen Gespräch über die erbrachte Leistung mit einem direkten Untergebenen nicht übereinstimmen, dann ist es Ihre Beurteilung als Vorgesetzter, die ins System eingeht. Die meisten Performance-Management-Systeme bieten die Möglichkeit für eine Bemerkung des Angestellten und Sie sollten die Person dazu ermutigen, an dieser Stelle ihren Widerspruch zu äußern, aber letzten Endes erwartet Ihre Firma, dass Sie der Boss sind. Und das sind die wirklich guten Neuigkeiten.

Wenn Sie die Gespräche zum Performance Management in kleinere, leicht verdauliche, aber bedeutungsvolle Häppchen über das Jahr aufteilen, dann ist die Beurteilung am Ende nichts, was jemand von Ihnen beiden fürchten muss. Stattdessen wird sie eine Gelegenheit, erreichte Erfolge zu feiern und vielleicht sogar einige der wunderbaren *Wir haben es geschafft!*-Geschichten gemeinsam zu rekapitulieren, die Menschen, die miteinander arbeiten, öfter austauschen sollten. Irgendwelche ernsten Probleme, die vielleicht aufgetaucht sind, wurden schon in früheren Gesprächen behandelt, also gibt es keine Überraschungen. Und wenn Probleme bestehen bleiben, gibt es Taktiken, mit ihnen umzugehen. Diese Art der Leistungsbeurteilung hilft Ihnen herauszufinden, was wirklich mit Ihrem Team los ist, und sie hilft den Mitgliedern des Teams, ihren Platz in der Firma zu finden.

Wenn Sie das beherrschen lernen, wird Ihr System zur Leistungsbeurteilung nicht nur gut für Ihr Team und Ihre Firma sein, sondern Sie auch in einen Leader verwandeln, dem die Menschen vertrauen und den Sie bewundern.

19.

Leadership-Skills und die Skills der Profis

SIE UND IHR NETZWERK

Pflegen Sie Ihre Geschäftsbeziehungen

Vorab-Gedanken
Wenn Sie ein Problem hätten, an wen würden Sie sich wenden, um einen Ratschlag zu erhalten? Wieso? Machen Sie eine Liste mit mindestens fünf Namen. Und wer in Ihrem persönlichen Umfeld bittet Sie um Hilfe? Wieso? Machen Sie eine Liste mit mindestens fünf Namen.

ES GEHT DARUM, WEN SIE KENNEN

Die Idee, zu einem Netzwerk zu gehören, macht vielen Menschen Angst. Dafür gibt es viele Gründe – die alle sehr vernünftig erscheinen. Für viele von uns wirkt Networking wie eine unangenehme Pflichtübung, angefüllt mit unbeholfenen Gesprächen mit Leuten, die Ihnen sowieso nicht wirklich helfen können. Hat Networking überhaupt Auswirkungen auf die Realität? Wieso sollte man sich damit abgeben? Diese Gefühle wurden mit der Digitalisierung der Welt nur noch stärker. Heutzutage stehen soziale Netzwerke für eine informationelle Reizüberflutung. Unser Online-Leben kann wie ein stets voll aufgedrehter Feuerwehrschlauch mit Informationen wirken und die wichtigen Dinge, die Sie vielleicht für die Arbeit brauchen können, verlieren sich irgendwo zwischen Instagram und dem Aufnehmen von Selfies in der Mittagspause. Selbst wenn Sie die Idee eines Netzwerks für gut halten, ist es schwierig herauszufinden, wie man ein gutes aufbaut und ob sich die Mühen auszahlen. Vielleicht hassen Sie es auch einfach, jemanden um etwas zu bitten, zum Beispiel um Hilfe. Oder Sie sind einfach keine Person, die besonders gut mit Menschen umgehen kann. Menschen können eine Herausforderung sein – das sehen wir auch so.

Wir haben in diesem Buch viel über Leadership als zutiefst menschliches und zudem äußerst lohnendes Unterfangen gesprochen. Und wir versprechen Ihnen Folgendes: Sie werden wenige Aspekte Ihrer Karriere als Führungskraft finden, die so viel Nutzen bieten wie Ihr Netzwerk. Und ja, Sie haben bereits eines. Überall um Sie herum in Ihrer Firma (und in Ihrem Leben) gibt es Menschen, die Ihnen wertvolle Informationen darüber geben können, wie Sie besser in Ihrem Job und eine glücklichere und entspanntere Führungskraft werden. Und auch Sie sind eine wertvolle Quelle für andere! Wenn sie gepflegt werden, können diese Beziehungen zu echten Partnerschaften werden, auf die Sie sich verlassen können, um auch die schwierigsten Situationen in der Arbeit meistern zu können. Ein starkes Netzwerk ist eine wertvolle Ressource, um Sie durch die heutige komplexe Arbeitswelt zu leiten.

Ein starkes Netzwerk ist eine wertvolle Ressource, um Sie durch die heutige komplexe Arbeitswelt zu leiten.

In früheren Kapiteln haben wir bereits über die zahlreichen Verflechtungen gesprochen, die Sie in der Arbeit mit anderen haben. Heutzutage arbeitet niemand allein. Das ist ein Teil dessen, was wir *Komplexität* nennen. Ihr Job hängt davon ab, Arbeit mithilfe anderer zu erledigen, die Ihnen unterstellt sein können oder auch nicht – die vielleicht noch nicht einmal in Ihrer Nähe arbeiten und über deren Leben Sie möglicherweise wenig wissen. Sie könnten innerhalb der Firma höher gestellt sein als Sie oder auch nicht. Und Informationen erhält man nicht mehr nur von dem Typen, der das Eckbüro hat und die Marschbefehle verteilt. Informationen über nahezu jedes Detail – von den Wünschen der Kunden und Änderungen bei Produkten bis zu Entwicklungen in Ihrer Firma oder Best-Practice-Methoden in Ihrem Geschäftsbereich – prasseln von allen Seiten auf Sie ein. Sie sehen vielleicht sowieso Ihren Chef nicht besonders häufig! Aber die wirklich wichtigen Dinge können Sie nicht googeln, zum Beispiel wie man mit bestimmten Leuten zurechtkommt oder wie man institutionelle Hindernisse beseitigt.

Um Ihre Arbeit schneller und effizienter zu erledigen, *geht es wirklich darum*, wen Sie kennen. Aber anders als in sozialen Netzwerken kommt es nicht darauf an, wer zu Ihrem *Follower* wird. Es kommt darauf an, wer Ihnen *antwortet*. Und das erfordert das Knüpfen persönlicher Kontakte, auch wenn Sie nicht besonders gut mit anderen auskommen.

Nicht alle Netzwerke sind gleich. Die Art des Ziels, das Sie erreichen wollen, bestimmt, an welches Netzwerk Sie sich wenden werden. Jede Führungskraft braucht fünf Arten von Netzwerken[1]:

- Ein *Netzwerk für Ideen*, um Innovationen anzustoßen und Ratschläge für neue Problemlösungsansätze zu bieten.

- Ein *Netzwerk für Ihre Entwicklung*, bestehend aus Leuten, die Interesse an Ihrem Vorankommen haben.

- Ein *soziales Netzwerk* von guten Bekannten, die Sie um Rat und Hilfe bitten können.

- Ein *Einflussnetzwerk* von Kollegen, die Ihnen helfen können, an Ressourcen und Informationen zu gelangen, die Ihnen bei Ihrer Arbeit helfen.

- Ein *Karrierenetzwerk* von Menschen, die Sie innerhalb und außerhalb Ihrer Firma um Ratschläge bezüglich Ihrer Karriere bitten können.

Ich denke, dass Networking und jemanden zu finden, der Sie voranbringt, entscheidend für Ihren Karriereerfolg ist – sei das nun

Ihr Chef, jemand aus der oberen Führungsebene oder ein Mentor. Jemand, der gerade erst eine Position mit Führungsverantwortung bekommen hat, sollte sich bemühen, mit Kollegen zum Mittagessen zu gehen und mit ihnen Beziehungen zu knüpfen, um ein Netzwerk aufzubauen. Um erfolgreich zu sein, werden Sie diese Beziehungen in der Zukunft benötigen. Zu irgendeinem Zeitpunkt bewerben Sie sich vielleicht um eine neue Position oder es gibt eine Umstrukturierung und jemand fragt Ihren Chef oder andere Menschen, mit denen Sie arbeiten: „Welche Art von Person ist Kathy und könnte sie diese Stelle ausfüllen?" Das ist der Lohn Ihrer Netzwerkarbeit!

– Verkaufsdirektor eines amerikanischen Chemiekonzerns

In diesem Kapitel verabschieden wir uns von der stereotypen Vorstellung des Networkings, das man auf irgendeiner Cocktailparty betreibt, und versuchen eine neue Definition.

Zweckgerichtetes Networking – eine Definition: Das proaktive Schaffen wichtiger Geschäftsbeziehungen zum Zwecke des Austauschs nützlicher Informationen, die Ihnen helfen, Ihren Job zu machen.

Wir geben Ihnen einige Tipps, die Ihnen dabei helfen, ein diversifiziertes Netzwerk aufzubauen, das aus Menschen besteht, die sich von Ihnen unterscheiden, hinsichtlich ihrer Funktion im Betrieb, ihrer Arbeitserfahrung, hinsichtlich dessen, wie lange sie schon im Unternehmen sind und vielleicht sogar in Bezug auf ihre Ziele für die Zukunft. Das wird Ihnen interessante neue Blickwinkel auf Ihre eigenen Ansichten über Ihren Job verschaffen und darüber, wie Ihre Firma funktioniert. Nicht nur das – es wird auch Ihr Leben intensiver und interessanter machen! Ein zweckgerichtetes Netzwerk aufzubauen ist eine Fähigkeit, die Ihnen während Ihrer gesamten Karriere als Führungskraft gute Dienste leisten wird. Und es werden wahrscheinlich auch mehr Leute zur Geburtstagsfeier in Ihrer Firma erscheinen, was ein zusätzlicher Bonus ist.

WO STEHEN SIE AUF DER WERTELEITER?

Beziehungen in einem Netzwerk funktionieren nur, wenn es einen Wertaustausch in beide Richtungen gibt. Sie blühen auf, wenn Sie als jemand gesehen werden, der genauso viel gibt, wie er nimmt. Netzwerke entstehen nicht einfach über Nacht; es dauert seine Zeit, bis die Menschen Sie kennenlernen und anfangen, Ihnen zu vertrauen. Und auch wenn Sie noch neu in Ihrem Job sind, haben Sie eine Menge beizutragen. Denken Sie an die Menschen, die Sie bei den Vorab-Gedanken aufgezählt haben und die sich an Sie wenden, um Hilfe zu bekommen. Sie sind bereits jemand, auf den sich andere verlassen. Jetzt ist es an der Zeit, jemand zu werden, den die Menschen gerne als Verbündeten hätten.

> *Allein können wir so wenig ausrichten; gemeinsam erreichen wir so viel.*
>
> – Helen Keller

Erinnern Sie sich noch an Marian, die Kommunikationsexpertin einer Universität, die wir Ihnen in Kapitel 2 vorgestellt haben? Sie wurde in eine Führungsposition gedrängt, als ihr sehr unbeliebter Chef gefeuert wurde. Aber die Hochschulpolitik war nicht ganz einfach. Sie musste sechs Monate warten, bevor die Universitätsleitung ihre neue Stelle offiziell machte. Während dieser Zeit machte das Informationsvakuum alle nervös. Wer war verantwortlich? *Wir bieten Publikationsdienste für jede Abteilung in der Universität an,* erklärte sie. *Jahresberichte, Updates der Website, Neuigkeiten. Es ging nicht nur um uns. Das würde Auswirkungen auf alle haben.*

Marian wagte den mutigen Schritt, sich bei jedem Abteilungsleiter vorzustellen und bei den Veranstaltungen der Uni zu erscheinen, die sie als einfaches Teammitglied normalerweise ausließ. Somit ließ sie andere ganz formlos wissen, dass sie als Führungskraft in ihrer Abteilung eine wichtige Rolle spielen würde. Das öffnete ihr sofort Türen. Sie wandte sich auch an eine Reihe von Leuten in Schlüsselpositionen mit verschiedensten Aufgabenbereichen – wie die Drucker und Webexperten –, die mehr Ahnung von ihrer neuen Position hatten als sie selber. *Ich wollte ihnen ein Chance geben, mich kennenzulernen, aber ich musste auch erfahren, wie sie arbeiteten.* Sie wurde kreativ. *Ich fing an, manchmal etwas länger zu bleiben und ganz unverbindlich bei Meetings aufzutauchen, die anfingen, nachdem meine vorbei waren,* sagte sie und lachte. Sie fing an, jedem, der Fragen bezüglich Kommunikation hatte, hilfreiche Ratschläge zu geben, auch außerhalb ihrer aktuellen Projekte. *Niemanden störte es, dass ich einfach länger blieb. Die Leute mochten es!* Sie gewann neue Freunde und erweiterte ihren Einfluss auf neue Art und Weise – indem sie zum Beispiel zur inoffiziellen Mentorin für andere arbeitende Mütter an der Universität wurde.

Ihr neues Netzwerk zahlte sich wirklich aus: Es half ihr, einzuordnen, wer die Power Player an der Uni waren und was diese Personen für Eigenarten besaßen. *Ich wusste, wer kurz angebunden und mürrisch war und dass man das nicht persönlich nehmen durfte.* Und in jeder Abteilung traf sie Leute, die Probleme mit ihrem Vorgänger gehabt hatten. *Ich konnte ihre Bedenken zerstreuen, bevor sie wieder anfingen, sich Sorgen zu machen,* sagte sie. Sie machte sich auch vertraut mit all den grundlegenden Problemen der Produktion, die ständig Verspätungen verursachten. Zu dem Zeitpunkt, zu dem sie offiziell ihr Team übernahm, waren alle Mitglieder in der Lage, ihre Aufgaben schneller und reibungsloser zu erfüllen als jemals zuvor. *Hätte ich nicht zu diesen Menschen Kontakte geknüpft, wäre mir das niemals möglich gewesen.*

DREI ARTEN, SICH ÜBER IHR NEUES NETZWERK GEDANKEN ZU MACHEN

Sie sollten versuchen, ein Netzwerk aufzubauen, das Ihnen hilft, Ihren Job besser zu machen, und zwar sowohl während der alltäglichen Arbeit als auch bei Ihrer Entwicklung als Führungskraft. Aber Sie sollten auch tiefere Einblicke gewinnen, die Ihnen helfen, von Veränderungen zu erfahren, bevor sie eintreten. Oder um Wege zu finden, die Innovationskraft Ihres Teams zu erhöhen. Oder sich auszudenken, auf welche Weise Ihre Mitarbeiter motiviert und glücklich bleiben. Und wir können es gar nicht genug betonen: Beim Networking geht es darum, Informationen zu teilen und Werte zu schaffen. Also sollten Sie versuchen, diese Dinge auch selber in Ihr Netzwerk einzubringen.

Fangen Sie damit an, indem Sie sich die drei Bereiche oder Teilmengen Ihrer Netzwerke vorstellen, die in Abbildung 19.1 genannt werden, und wie Sie am besten Ihre Rolle darin ausfüllen können. Und denken Sie daran: Das Ziel eines Netzwerks ist es, wertvolle Verbindungen zu knüpfen, noch bevor Sie jemanden um Hilfe bitten müssen.

ABB. 19.1 | DIE DREI BEREICHE

Persönlicher Bereich

- Ratschläge bezüglich Ihrer Rolle
- Einblicke ins Unternehmen

Strategischer Bereich

- Sensibilität fürs Business
- Einblicke der Kunden
- Marktinformationen
- Standpunkte von außerhalb
- Umfassendere Perspektiven
- Informationen über die Branche

Operativer Bereich

- Firmenübergreifende Probleme
- Abteilungsübergreifende Prioritäten und Herausforderungen
- Technische Ratschläge oder zweckgerichtetes Expertenwissen

DIE VIER PRAKTIKEN DES NETWORKING

Um ein Netzwerk aufzubauen, das alle drei Bereich abdeckt, brauchen Sie eine Strategie. Wir nennen diese Strategie die *Vier Praktiken*, weil sie praktische Ansätze bieten, wie Sie Ihr Netzwerk handhaben können, während es größer wird (siehe Abbildung 19.2).

ABB. 19.2 | DIE VIER PRAKTIKEN

Um Ihnen zu helfen, Ihre Stärken herauszufinden und die Stellen, an denen Ihre Networking-Skills vielleicht noch ein wenig verbessert werden könnten, besuchen Sie unsere Microsite, um einen Fragebogen zu den Vier Praktiken auszufüllen. Das wird Ihnen einen nützlichen Fahrplan für die nächsten Schritte verschaffen.

Wollen Sie vom Start weg ein paar Bonuspunkte für Ihr Networking sammeln? Suchen Sie denjenigen in Ihrem neuen Netzwerk, der selber über die besten Networking-Skills verfügt – am besten jemanden, den Sie gerne näher kennenlernen würden. (Vielleicht ist es sogar Ihr neuer Chef.) Zeigen Sie ihm die Ergebnisse Ihres Fragebogens und erzählen Sie ihm von Ihrem Ziel, ein neues Netzwerk aufzubauen. Wenn die Person so talentiert ist, wie Sie denken, wird sie Ihnen gerne helfen!

Lassen Sie uns einen Blick darauf werfen, wie man mithilfe der Vier Praktiken zweckgerichtete Netzwerke im Geschäftsleben aufbaut.

1. Benötigte Informationen und Fachwissen ermitteln und wer dies zur Verfügung stellen kann.

Das ist oft der Startpunkt zielgerichteter Netzwerkarbeit – festzustellen, welche *Informationen, Fachkenntnisse, Skills,* oder *Unterstützung* Sie brauchen, die Ihnen helfen, in Ihrem Job effizienter zu werden und die Leute zu identifizieren, die Ihnen helfen können, sich diese anzueignen. Zum Beispiel:

- Technische und andere arbeitsbezogene Informationen oder Expertise.

- Coaching über den Umgang mit einer herausfordernden Situation oder Aufgabe in der Arbeit.

- Wissen über die Funktionen, Prozesse oder Abläufe einer Gruppe.

- Einsichten in die Unternehmenskultur und ungeschriebenen Gesetze.

- Ehrliches Feedback über Ihre Leistungen.

- Ratschläge in Bezug auf Karrieremöglichkeiten.

- Vorwarnungen und Hinweise bezüglich auftauchender Probleme und Gelegenheiten; die Gründe für bestimmte Entscheidungen und ihre Folgen.

- Ziele/Erwartungen, die mit einer Rolle, Verantwortung oder Aufgabe verbunden sind.

- Ratschläge für eine effektive Zusammenarbeit mit einem neuen Chef oder Vorgesetzten der höheren Führungsebene.

2. Die Fühler ausstrecken, um einen Netzwerkkontakt herzustellen.

Viele Menschen fürchten, dass ihre Bemühungen, eine Beziehung in einem Netzwerk aufzubauen, abgelehnt wird. Obwohl diese Angst tief in der menschlichen Natur verwurzelt ist, wissen erfahrene Netzworker, dass

sie größtenteils unbegründet ist. Für viele Menschen ist der erste Kontakt aber immer noch ein Vorgang, der einiges an *Courage* erfordert. Die meisten Menschen sind viel empfänglicher für Ihre Versuche der Kontaktaufnahme, als Sie sich vielleicht vorstellen. Nur selten lehnt jemand ein Telefongespräch ab, wenn er um Hilfe gebeten wird. Zum Beispiel: *Ich habe gerade Projekt ABC übernommen und suche nach Leuten, die…*
Das Ziel bei der Kontaktaufnahme zu einem neuen Netzwerkkontakt ist es, einen guten Eindruck zu hinterlassen. Bei diesem ersten und zumeist kurzen Kontakt müssen Sie das Gefühl hervorrufen, dass es sich lohnt, Ihre Bekanntschaft zu machen und mit Ihnen regelmäßig Informationen auszutauschen. Menschen, die effizient Netzwerkkontakte herstellen können, verwenden häufig die Drei Ps. Sie:

- Machen einen *positiven Eindruck.*

- Stellen eine *persönliche Verbindung* her.

- Liefern *praktische Argumente* für weitere Kontakte.

Seien wir ehrlich – die meisten Menschen würden zugeben, dass sie nicht gerne in einem neuen und unbekannten Umfeld Kontakte knüpfen, etwa auf einer Konferenz. Aber für manche Charaktertypen gehört Networking schon fast zur zweiten Natur. Besonders extrovertierte Menschen knüpfen leicht Kontakte und fühlen sich wohl dabei, an Aktivitäten oder Veranstaltungen teilzunehmen, die weitere Möglichkeiten für Networking bieten.
Das soll nicht heißen, dass nicht auch introvertierte Menschen hervorragende Networker sein können. Das ist mit Sicherheit so! Sie müssen vielleicht am sozialen Aspekt des Networkings arbeiten, aber sie fühlen sich oft wohl, wenn es darum geht, über das Geschäftliche zu sprechen und Informationen auszutauschen. Nach unserer Erfahrung sind introvertierte Menschen oft besser darin, Fragen zu stellen, die nützliche Informationen zutage fördern.
Und völlig unabhängig vom Charaktertyp fühlen sich manche Menschen einfach wohler, wenn die Kontaktaufnahme zu jemandem im Netzwerk nicht von Angesicht zu Angesicht erfolgt. Für manche Menschen wird Networking nie einfach sein. Aber es ist ein Skill – und wie bei jedem Skill macht Übung den Meister.

REFLEXIONSPUNKT

Inwiefern hilft oder behindert Ihr Charakter Ihre(r) Fähigkeit zum Networking?

3. Den Netzwerkkontakt **um Hilfe bitten.**

Untersuchungen bestätigen, dass um Hilfe zu bitten eine Verhaltensweise ist, die fest mit Erfolg im Beruf verbunden ist. Ein anderer Schluss kann nur schwer gezogen werden. Wenn Sie nicht um Hilfe bitten, werden Sie vielleicht nicht über alle Informationen verfügen, die Sie brauchen. Vielleicht schlagen Sie eine Idee vor, die Sie für sinnvoll halten, ohne zu wissen, dass diese bereits erfolglos ausprobiert wurde.

Aber um Hilfe zu bitten kann schwierig sein. Fangen Sie damit an, indem Sie etwas finden, bei dem Sie wirklich Hilfe brauchen, wie etwa dem Umgang mit einem Mitarbeiter, der nicht genug Leistung bringt, oder einem schwierigen Projekt. Finden Sie dann jemanden, mit dem Sie bereits eine Beziehung aufgebaut haben und der über die Erkenntnisse verfügt, die Sie benötigen. Wählen Sie außerdem jemanden aus, der mit großer Wahrscheinlichkeit auf Ihre Anfrage reagiert. Hat er bereits vorher auf eine geantwortet? Wird er gerne um Rat gefragt?

Falls Sie sich unwohl fühlen, wenn Sie andere um Hilfe bitten, sollten Sie Unterstützung für andere zum festen Bestandteil Ihres Führungsstils machen. (Mehr darüber in Kapitel 5.) Wenn Sie selber nach Gelegenheiten suchen, anderen zu helfen, wird sich das herumsprechen. Ihre Kontakte werden erkennen, dass es die Zeit wert ist, da Sie sich erkenntlich zeigen, indem Sie selber wertvolle Informationen bieten, die ihnen bei ihrer Arbeit oder beim Erreichen leidenschaftlich verfolgter Ziele helfen.

DDI-PROFI-TIPP: Wenn Sie von der Expertise oder den Einsichten anderer profitieren wollen, stellen Sie offen formulierte Fragen: *Was ist das Wichtigste, das ich über _____ wissen muss?* oder *Wie gehen Sie selber mit dieser Art von Situationen um?* oder *Das ist die Situation, in der ich mich befinde. Wieso passieren die Dinge auf diese Art und Weise? Wie kann ich darauf reagieren?*

4. Die Beziehung aufrechterhalten.

Im Aufrechterhalten der Beziehung besteht der wahre Wert des Networkings. Diejenigen, die dabei effektiv vorgehen, halten ihre Seite der
Abmachung ein, die beim Networking getroffen wird, indem sie sich
revanchieren – also nicht nur um Informationen und Unterstützung
bitten, sondern diese auch selber zur Verfügung stellen. Sie bieten auch
proaktiv Unterstützung an und geben Informationen weiter, die für einen
Partner innerhalb des Netzwerks nützlich sind.

 ## WIR HABEN GEFRAGT, SIE HABEN ÜBER LINKEDIN GEANTWORTET

F: Was ist ihr bester Ratschlag zum Aufbau eines Netzwerks?

Susan McPherson: *In meinem ersten Job als Führungskraft hatte ich
ein großes Erfolgserlebnis beim Networking. Es gab Mitarbeiter in 35
Niederlassungen weltweit und wir haben uns meistens online ausge-
tauscht – bevor es soziale Netzwerke gab. Ich hatte es mir zur Gewohnheit gemacht, E-Mails zu schreiben, um mich vorzustellen und mit
anderen Leuten in Kontakt zu treten, die in ähnlichen Positionen arbeiteten wie ich. Dadurch erfuhr ich, woran sie arbeiteten und wie
meine Abteilung dabei einen wertvollen Beitrag leisten könnte. Eine
solche E-Mail ist einfach das Beste, wenn man gerade in Arbeit ertrinkt.
Ich verspreche es Ihnen! Ich habe Freunde und Verbündete gewonnen.
Aber ich musste an meinem Tonfall arbeiten: freundlich, aber aufs
Geschäftliche bezogen.*
*Ich gewöhnte mir auch an, regelmäßig Informationen weiterzugeben,
von denen ich annahm, sie seien relevant für die Aufgaben anderer
oder die Firma und ich erzählte, woran ich gerade arbeitete, und
wichtiger noch: Wenn ich der Meinung war, jemand habe seine Arbeit
wirklich gut gemacht, dann teilte ich diese Meinung ebenfalls anderen
mit. Am Ende wurden wir alle zu Fürsprechern des anderen. Das ist
ein wichtiger Aspekt des Networkings – Sie wollen, dass Menschen
außerhalb Ihrer eigenen Kreise über Sie sprechen und über die Arbeit,
die Sie erledigen. Ich bin mir sicher, dass ich meinen nächsten Job nur
deswegen bekommen habe.*

Heutzutage ist es viel einfacher, Beziehungen auf diese Art aufzubau-
en, und es ist schon beinahe unerlässlich, jede Woche einige Stunden
ins Networking zu investieren.

DIE PUNKTE VERBINDEN

Wir glauben, dass in den Gesprächen mit den Menschen um Sie herum die Macht und das wahre Potenzial von Leadership – und des damit
verbundenen Aufbaus von Beziehungen – liegen. Ironischerweise bringt
das die Menschen oft aus der Fassung. Eine Unterhaltung anzufangen
kann an sich schon schwer sein, und wenn man dabei Networking im
Hinterkopf hat, kann es erzwungen und geschäftsmäßig wirken – so als
würde man nur mit jemandem reden, weil man etwas von ihm will.

Jetzt wäre ein guter Zeitpunkt, sich an einen unserer Lieblingsgrund-
steine zu erinnern – die Gesprächsgrundsätze. Beim Networking geht es
um Kommunikation – die wichtigste Gelegenheit, die Gesprächsgrundsätze anzuwenden, bei denen Freundlichkeit, Empathie und Respekt gegenüber anderen zum festen Kern gehören. Wenn Sie sich während Ihrer
Gespräche auf die Gesprächsgrundsätze verlassen, dann werden diese sich
nicht gezwungen anfühlen oder so, als würden Sie nur an sich selbst denken. Sie können wirklichen Kontakt mit Menschen herstellen und sie für
das schätzen, was sie sind.

FÜNF EINFACHE SCHRITTE, UM NOCH HEUTE ANZUFANGEN

1. **Fangen Sie mit zehn an.**
   Finden Sie zehn Menschen für Ihr neues Netzwerk, von denen Sie
   glauben, dass sie Ihnen aktuell helfen können, Ihre Aufgabe zu
   erledigen. Stellen Sie sich vor – entweder per E-Mail oder persönlich,
   und lassen Sie sie wissen, dass Sie sich freuen würden, mehr über
   ihre Arbeit zu erfahren und wie Sie ihnen dabei helfen können.
   Haben Sie irgendwelche gemeinsamen Kontakte? Erwähnen Sie
   diese! Schicken Sie dann eine Kontaktanfrage über LinkedIn und
   erwähnen Sie dabei dieses Gespräch in einer persönlichen Anmerkung. Folgen Sie ihnen auf Twitter, aber lassen Sie Facebook aus – das
   eignet sich eher für persönliche Freundschaften.

2. Setzen Sie die Power Networker zu Ihrem Vorteil ein.
Vertiefen Sie ihre Beziehungen und nutzen Sie Netzwerkkontakte zu Ihrem Vorteil, die als Knotenpunkte oder zentrale Konnektoren fungieren. Diese Menschen scheinen immer zu wissen, an wen man sich als Erstes wenden sollte, und falls nicht, dann kennen sie jemanden, der es weiß. Nutzen Sie diese Power Networker, um Informationen zu erhalten oder andere strategische Kontakte zu knüpfen. Nutzen Sie diese auch, um Ihre Ideen oder Informationen an andere innerhalb deren eigener Netzwerke weiterzugeben.

TECHNOLOGIE-TIPP! *Ihr Netzwerk stellt einen echten Mehrwert für Sie dar. In einer digitalen Welt sind Ihre Kontakte und Verbindungen wichtiger als eine teure und elegante Visitenkarte. Denken Sie nach, bevor sie die Return-Taste drücken – und zwar immer. Alles, was Sie online stellen, kann von einem potenziellen Arbeitgeber oder Kunden gefunden werden.Welchen bleibenden digitalen Eindruck oder welche Erinnerung wollen Sie hinterlassen?*

Seien Sie wählerisch, wenn es um das Teilen von Artikeln oder Videos geht. Für offene Feeds wie LinkedIn oder internationale Plattformen wie Yammer sollten Sie das auswählen, was Ihrem Netzwerk am meisten hilft oder es am meisten überrascht und relevant ist. (Zum Beispiel Trends in der Industrie, Neuigkeiten, Tipps zur Mitarbeiterführung oder Innovationen, die Einfluss auf Ihr Fachgebiet haben.) Beschränken Sie sich auf einen oder zwei Beiträge am Tag, außer es ist Teil Ihres Jobs, eine Informationsquelle für andere zu sein.

Wenn Sie etwas finden, das für eine bestimmte Person unmittelbar hilfreich sein könnte – wie Informationen über ein Konkurrenzunternehmen oder eine Entwicklung, die sich auf ein Projekt auswirkt, an dem derjenige arbeitet –, kontaktieren Sie denjenigen vertraulich über eine Textnachricht oder E-Mail. Schreiben Sie eine kurze Notiz, wieso Sie glauben, dass diese Information hilfreich ist.

Lassen Sie Streitthemen aus! Das ist ein Geschäftsnetzwerk – keine Bühne, um Dampf abzulassen. Wenn es nicht jemandem hilft, seinen Job zu tun – teilen Sie es nicht.

– Luke Wyckoff, Chief Visionary Officer bei Social Media Energy

3. **Nehmen Sie sich fünf Minuten Zeit – so oft wie möglich.**
Persönliche Meetings (entweder face-to-face oder per Telefon) sind
unerlässlich, um Beziehungen aufzubauen. Aber wer hat schon die
Zeit? Suchen Sie nach Möglichkeiten, den Menschen in Ihrem Umfeld nach dem Motto „klein, aber fein" zu helfen. Wenn Sie eine
Möglichkeit sehen, jemandem zu helfen, dann ziehen Sie ein 5-Mi-
nuten-Gespräch in Betracht. Ja, nur fünf Minuten! Sie könnten zum
Beispiel eine E-Mail schicken wie die folgende: *Ich habe gesehen,
dass Sie nächste Woche ein Meeting mit Samir haben. Ich habe einige Informationen, die Ihnen helfen könnten. Wollen wir uns vor Ihrer
abschließenden Vorbereitungsphase für fünf Minuten treffen?*

4. **Eine Gratulation ist angebracht.**
Eines der Mitglieder Ihres Netzwerks hat vielleicht ein Ziel erreicht,
eine Auszeichnung bekommen oder ein großes Projekt abgeschlossen. Nehmen Sie sich fünf Minuten, um Ihre Anerkennung auszusprechen. Ein paar ernst gemeinte, freundliche Worte bewirken eine
Menge. Und ein guter Netzwerkpartner meldet sich auch in schweren Zeiten (zum Beispiel bei Unfällen, Krankheiten, Kündigungen).

5. **Setzen Sie Ihr Netzwerk auf Ihren Terminkalender.**
Es ist wichtig, dass Sie ein wenig Zeit aufwenden, um über die Entwicklung Ihres Netzwerks nachzudenken. Entspricht es Ihren Bedürfnissen? Nutzen Sie die Vier Praktiken als Leitfaden für eine wö-
chentliche Aufgabenliste – Menschen, die Sie treffen sollten, Informationen, die Sie sammeln und weitergeben sollten, und Meetings,
die angesetzt werden müssen.

Wollen Sie Teil unseres Netzwerks werden?

Um ein fortlaufendes Gespräch mit DDI zu beginnen, während Ihre
Karriere an Fahrt aufnimmt – werden Sie Teil unseres Netzwerkes über:

LinkedIn   Twitter   Facebook   Blog   Youtube   Google+

20.

Leadership-Skills und die Skills der Profis

EINFLUSS

Sehen Sie nach oben, nach unten und zur Seite

Vorab-Gedanken

Denken Sie an die Menschen in Ihrem Leben, die Sie dazu gebracht haben, ein Risiko einzugehen. Das kann ein Lehrer sein, der Sie ermutigt hat, einen neuen Kurs oder ein neues Fach auszuprobieren. Oder eine Persönlichkeit – zum Beispiel ein politischer oder religiöser Führer oder ein Führer einer Community –, deren Lebensgeschichte Sie motiviert hat, sich einer Sache anzuschließen, an die Sie glauben. Was hat Sie dazu gebracht, diesen Sprung zu wagen?

Inspiration kann ein berauschendes Gefühl sein.

Besonders, wenn es dem Leben oder der Arbeit eine aufregende neue Richtung gibt. Sie haben vielleicht das Gefühl, dass es zu Ihren Aufgaben gehört, die Menschen um Sie herum zu inspirieren, neue Ideen und Geschäftsmöglichkeiten zu nutzen, wenn sich diese bieten. Und das ist sicherlich richtig. Aber wir haben den Mechanismus hinter dieser Art der

Wir definieren Einfluss als die Fähigkeit, Menschen dazu zu bringen, sich für ein spezifisches Geschäftsergebnis einzusetzen.

Inspiration genau analysiert. Wir nennen ihn *Einfluss* – ein Skill, der erlernt, gemessen und im täglichen Leben angewendet werden kann. Wir definieren Einfluss als die Fähigkeit, Menschen dazu zu bringen, sich für ein spezifisches Geschäftsergebnis einzusetzen. Einfach zu definieren? Ja. Einfach zu erreichen? Nicht immer. Aber heute ist es mehr denn je ein unerlässlicher Skill.

Sehen Sie sich folgende Beispiele an:

- Ein Verkaufsvertreter der Pharmaindustrie will Ärzte dazu bringen, Patientenunterlagen zu analysieren, um Kandidaten für die mögliche Anwendung eines neuen Brustkrebsmedikaments im Entwicklungsstadium zu finden.

- Ein leitender Ingenieur braucht den vollen Einsatz von Mitarbeitern, Ressourcen und Zeit quer durch die gesamte Firma, um ein Update für einen bestehenden Prozessablauf durchzuführen.

- Ein Marketing Manager einer nationalen Nonprofit-Organisation will den CEO dazu bringen, mithilfe sozialer Medien ein positives Bild der Organisation zu verbreiten.

UM EINFLUSS AUSZUÜBEN, BRAUCHT MAN PERSÖNLICHE MACHT

Vor einigen Jahrzehnten hatten Firmen noch traditionellere Strukturen und die Vorgesetzten der höheren Führungsebene gaben Befehle, die an die Arbeitnehmer nach unten weitergegeben wurden. Von Führungskräften wurde erwartet, dass sie über alle Informationen verfügten, um die richtigen Entscheidungen zu treffen. Und sie erwarteten von anderen, dass ihre Anweisungen ausgeführt wurden. Das nennen wir die *Macht der Stellung*. Wenn Ihr Chef Ihnen sagt: *Ich weiß, dass Sie beschäftigt sind, aber morgen früh müssen Sie erst mal einen Plan zur Implementierung eines Projekts für unseren neuen Kunden erstellen,* dann tun Sie das, oder? Weil der Chef darum gebeten hat, tun Sie es natürlich. Aber abhängig von Ihrer Einstellung mögen Sie es als bloße Pflichterfüllung ansehen und Sie sind nicht mit dem Herzen dabei. In Extremfällen kann es dazu kommen, dass Mitarbeiter, die das Gefühl haben, nur Befehle ausführen zu müssen, gedrängt oder unter Druck gesetzt zu werden, ein Projekt oder eine Aufgabe letzten Endes sabotieren. Die Macht der Stellung mag wie der effizienteste Weg erscheinen, eine Firma zu führen, aber tatsächlich ist es die ineffizienteste Methode, um den Grad an Engagement hervorzurufen, der gut fürs Business und alle daran Beteiligten ist.

Aber was wir damals bereits festgestellt haben, gilt jetzt noch mehr, da Firmen flachere Hierarchien haben, flexibler sind und globaler ausgerichtet: Um ihren Job zu machen, müssen Führungskräfte auf effiziente Weise mit Menschen in anderen Teilen des Unternehmens zusammenarbeiten, von denen die meisten ihnen nicht unterstellt sind. Frontline Leader erzählen uns seit Jahren, dass sie manche Probleme einfach nicht lösen konnten oder dass sie potenziell wertvolle Ressourcen fanden, von denen sie nicht wussten, wie sie zu erschließen wären. Heutzutage werden Sie kaum einen Leader finden, der nicht auf seine Fähigkeit angewiesen ist – zumindest in gewissem Umfang –, Aufgaben von einem Netzwerk aus Menschen erledigen zu lassen, die er selten sieht oder vielleicht sogar niemals getroffen hat.

> **Einfluss = Persönliche Macht:** *Einfluss ist der Skill, der Ihnen hilft, effizient mit Personen zusammenzuarbeiten, über die Sie keinerlei Macht der Stellung haben, indem Sie ihnen die Augen öffnen für eine Idee oder Möglichkeit, und sie dazu bringen, sich dafür – und für Sie – einzusetzen. Dabei geht es darum, wie Sie* ihre *persönliche Macht einsetzen. Und Menschen erzählen uns ständig, welche Hassliebe sie für diese neue Lage der Dinge empfinden.*

Nicht nur müssen Führungskräfte effizient mit Menschen in anderen Teilen der Firma zusammenarbeiten, sie erkennen auch oft – noch vor ihren eigenen Chefs – neue Möglichkeiten, welche die ganze Firma voranbringen, wenn man sie nutzt. Wir sprechen von neuen, unerschlossenen Geschäftsfeldern, besseren Arten des Informationsaustauschs oder sogar neuen Möglichkeiten, auf die Bedürfnisse der Kunden einzugehen. Das sind ausgezeichnete Chancen, einen bleibenden Eindruck zu hinterlassen. (Im Kapitel über Innovation auf unserer Microsite erläutern wir das etwas detaillierter.) Die heutigen Matrixorganisationen legen die Latte für alle noch etwas höher, wenn es um die effektive Zusammenarbeit zwischen Teams, verschiedenen Disziplinen und sogar über mehrere Zeitzonen hinweg geht.

Aber Ideen allein sind nicht genug. Und es ist auch nicht ausreichend, herauszufinden, wer Ihnen helfen kann, Ihre Ziele zu erreichen. Beim Einflussnehmen geht es darum, Menschen auf persönlicher Ebene dazu zu bringen, sich einer neuen Richtung zu verschreiben. Und dafür müssen Sie ihnen gute Gründe liefern.

Ich finde es ziemlich stressig. Einerseits haben wir eine größere Reichweite. Aber ich habe das Gefühl, viel mehr Detektivarbeit leisten zu müssen, um herauszufinden, wie alles funktioniert, weil wir uns so schnell weiterbewegen und wachsen. Ich bin nur für ein bestimmtes Produkt verantwortlich. Da gibt es den Versand, Marketing, Finanzen ... und Kunden von außerhalb – und wir sind alle auf diese komische, informelle Art und Weise miteinander verbunden. Herauszufinden, wer an den Schlüsselpositionen das Sagen hat, ist das eine. Aber alle mit an Bord zu holen, wenn es um meine Probleme beim Herstellungsprozess geht – da hatte ich wirklich das Gefühl, es übersteigt meine Möglichkeiten.

– **Mario,** Produktionsleiter einer Firma für Bioprodukte

 # REFLEXIONSPUNKT

Ihre Möglichkeiten, Einfluss zu nehmen:

1. Welche Idee, Alternative oder Chance macht es erforderlich, dass Sie andere zum Handeln animieren?

2. Wie unterstützt Ihre Idee die Ziele, Werte und Zwecke der Firma?

3. Wer sind die wichtigsten Stakeholder, die Sie beeinflussen müssen, und wieso benötigen Sie deren Engagement?

4. Welche Herausforderungen stehen Ihnen wahrscheinlich bevor und welche Unterstützung benötigen Sie?

ENTWICKELN EINER STRATEGIE ZUR EINFLUSSNAHME

Ihre Einflussstrategie ist einfach nur ein Handlungsplan, um Ihre Gedanken zu organisieren, bevor Sie Meetings einberufen, E-Mails schreiben oder Gespräche führen. Ihre Strategie muss mit Fakten untermauert werden – Daten, Berichte, Statistiken, Expertenmeinungen –, die Ihrer Sache dienlich sind. (Viele überspringen gerne diesen Schritt – das sollten Sie *nicht.*) Stellen Sie sich Ihre Einflussstrategie als Ihren persönlichen Überzeugungskompass vor. Bevor Sie mit den Menschen sprechen, müssen Sie sicher sein, ihnen die richtige Richtung zu weisen. Fragen Sie sich selber: *Sind meine Aussagen sinnvoll? Sind meine Daten und die Schlussfolgerungen, die ich daraus gezogen habe, korrekt? Klinge ich manipulativ oder sind das wirklich Ziele, die von allen angestrebt werden? Gebe ich den Menschen wirklich die Chance, meine Gedankengänge nachzuvollziehen?* Und vielleicht am wichtigsten: *Erreiche ich, dass sie mit ganzem Herzen bei der Sache sind, oder sage ich ihnen nur, was sie zu tun haben?*

In Abbildung 20.1 identifizieren wir sieben Schritte, die Ihnen helfen, eine funktionierende Einflussstrategie zu entwickeln. Wir geben Ihnen auch einige Beispiele, die Sie dazu inspirieren sollen, diese Strategien zu Ihren eigenen zu machen.

> *Was die Mitarbeiter bei Facebook wirklich motiviert, ist, Dinge zu tun, auf die sie stolz sind.*
>
> **– Mark Zuckerberg,** Mitgründer und CEO von Facebook

ABB. 20.1 | EINFLUSSSTRATEGIEN

Vorteile betonen

- Anderen zu zeigen, inwieweit eine Idee von Nutzen für die ganze Firma ist, kann ihnen helfen, die Dinge in neuem Licht zu sehen. Es ist wichtig, sicherzustellen, dass die Idee die Ziele, Werte und Richtung der Firma widerspiegelt. Stellen Sie eine Verbindung zwischen den nützlichen Vorteilen der Idee und den Interessen und Glaubenssätzen der Mitarbeiter her, damit diese einen Bezug zu dem, was Sie sagen, herstellen können.

Als sie ihre Idee für ein verbessertes Kunden-Interface erklärte, erläuterte Monique dessen erhöhte Funktionalität und den höheren Grad an Benutzerfreundlichkeit. Diese Vorteile verknüpfte sie mit dem Ziel der Firma, die Zahl der Anrufe bei der Kunden-Hotline zu reduzieren.

Jim will neues Sicherheits-Equipment für sein Team anfordern und braucht eine Genehmigung für die nötigen Mittel und für Training. Um seine Anfrage zu unterstützen, wird er Daten über die Betriebssicherheit in anderen Unternehmen zitieren, die das entsprechende Equipment angeschafft und genutzt haben, und Expertenmeinungen vorbringen, die von einer reduzierten Zahl von Verletzungen berichten.

Belege liefern

- Belege zu präsentieren, die Ihre Idee stützen, kann entscheidend sein. Sammeln Sie fundierte Daten, um Ihre Aussagen zu untermauern – Statistiken, Berichte, Literatur und Expertenmeinungen, die relevant für diejenigen sind, die Sie beeinflussen wollen.

Unternehmenskultur beachten

- Die Unternehmenskultur in Ihrer Firma kann entscheidenden Einfluss darauf haben, wie Sie eine neue Idee präsentieren. Bevor Sie ein Thema anschneiden, sollten Sie die Ziele, Werte und Anliegen Ihrer Firma sowie aktuelle Ereignisse und Kommunikationsmethoden beachten. Etablierte Vorgehensweisen und ungeschriebene Regeln sind ebenfalls wichtig.

Chris stellte fest, dass Anfragen am Beginn eines Budgetzyklus eher positiv beschieden wurden. Sie fing also an, ihre Anfragen an Stakeholder diesen Zyklen anzupassen, um ihre Chancen zu erhöhen, eine Genehmigung zu bekommen.

Schaffen und pflegen Sie Ihr Geschäftsnetzwerk

Bei Schlüsselpersonen Vertrauen und Glaubwürdigkeit zu gewinnen hat sich im Allgemeinen bewährt und kann Ihre Möglichkeiten der Einflussnahme verbessern. Schaffen Sie kurz- und langfristige Beziehungen mit Menschen, auf die Sie sich verlassen können, und sorgen Sie dafür, dass diese sich auch auf Sie verlassen können.

Anfang dieses Jahres unterstützte Roberto Julie, als diese ihrem Vorgesetzten einen Verbesserungsvorschlag für einen Prozessablauf machte. Seine Unterstützung war sehr hilfreich dabei, den Chef zu überzeugen. Julie wäre jederzeit gerne bereit, den Gefallen zu erwidern, sollte Roberto ihre Unterstützung brauchen.

Maya will einen neuen Verteilungsplan für die Medikamentierung der Patienten einführen. Sie entwarf eine Simulation, die es ihrem Vorgesetzten erlaubte zu sehen, wie ihr Vorschlag den Ablauf vereinfachen und Ablenkungen und Unterbrechungen eliminieren würde.

Schaffen Sie Erfahrungen

Geben Sie den Menschen, die Sie beeinflussen wollen, die Möglichkeit, eine Idee in Aktion zu sehen. Schaffen Sie Gelegenheiten für sie, die positiven Auswirkungen, die Wichtigkeit und praktische Umsetzbarkeit einer Idee zu erfahren.

Beziehen Sie Dritte mit ein

Bitten Sie um Hilfe. Ein Experte für das Thema, ein Kunde oder Ihr Vorgesetzter können Meinungen, Perspektiven und persönliche Erfahrungen beisteuern, die Ihnen dabei helfen, andere zu beeinflussen.

Der Programmierer Marcus stieß auf Widerstand, als er einen neuen Arbeitsablauf vorschlug. Es gelang ihm, die Unterstützung eines sehr respektablen Kollegen aus einem anderen Team zu gewinnen, der den gleichen Prozess schon erfolgreich eingesetzt hatte.

Planen Sie Etappensiege

● Schrittweiser, aber andauernder Fort-
● schritt oder eine Serie von Etappensiegen
kann effektiver sein, wenn man andere
beeinflussen will, als sich nur auf eine
Interaktion zu verlassen. Festzustellen,
wie man diese kleinen Zwischenziele
erreicht, während man gleichzeitig den
Fortschritt überwacht, wird Ihnen dabei
helfen, die Motivation aufrechtzuerhalten, und Sie Ihrem Ziel näher bringen, das
volle Engagement anderer zu erlangen.

Jennifer dachte, dass Tony ihren Vorschlag, einen wichtigen Lieferanten zu ersetzen, ablehnen würde – basierend auf seinen früheren Reaktionen auf ähnliche Anfragen. Um einen Etappensieg zu erreichen, schlug sie ihm vor, einen neuen Lieferanten für einen künftigen Auftrag auszuprobieren. Er stimmte zu, den neuen Lieferanten auszuprobieren und ihren Vorschlag noch mal in Erwägung zu ziehen, wenn das erfolgreich verlief.

Solcherlei Gespräche anzufangen kann schwierig sein. Nach unserer Erfahrung gibt es für Menschen, die andere beeinflussen wollen, vor allem zwei Arten von Problemen: Zuerst einmal sind sie zurückhaltend, wenn es darum geht, andere um etwas zu bitten, weil sie nicht einer bestehenden Beziehung schaden wollen. Also bringen sie ihr Anliegen oft gar nicht vor. Sie *denken zu viel* über die andere Person nach. Zum zweiten können Menschen auch zu durchsetzungsfähig sein und als aufdringlich und unsensibel wahrgenommen werden. Sie *denken zu wenig* über die andere Person nach.

Sie sollten einen dritten, besser ausbalancierten Ansatz wählen, der von Beginn an beide Seiten berücksichtigt: *Sie und ich wollen in manchen Bereichen das Gleiche – in anderen nicht.* Dies hilft der Person, die Sie beeinflussen wollen, dabei, sich verstanden und respektiert zu fühlen. Es zeigt auch, dass Sie sie als möglichen Teil der Lösung und nicht als Hindernis sehen. Diese Person wird Ihnen auch mit größerer Wahrscheinlichkeit ein ehrliches Feedback geben, das Ihnen dabei hilft, herauszufinden, wo sie auf dem Spektrum Ihrer Unterstützer steht. Ist sie mit an Bord? In welchem Ausmaß? Warum?

ACHTEN SIE AUF EINE SCHÖNE VERPACKUNG

Andere auf die hier vorgeschlagene Art und Weise zu beeinflussen kann zeitraubend sein. In der Tat kann es zu einem ganz eigenen Projekt werden! Sie werden vielleicht ein Gespräch oder mehrere führen müssen, E-Mails schreiben, Meetings einberufen, Präsentationen geben oder vielleicht sogar einen Prototyp herstellen müssen. Das ist alles Teil des Jobs. Diese Verhaltensweisen, die Ihren Einfluss mehren sollen, werden mit zunehmender Übung zu Ihrer natürlichen Art des Handelns in der Geschäftswelt werden.

Wir haben gesagt, dass Sie handfeste Daten nutzen müssen, um Ihre Ideen zu präsentieren – und das sollten Sie auch. Aber Sie müssen auch über die „Verpackung" Ihrer Ideen nachdenken, sie also in einem Rahmen präsentieren, der Ihr Gegenüber mit hoher Wahrscheinlichkeit überzeugt, überrascht oder erfreut. Dies können Sie erreichen, indem Sie Metaphern, Geschichten und visuelle Elemente nutzen, die nicht nur helfen, Ihr Anliegen zu transportieren, sondern auch dazu beitragen, dass Menschen anderen davon erzählen wollen. (Das gilt besonders für Meetings und Präsentationen, aber es ist auch in Gesprächen unter vier Augen oder E-Mails hilfreich.) Wenn Sie Ihre Ideen sorgfältig und pfiffig verpacken, nutzen Sie einige sehr grundlegende Marketingprinzipien, mit denen man Verständnis schafft und Aufmerksamkeit erregt – so wie wir alle das *jeden Tag* in den sozialen Medien tun – und die Ihnen dabei helfen, Ihre Kollegen und Teammitglieder in der Firma zu beeinflussen.

Fragen Sie sich selbst:

- Welche Metapher oder welche Analogie kann ich verwenden, die neue Einsichten erschließt oder eine komplexe Angelegenheit vereinfacht?

- Wie effizient werden Anekdoten in meiner Firma eingesetzt?

- Wie kann ich nackte Daten in einfache und einprägsame Bilder übertragen?

- Welche Arten von visuellen Hilfsmitteln (PowerPoint-Präsentationen und so weiter) sind am effektivsten?

Was wäre, wenn Ihnen jemand nach einer Präsentation folgendes Feedback gäbe: *Der Inhalt war gut, aber Ihr Vortrag war sehr trocken. Ich fürchte, das war für das Publikum nicht sehr einprägsam und wird es nicht dazu bringen zu handeln?* Sie wären am Boden zerstört, oder? Das ist genau der Grund, wieso wir Ihnen helfen müssen, Ihre Botschaft überzeugend zu verpacken und anschauliche Bilder, kraftvolle Fragen und vielleicht sogar ein Überraschungsmoment zu nutzen, um einen größeren Effekt zu erzielen und dafür zu sorgen, dass die Menschen, die Sie überzeugen wollen, mit Herz und Verstand bei der Sache sind.

Im Folgenden erläutern wir drei Methoden, Ihre Ideen zu verpacken, damit sie Aufmerksamkeit erregen und Ihr Publikum geistig und emotional ansprechen.

Schaffen Sie ein Bild: Metaphern, Analogien, Anekdoten, Humor und starke visuelle Elemente können *eine Vision schaffen* und einen Eindruck hinterlassen, an den sich die Leute *erinnern*.

- **Metapher** – Ein sprachliches Bild, bei dem ein Wort oder eine Phrase anstelle einer anderen zur Beschreibung eines Objekts oder einer Idee eingesetzt wird, um eine Ähnlichkeit zwischen beiden zu suggerieren.

  – Camilles Vorschläge, das Antragsverfahren ein wenig aufzupeppen, sind genau das Salz in der Suppe, das wir brauchen, um ein unwiderstehliches Paket zu schnüren.

  – Wir sollten in dieser Angelegenheit erst reinen Tisch machen, bevor wir fortfahren.

- **Analogie** – Verschiedene Dinge vergleichen, indem man das Unbekannte mit dem Bekannten in Beziehung setzt.

  – *Diesen Prozess durchzugehen ist, wie das erste Mal durch eine unbekannte Stadt zu fahren: Man biegt oft falsch ab oder fährt verkehrt herum in Einbahnstraßen, aber zum Schluss kommt man doch zum Ziel.*

Das Unerwartete: Mit Bedacht eingesetzt, kann das Moment der Überraschung die Menschen aus ihrer Komfortzone katapultieren und sie dazu bringen, neue Ideen oder Veränderungen *aufmerksam* zu erwägen.

Die Macht der Fragen: Fragen haben die Macht, Input zu generieren, den Verlauf der Diskussion zu kontrollieren und Gefühle zu wecken.

- **Offen** – Kann nicht mit einem Wort beantwortet werden; regt Diskussionen an.

  – *Wie beeinflusst diese Veränderung den momentanen Prozess?*

- **Geschlossen** – Erfordert eine eindeutige Antwort; fokussiert das Gespräch.

  – *Sind wir uns einig, dass wir damit am Montag anfangen?*

- **Provokativ**– Geht einem Problem auf den Grund; verdeutlicht Konsequenzen; provoziert Emotionen; beschleunigt Entscheidungen.

  – *Kann unser Business überleben, wenn wir nicht mehr Innovationen anstoßen?*

 **REFLEXIONSPUNKT**

Erstellen Sie eine mentale Momentaufnahme Ihrer Einflussmöglichkeiten. Nutzen Sie dann die Bilder oder visualisierten Beziehungen, die Sie sich vorgestellt haben. Sie sollten daran denken, es einfach zu halten. Wenn man es nicht jemand anderem problemlos mitteilen kann, dann ist ein Bild vielleicht nicht die richtige Verpackung!

BEWERTEN SIE DIE HANDLUNGSBEREITSCHAFT UND SCHAFFEN SIE ENGAGEMENT

Sie haben jetzt einen Masterplan für Ihre Einflussmöglichkeiten und haben festgelegt, wie Sie Ihre Vorschläge ansprechend und einprägsam verpacken und so Menschen zum Handeln bewegen können. Der nächste Schritt ist es, die Stakeholder für sich zu gewinnen. Wie können Sie das erreichen?

Fangen Sie an, indem Sie deren Handlungsbereitschaft ermitteln – finden Sie heraus, ob sie mehr Zeit brauchen oder ob sie bereit sind, einen Schritt nach vorne zu tun und zu handeln. Es gibt dafür drei Möglichkeiten.

- **Bestätigen und Abschließen** – Wenn Sie eine sofortige Antwort brauchen oder sicher sind, dass die Person mit im Boot ist. *Tipp:* Zögern Sie nicht, eine mündliche oder schriftliche Zusage zu verlangen. Eine „öffentliche" Zusage sorgt zuverlässig dafür, dass andere sich auch daran halten.

- **Nachfragen und Entwickeln** – Die Person ist noch nicht überzeugt oder bleibt neutral oder skeptisch. *Tipp:* Bereiten Sie sich darauf vor, ein angemessenes Werkzeug oder eine angemessene Technik zur Entscheidungsfindung anzuwenden, besonders wenn Sie diesen Schritt in einer Gruppensituation durchführen.

- **Einen Schritt zurücktreten**– Skeptiker sind emotional, streitlustig oder unwillig, sich vorwärtszubewegen. *Tipp:* Lassen Sie nicht locker. Setzen Sie einen Termin für ein erneutes Treffen an. Überlegen Sie, ob Sie wirklich auf die Unterstützung durch diese Person angewiesen sind oder ob Sie auch so weitermachen können.

Dann müssen Sie sich über die nächsten Schritte einig werden. Der wahre Maßstab für Engagement ist das Handeln. Ob es sich um ein bedeutendes Engagement handelt oder nur um kleine Schritte hin zum angestrebten Ziel – stellen Sie sicher, dass man sich über das Follow-up einig ist, inklusive spezifischer Verantwortungsbereiche, Zeitrahmen und Methoden, den Ablauf zu überwachen.

AUF DIE PLÄTZE, FERTIG, EINFLUSS!

Sie sollten mittlerweile ein gutes Gespür dafür haben, was Einfluss für Ihre Karriere bedeuten kann. Sie sollten auch in der Lage sein, zu erkennen, inwieweit der Stoff aus den anderen Profi-Kapiteln wie Networking (Kapitel 19), Veränderungen zu managen (auf der Microsite) und

Coaching (Kapitel 14) Ihnen dabei hilft, die sozialen Skills zu meistern, die nötig sind, um Ihren Gesprächen, mit denen Sie jemanden beeinflussen wollen, den entsprechende Rahmen zu verleihen, durch den sie die maximale Wirkung erzielen.

21.

Leadership-Skills und die Skills der Profis

IHRE ERSTE FÜHRUNGSPOSITION ALS FRAU

Seien Sie „Herr der Lage"

Vorab-Gedanken
Nehmen Sie sich einen Moment Zeit, um zu analysieren, wie Ihre Körpersprache aussieht, wenn Sie in ein Meeting gehen. Kommen Sie zu spät? Nehmen Sie einen Stuhl, der nicht am Konferenztisch steht? Betreten Sie leise den Raum? Oder werfen Sie sich in Pose? Fragen Sie einen Kollegen, dem Sie vertrauen, wie Sie auf andere wirken.

STICHTAG

Mehr als jeder andere Moment im Berufsleben einer Frau kann Ihre erste Führungsposition ein entscheidender Wendepunkt in ihrem Leben sein, der alle Ihre weiteren Karriereentscheidungen beeinflussen kann.

Dieses Kapitel enthält praktische Ratschläge von Tacy, wie man eine erfolgreiche, weibliche First-Time Leaderin wird – oder jemanden dabei unterstützt, es zu werden.

Erika hat nicht nur halbherzig ihre Ziele verfolgt; sie hat die Kontrolle übernommen. *Ich bin technische Analystin, aber wollte immer den Schritt ins Management vollziehen,* sagte sie. Um als Softwareingenieur diesen Schritt zu vollziehen, musste man normalerweise lange bei einer bestimmten Firma sein, seine Pflichten erfüllen und sich beweisen. Sie hatte sich langsam die Karriereleiter hochgearbeitet, indem sie sich acht Jahre lang bemühte, zunehmend prestigeträchtigere Projekte zu übernehmen, und damit Erfolg hatte. Alles klappte wie geplant! Ihr Vorgesetzter unterstützte sie. Es stand eine Stelle für sie in Aussicht und ihr Leben lief perfekt nach Plan ab. *Sobald ich mich in meine neue Position eingefunden hätte, wollten wir ein Kind haben,* dachte sie. *Denn beides auf einmal ist nahezu unmöglich.* Und ab da wurde es problematisch. Aus heiterem Himmel wurde ihrem Mann eine Beförderung angeboten, die sie nicht ablehnen konnten. Ihr Umzug beförderte sie von Atlanta nach New Jersey und entwurzelte ihren sorgfältig entworfenen Lebensplan. *Um wieder eine Führungsposition anzustreben, musste ich woanders völlig neu anfangen.*

Als Nächstes begab sich Erika auf eine Tour de Force aus Zielsetzungen, persönlicher Entwicklung und Knochenarbeit. Als sie gerade ein paar Wochen ihren neuen Job hatte, entschied sie, so viel Arbeit an ihrer Karriere wie menschenmöglich in kürzester Zeit zu bewältigen. Zuerst traf sie die Entscheidung, ihren Lebenslauf mit einer neuen und hochangesehenen technischen Qualifikation aufzupolieren. *Ich fand einen Online-Lehrgang [in Indien], an dem ich wegen der Zeitverschiebung abends und an Wochenenden teilnehmen konnte, um mein Zertifikat zu erwerben und in der Arbeit neue Projekte zu übernehmen.* Obwohl sie bereits doppelt so viel arbeitete, überzeugte sie ihren Vorgesetzten, ihr herausfordernde neue Aufgaben zu übertragen, an denen sie lernen konnte, wie ihre neue Firma arbeitete. *Er half mir, die Projekte abzuschließen, also war es kein Problem, wenn ich mal einen Fehler machte.* Und mit einem Gespür für Planung, das den Umfang dieses Buches bei Weitem übersteigt, schaffte sie es, ihren Kurs zu beenden und ihr Zertifikat am Anfang ihres ersten Trimesters zu erhalten. Sie schleppte sich geradezu über die Ziellinie. *Ich war sehr, sehr krank! Aber die Schwerstarbeit lag hinter mir.* Wieder lief alles nach Plan. Sie hatte ihr Ziel in weniger als zwei Jahren erreicht und übernahm zum ersten Mal allein einen Management-Job, als fröhliche, junge Mutter, die aus dem Schwangerschaftsurlaub zurückkam.

Und das war natürlich der Zeitpunkt, ab dem alles schiefging. Wir haben an früherer Stelle in diesem Buch darauf hingewiesen: Was Sie zum erfolgreichen Leader macht, muss nicht dasselbe sein, worauf Ihr Erfolg in der Vergangenheit gründete. Die Herausforderungen, denen Sie sich als Führungskraft gegenübersehen, sind von ganz anderer Art – und sie können besonders schwierig sein. Aber für eine Frau ist es nicht genug, ihre Lebensplanung so zu gestalten, dass sie die heldenhaften Anforderungen erfüllt, um einen Job als Führungskraft zu erhalten. *Ich hatte nicht darüber nachgedacht, wie schwer es tatsächlich sein würde, das Team zu leiten,* sagte Erika. Trotz ihrer Leistungen hatte sie nur wenige Skills entwickelt, die nötig waren, um ein rein männliches Team erfahrener Ingenieure zu leiten, die alle beeindruckende Referenzen vorweisen konnten. Und die Unternehmenskultur im Hinblick auf Führungskräfte war für sie völlig überraschend. *Sie akzeptierten nicht einmal meine Termine für Meetings,* erinnerte sie sich. Und als sie Benchmark um Benchmark verpasste, wusste sie, dass ihr Plan in Gefahr war. Sie lebte in einer neuen Gemeinde mit einem neuen Job und ihr Sohn fing gerade erst mit Krabbeln an. *Ich war erschöpft,* sagte sie. *Und zwar die ganze Zeit.*

DIE GLÄSERNE DECKE EXISTIERT WEITERHIN

Obwohl Frauen echte und stetige Fortschritte machen, wenn es darum geht, höhere Bildungsabschlüsse zu erwerben oder Einstiegsjobs in Bereichen zu ergattern, die bisher reine Männerdomänen waren, so sind sie doch selten in Positionen des höheren Managements anzutreffen. Ein kurzer Blick auf die Zahlen zeigt, dass die gläserne Decke weiterhin existiert: Frauen stellen 53 Prozent der Einstiegspositionen, 40 Prozent der Manager, 35 Prozent der Direktoren, 27 Prozent der Vice-Presidents, 24 Prozent der Senior Vice-Presidents und 19 Prozent der Vorstände.[1] Und wie viele weibliche CEOs gibt es in „Fortune-500"-Unternehmen? Etwa fünf Prozent.[2] Der Aufstieg der Frauen in Führungspositionen der höheren Ebenen, ob als Geschäftsführerinnen, Mitglieder des Vorstands, Risikokapital-Unternehmerinnen oder in der Regierung, hat einfach nicht stattgefunden.

Zur gleichen Zeit gibt es mehr gute Argumente für die Gleichberechtigung der Geschlechter in der Wirtschaft als jemals zuvor. DDI und The Conference Board's *Global Leadership Forecast (GLF)* haben herausgefunden, dass Unternehmen mit einem höheren Frauenanteil durchgängig eine bessere Performance im finanziellen Bereich hatten. Wie man in

Abbildung 21.1 sehen kann, haben Unternehmen der unteren 20 Prozent der finanziellen Performance nur 19 Prozent Frauen in Führungspositionen, Unternehmen der oberen 20 Prozent hingegen 37 Prozent – fast doppelt so viele.[3]

ABB. 21.1 | MEHR WEIBLICHE FÜHRUNGSKRÄFTE = BESSERE FINANZIELLE PERFORMANCE

Unternehmen mit besserer finanzieller Performance haben mehr Frauen in Führungspositionen

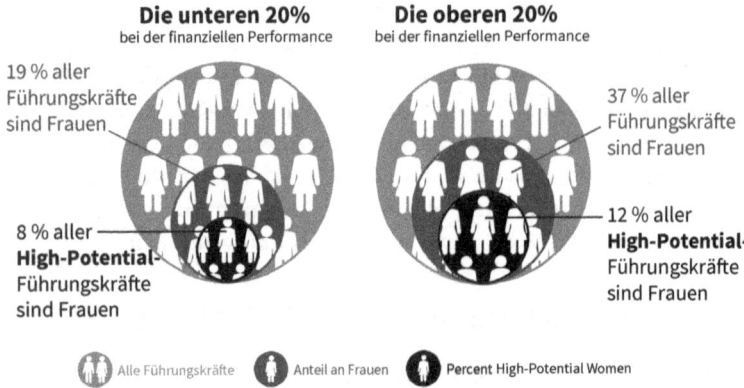

Die unteren 20%
bei der finanziellen Performance

Die oberen 20%
bei der finanziellen Performance

19 % aller Führungskräfte sind Frauen

37 % aller Führungskräfte sind Frauen

8 % aller **High-Potential-**Führungskräfte sind Frauen

12 % aller **High-Potential-**Führungskräfte sind Frauen

Alle Führungskräfte   Anteil an Frauen   Percent High-Potential Women

Wieso fallen Frauen im Management also von der Karriereleiter? Eine mögliche Antwort: Weibliche Talente werfen das Handtuch nach ihrer ersten Erfahrung als Frontline Leader.

Die Unternehmenskultur ist dabei immer noch ein Faktor. Mit abnehmender Zahl an weiblichen Führungskräften, die aufsteigen wollen, gibt es auch weniger Frauen als Vorbilder. Das bedeutet, es gibt weniger Möglichkeiten, ein Unternehmen als Ganzes dazu zu bringen, die wahren Vorteile der geschlechtlichen Vielfalt zu erkennen. Und es gibt dann auch weniger Fürsprecher für Frauen, die sich nach oben arbeiten. *Ich dachte, das ganze „Geschäfte beim Golfspielen abwickeln" sei ein Klischee,* sagte eine junge Bankerin. *Aber das war es nicht. Und als ich das zweite Mal bei einer Beförderung übergangen wurde, war die Botschaft angekommen. Ich passte einfach nicht dazu.*

Im Jahr 2008 hat Hewlett Packard eine interne Studie durchgeführt, um herauszufinden, wieso sich nicht mehr Frauen für Führungspositionen bewarben. Es scheint sich um einen klassischen Fall von Konkurrenz zwischen männlichen und weiblichen Charaktereigenschaften zu handeln. Männer bewerben sich um eine Stelle, wenn sie nur über 60 Prozent der geforderten Qualifikationen verfügen.[4] Frauen bewerben sich nur, wenn sie zeigen können, dass sie 100 Prozent erreichen. Das ist nur einer der neuesten Belege dafür, dass es Unterschiede im Charakter sind, die Frauen zurückhalten. Hätten wir doch nur mehr Selbstvertrauen! Ja und nein.

Männer bewerben sich um eine Stelle, wenn sie nur über 60 Prozent der geforderten Qualifikationen verfügen. Frauen bewerben sich nur, wenn sie zeigen können, dass sie 100 Prozent erreichen.

Untersuchungen haben gezeigt, dass es keinen wirklichen Unterschied zwischen den Geschlechtern gibt, wenn es um die erforderlichen Fähigkeiten für eine Führungsposition geht. Und Frauen wissen das. Laut der *GLF* 2014-2015 halten sich weibliche Führungskräfte für genauso kompetent, wenn es um eine Reihe von Skills geht, die einen erfolgreichen Leader ausmachen.[5] Viele weitere Studien zeigen, dass weibliche Führungskräfte genauso kompetent sind wie ihre männlichen Gegenstücke. Tatsächlich zeigen eigene Testverfahren und Assessments von DDI – die das wirkliche Verhalten bewerten und nicht Umfragedaten – wenig Unterschiede hinsichtlich der Führungseigenschaften, wenn man das Geschlecht berücksichtigt. Später mehr dazu.

Was hält also die Frauen zurück? Frauen nannten in der *GLF*-Studie einen Mangel an Möglichkeiten, ein Team zu führen oder Führungserfahrungen auf globaler Ebene zu sammeln. Diese Erfahrungen, die ein enormes Potenzial bieten, sind wichtige Bewährungsproben für den Karrierefortschritt. Sie bewirken zusätzlich auch eine enorme Steigerung der Fähigkeiten und des Selbstvertrauens von Führungskräften. Und an dieser Stelle können wir Frauen uns selbst – und den weiblichen Führungskräften, die wir anleiten – einen echten Dienst erweisen. Wir müssen proaktiv Assignments identifizieren, die eine Schlüsselrolle bei der Entwicklung von Führungspotenzial spielen, und dafür sorgen, dass unsere ausgefeilten Pläne Wirklichkeit werden.

Entwicklungsmöglichkeiten hatten während meiner Karriere einen enormen positiven Einfluss. Ich bin gefragt als Trainerin, Fürsprecherin, als Person, an die man sich wenden kann, und aufgrund meiner Ausbildung als Expertin für Fachthemen. Ich verfüge über starke Soft Skills, kann besser mit Menschen interagieren, meine Verantwortungsbereiche werden ständig größer und mein Wert für die Firma ist offensichtlich.

– Regionalmanagerin, Konsumgüterindustrie

Frauen gleiche Entwicklungschancen zu verwehren kann deshalb schnell zu Ressentiments führen.

Die Geschlechtervielfalt potenzieller Führungskräfte in Ihrem Unternehmen zu steigern führt zu einer größeren Ideenvielfalt, die wiederum zu besseren Problemlösungskapazitäten und größerem Nutzen für die Firma führt (siehe Abbildung 21.1). Aber letzten Endes ist es besonders wichtig, dass Frauen gleichberechtigten Zugang zu Erfahrungen haben, die ihre Entwicklung vorantreiben. Das wiederum stellt sicher, dass sie genauso qualifiziert und bereit für die nächste Beförderung sind. Frauen müssen die geschlechtliche Gleichbehandlung sicherstellen (oder einfordern), wenn es um diese umwälzenden, entwicklungsfördernden Erfahrungen geht.

Männer konnten auf mehr Seminare und Konferenzen gehen. Als weibliche Führungskraft musste man wirklich wählerisch sein, und wenn man überhaupt gehen konnte, dann vielleicht alle zwei Jahre.

– Direktorin eines Unternehmens im Gesundheitswesen

Als weibliche Führungskräfte gefragt wurden, was ihre Effizienz steigern würde, war der Konsens folgender: Unternehmen müssen transparenter werden, mehr Aufmerksamkeit darauf legen, Frauen in Führungspositionen zu bringen, und ein Klima schaffen, in dem jeder die Chance hat, ein Leader zu werden.

LIEGT ES AM SELBSTVERTRAUEN?

Was hält Sie zurück? Machen Sie sich Sorgen über das viele Reisen, das damit einhergeht, wenn man auf dem internationalen Parkett als Führungskraft Erfahrungen sammeln möchte, und den Effekt, den es auf Ihre künftige oder bereits bestehende Familie haben könnte? Oder fehlt es Ihnen einfach an Selbstvertrauen, in eine anspruchsvollere Rolle mit mehr Verantwortung hineinzuwachsen? In ihrem Buch „Confidence Code: Was Frauen selbstbewusst macht" nennen Claire Shipman und Katty Kay – beide bekannte TV-Journalistinnen – Selbstvertrauen als das Hauptunterscheidungsmerkmal.[6] Kurz zusammengefasst: Männer denken, sie schaffen es – Frauen denken, sie schaffen es nicht. Unsere eigene *GLF*-Studie über Geschlechtsunterschiede (siehe Abbildung 21.2) spiegelt das wider und zeigt, dass Frauen dazu neigen, sich selbst als weniger effizient in einer Führungsposition einzuschätzen als ihre männlichen Peers. Mit anderen Worten haben wir hier die paradoxe Situation, dass Frauen sich selbst für *weniger erfolgreiche* Führungskräfte halten als Männer, aber gleichzeitig *etwas effizienter* sind, wenn es um *Leadership-Skills* geht. Liegt es also am Selbstvertrauen?

ABB. 21.1 | WO LIEGEN DIE UNTERSCHIEDE ZWISCHEN DEN GESCHLECHTERN?

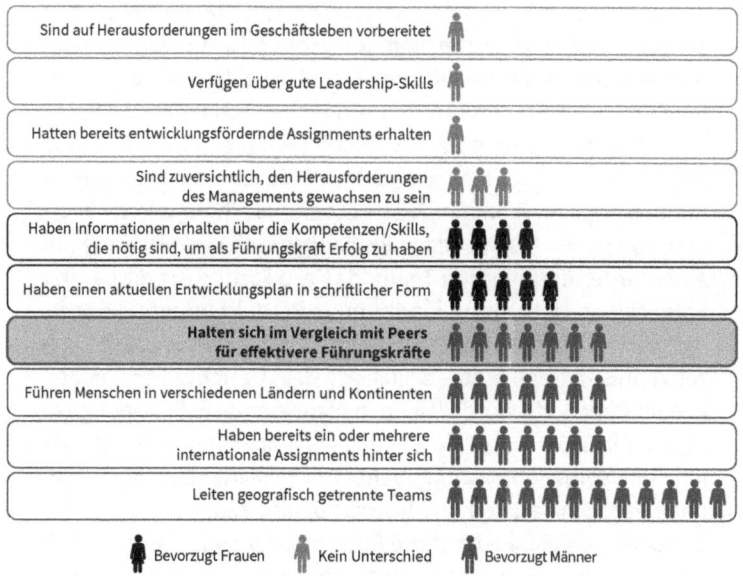

Eine andere mögliche Interpretation stammt von der Autorin Tara Sopher Mohr in einem Beitrag für die *Harvard Business Review.*[7] Nachdem Sie über 1.000 Männer und Frauen befragt hatte, fand sie heraus, dass beide Geschlechter denselben Hauptgrund angaben, wenn es darum ging, wieso sie sich nicht um eine Stelle beworben hatten, für die ihnen einige der genannten Qualifikationen fehlten: *Ich dachte, sie würden mich nicht nehmen, und ich wollte nicht meine Zeit verschwenden.* Auch wenn ein Mangel an Selbstvertrauen Frauen davon abhält, Karriere zu machen, so kann es auch daran liegen, dass sie nicht verstehen, wie das System an ihrem Arbeitsplatz tatsächlich funktioniert. Das bedeutet: Sich um eine Stelle zu bewerben, auch wenn man nur einige der geforderten Qualifikationen erfüllt, wäre tatsächlich der richtige Weg. Um Insiderkenntnisse darüber zu erhalten, wie Ihre Firma im Einzelnen funktioniert – besonders im Hinblick auf weibliche Führungskräfte – müssen Sie Ihr eigenes Netzwerk anzapfen (siehe Kapitel 19). Das erfordert natürlich einiges an Selbstvertrauen.

Tacys Weckruf

Ich litt selber an einem Mangel an Selbstvertrauen. Vor einigen Jahren machte ich einen ziemlich großen Karrieresprung auf meinem Berufsweg als Führungskraft. Ich sollte einen bestimmten Bereich unserer Produkte von individuell angepassten Seminarangeboten zu einer Reihe technologiebasierter, in der Größe anpassbarer Angebote umwandeln, mit denen wir sehr viel mehr Kunden erreichen konnten. Ich leitete die Forschung und Entwicklung von neun verschiedenen Kursangeboten und arbeitete mit einem interdisziplinären Team, das großartige Arbeit bei der Entwicklung einer Vision für das neue Produkt leistete. Aber als es darum ging, jemanden zu benennen, der das Produkt im Ganzen repräsentieren sollte – sozusagen das „Gesicht" dieser neuen Produktlinie –, da wurde ich noch nicht einmal in Erwägung gezogen. Die Stelle würde die Leitung von Forschung und Entwicklung (im Moment mein Aufgabenbereich), Marketing, PR, Ausbildung der Seminarleiter und Akquise beinhalten.

Ich wäre beinahe für diese Rolle übergangen worden, ohne überhaupt zu merken, dass ich darum konkurrierte. Ein anderer

Kandidat – ein Mann – hatte begonnen, aggressive Lobbyarbeit beim ausführenden Team zu betreiben, um selbst den Titel des Produktrepräsentanten zu erhalten. Die Entscheidungsträger favorisierten ihn, zum Teil weil er die Stelle unbedingt haben wollte und weil ich damit beschäftigt war, die alltägliche Arbeit zu erledigen. Mit anderen Worten, ich dachte, es sei eine ausgemachte Sache und quasi untrennbar mit der Arbeit verbunden, die ich geleistet hatte, und dass ich es verdient hätte. Dann kam der Weckruf!

Was wir nicht über den Lauf der Dinge im Business wissen, hält uns ebenfalls zurück. Und daran können wir jeden Tag arbeiten.

Und da wurde mir etwas klar, das mir und auch den jungen Frauen, für die ich Mentorin bin, geholfen hat. Was wir nicht über den Lauf der Dinge im Business wissen, hält uns ebenfalls zurück. Und daran können wir jeden Tag arbeiten.

Wie ich damit umgegangen bin? Ich habe ein Meeting mit unserem Präsidenten und einem anderen Mitglied der höheren Führungsetage einberufen und mein Interesse an der Stelle bekundet. Aber ich legte den Fokus nicht auf die Arbeit, die ich bisher für das Projekt geleistet hatte. Stattdessen betonte ich die umfangreiche Erfahrung, die ich bereits mit ähnlichen Produkten hatte, die Erkenntnisse, die ich aus früheren Produkteinführungen gewonnen hatte und die ich zu meinem Vorteil einsetzen konnte, mein Wissen über die Firma und dass ich genügend mit den Abläufen vertraut war, um den künftigen Erfolg des Produkts zu garantieren. Sie mochten mich aus einer Vielzahl an Gründen übersehen haben, aber es war meine Aufgabe, mich – und meine Talente – wieder ins Gespräch zu bringen.

Ich bekam den Job. Ein kleiner Zeitsprung zu meiner Leistungsbewertung zwei Jahre später. Das Angebot wurde zu dem am schnellsten wachsenden Produkt in der Geschichte von DDI und ich bekam das beste Kompliment meiner Karriere. Der Präsident sagt: „Niemand hätte für DDI dieses Projekt so durchziehen können, wie Sie es getan haben, Tacy. Ich sehe es als die beste Entscheidung meiner Karriere an, Ihnen diese Position übertragen zu haben."

Als ich merkte, dass es notwendig war, lenkte ich die Aufmerksamkeit der Bosse auf mich. Ich musste mich nicht rechtfertigen, sondern versuchte ihnen klarzumachen, dass ich die richtige Person für den Job und für die Aufgaben war, die vor uns lagen.

BRINGEN SIE SICH INS GESPRÄCH – FRÜHZEITIG UND HÄUFIG

Natürlich muss jeder seine Bereitschaft signalisieren, die nächste Stufe der Karriereleiter zu erklimmen, aber Frauen verpassen oft die Hinweise, wann und wie oft wir andere daran erinnern müssen, was wir zu *leisten* imstande sind. Was wir jetzt *leisten können* und was wir künftig *leisten wollen.* Und da wir pflichtbewusst die Regeln befolgen, übersehen Frauen oft die Tatsache, dass reine Pflichterfüllung nicht genug ist, wenn man es zu etwas bringen will.

Frauen verpassen oft die Hinweise, wann und wie oft wir andere daran erinnern müssen, was wir zu leisten imstande sind.

Für Frauen fallen die Gespräche wirklich ins Gewicht, mit denen sie ihre Bereitschaft erklären, eine bestimmte Position zu übernehmen. Dieser Aufruf zum Handeln gilt für alle Frauen – ob alleinstehend, verheiratet, berufstätige Mutter oder Mutter in einer Patchworkfamilie. Jede Frau, die versucht, mit all den täglichen Aufgaben zu jonglieren, sollte einen Schritt zurücktreten vom aufreibenden Bemühen, ihr Bestes zu geben, sich über Wasser zu halten und ihre Pflicht zu tun. Sie muss sich auf die Zukunft konzentrieren – auf *ihre* Zukunft als Führungskraft. Sie muss ihre Bereitschaft zeigen, den Job zu übernehmen.

DENKEN SIE NOCH MAL ÜBER MENTORING NACH

Einen guten Mentor zu finden ist für jeden Berufsanfänger wie ein Lotteriegewinn. Und Untersuchungen von DDI haben ergeben: Wenn Sie einen guten Kandidaten finden und nach seiner oder ihrer Unterstützung fragen, wird die Person wahrscheinlich Ja sagen.[8] Aber die richtige Person zu finden ist keine leichte Aufgabe. Und viele junge Frauen scheuen sich zu fragen. Es kann sich anfühlen wie darum zu bitten, gemocht zu werden. Und in der Zwischenzeit stagniert Ihre Karriere.

Unser bester Rat? Suchen Sie nach *Mentoren im Kleinen* – Menschen, die Ihnen Feedback zu Ihrer Karriere gehen, während sie voranschreitet, besonders wenn Sie eine Aufgabe übertragen bekommen, die Sie richtig fordert, wie zum Beispiel eine wichtige Präsentation oder eine neue Geschäftseinheit zum Laufen zu bringen. Es geht dabei weniger um den Verlauf Ihrer gesamten Karriere als darum, jemanden zu finden, der Ihnen zum jetzigen Zeitpunkt hilft. Und fragen Sie nicht nur Frauen! Es gibt weniger Frauen in Führungspositionen, je weiter Sie in der Firma aufsteigen – wieso sollten Sie sich also einschränken? Weibliche Mentoren können Ihnen Ratschläge geben, die auf den Einsichten basieren, die sie selber während ihrer Karriere gewonnen haben. Männliche Mentoren können Ihnen sagen, wie Sie auf andere am Arbeitsplatz wirken. Beide können Ihren politischen Sachverstand schärfen. Diese Möglichkeit bietet Ihnen eine gute Ausrede, Ihr Netzwerk zu vergrößern, ohne sich dabei zu fühlen, als würden Sie jemanden um ein Date bitten.

Kelly Hoey kann dem nur zustimmen. Sie ist ein *Business Angel*, Beraterin für Start-ups und ehemalige Wirtschaftsanwältin, die mit Unternehmen im Anfangsstadium und weiblichen Gründerinnen zusammenarbeitet. *Manchmal wünsche ich mir, Frauen würden sich überhaupt nicht mehr auf Mentoren konzentrieren,* sagt sie. *Wenn Frauen keinen finden können oder nicht auf magische Weise einer auftaucht, neigen sie dazu aufzugeben. Es ist aber sehr wahrscheinlich, dass potenzielle Mentoren im Kleinen überall zu finden sind. Ich sage den Frauen immer: „Seht euch um. Schaut euch an, wer euch die Arbeit gibt. Schaut euch an, wer eure Arbeit beobachtet oder über das spricht, was ihr tut. Diese Person ist auch bereit, euch zu helfen. Diese Person wird bereit sein, politisches Kapital einzusetzen, um euch zu helfen, voranzukommen."* Diese Personen sind die idealen Kandidaten, die man um ein kurzfristiges Mentoring oder um Coaching bitten kann. *Das sind diejenigen, die sich für euch einsetzen, wenn ihr nicht dabei seid. Lasst sie wissen, zu was ihr fähig seid.*

 **DDI-PROFI-TIPP:** Gründen Sie Ihre eigene 3-Personen-Aktionsgruppe. Finden Sie eine Frau mit guten Karriereaussichten, die in der Firma eine Stufe unter Ihnen steht, und eine andere, die eine Stufe über Ihnen steht. Bilden Sie eine kleine Gruppe fürs Networking und zur gegenseitigen Unterstützung, die Ihnen allen hilft, sich beruflich weiterzuentwickeln und sich in den spezifischen Gegebenheiten Ihrer Firma zurechtzufinden.

WAS WIR BRAUCHEN: EINE ÄNDERUNG DER EINSTELLUNG

Bei einer gemeinsamen Umfrage von *Real Simple* und *Time Magazine* im Jahr 2014 wurden 1.000 Frauen darüber befragt, wie sie Erfolg definieren, welche Bedeutung sie ihm geben und welche Risiken sie eingehen würden, um ihn zu erreichen. Die Umfrage ergab, dass nur acht Prozent der Frauen sich durchgängig als erfolgreich betrachten. Und 36 Prozent glauben, dass die Kollegen sie für qualifizierter halten als sie sich selbst.[9]

Was wir Frauen also brauchen, ist eine Änderung der Einstellung. Oder eine neue innere Stimme, die uns den Weg leitet. Ein guter Beleg dafür ist Sheryl Sandberg, die sagte: *Frauen müssen wegkommen von der Überzeugung „ich kann das noch nicht" und hin zu „das will ich machen – und ich lerne es, indem ich es mache".*[10] Zugegeben: *Learning on the job* erfordert einigen Mut, aber es ist das Risiko wert.

DIE WEISHEIT DER FRAUEN (INKLUSIVE MADONNA)

Rich und Tacy haben mit weiblichen Führungskräften auf der ganzen Welt, die aus der Masse weit hervorstechen, Gespräche geführt – vier Dutzend Gespräche, um genau zu sein. Die folgenden Ratschläge und persönlichen Einsichten stammen von diesen Frauen, die selber dabei sind, die Karriereleiter zu erklimmen.

Geben Sie sich nicht mit einem Arbeitsleben zufrieden, das so dahinplätschert

Die Frauen, mit denen wir gesprochen haben, zeigten durchgehend Leidenschaft für ihre Rollen. Es war Leidenschaft, die ihnen half, Hindernisse direkt anzugehen. Eine Leidenschaft, die es ihnen ermöglichte, sich den schwierigen Herausforderungen zu stellen, die ihnen begegneten. Eine weibliche Führungskraft sagte: *Wenn ich glücklich in der Arbeit bin, dann stimmt auch alles andere im Leben.* Sie sprachen auch davon, wie wichtig es ist, *einen tieferen Sinn in der Arbeit zu sehen und sich an Werten auszurichten* und schlussendlich einen Beruf zu wählen, in den man gerne Zeit und Energie steckt. Eine von ihnen sagte: *Ich glaube wirklich, dass man eine bessere Performance bringt und erfolgreicher ist, wenn man etwas tut, das man mag.*

Wenn Sie Ihre Leidenschaft gefunden haben, können Sie sich selbst und Ihr Team zu Höchstleistungen motivieren.

Machen Sie Fehler und lernen Sie daraus

Sie sollten wissen und verstehen, was für Sie wichtig ist, und sich über Ihre Ziele im Klaren sein. Aber machen Sie sich keine Sorgen, auf dem Weg Fehler zu begehen. *Beim Erfolg geht es darum, zu wissen, was man tun will, nicht notwendigerweise um das Streben nach Rang und Namen, sondern mehr um die Reichhaltigkeit dessen, was Sie tun,* sagte eine der ranghohen weiblichen Führungskräfte, die wir befragten. Mit anderen Worten: Wenn man Fehler macht, geht es nicht darum, zu versagen, sondern zu lernen.

Und das ist nicht alles. Fehler geben uns die Möglichkeit, unsere persönlichen Stärken neu zu bewerten und unsere Schwächen besser zu verstehen. Fehlschläge werden oft als der Schlüssel für Innovation gesehen und dafür, als Leader echte Fortschritte zu machen.[11] Die weiblichen ranghohen Führungskräfte, die wir interviewten, coachten andere, damit diese nicht wichtige Gelegenheiten zur Reflexion, zur Selbsterkenntnis und zum Lernen verpassten. Laut einer von ihnen *muss man sich selber verstehen und wissen, was für einen persönlich richtig ist, nicht was das Unternehmen für richtig hält.* Oder wie es eine andere Führungskraft ausdrückte: *Es gibt kein Hindernis, das nicht am Ende zu einem Sprungbrett für etwas Besseres werden kann, wenn Sie herausfinden, wie man es überwindet.*

Finden Sie Menschen, die noch mehr an Sie glauben als Sie selber

Die Empfehlung, noch mal über Mentoring nachzudenken, gibt wieder, was unsere Gruppe von Frauen in höheren Führungspositionen gesagt hat. Mentoren und Sponsoren können Ihnen die Einsicht, Führung und Ratschläge geben, die Ihnen sogar bei den Herausforderungen helfen, mit denen Sie sich noch gar nicht konfrontiert sahen. *Sorgen Sie dafür, dass Sie diese Menschen treffen, und halten Sie den Kontakt innerhalb der Firma aufrecht,* denn wenn Sie die richtigen wählen, werden sie Ihnen dann helfen, wenn Sie es am meisten brauchen.

Zusätzlich zu diesen Ressourcen innerhalb des Unternehmens hatten diese sehr erfolgreichen weiblichen Führungskräfte auch ein Netz von Unterstützern außerhalb der Arbeit. Viele erzählten uns, wie wichtig persönliche Beziehungen zu Freunden und zur Familie sind – *eine Form der Unterstützung, die selbstverständlich erscheint und nicht viel Anerkennung findet,* aber von großem Nutzen ist, wenn es darum geht, Stress und Druck in der Arbeit abzufedern. Für viele von ihnen ist Erfolg auch dadurch definiert, eine Balance zwischen Leben und Arbeit zu finden, die es einem erlaubt, *auch einen anderen Sinn im Leben zu sehen als nur die Arbeit.* Mittlerweile erkenne ich, dass dies eines der Geheimnisse meines persönlichen Erfolgs ist, da ich eine Gruppe einflussreicher Freundinnen habe, die als mein Beraterstab fungieren. Wir stehen immer bereit, uns gegenseitig anzufeuern oder uns durch die Widrigkeiten des Lebens zu kämpfen, wenn sie auftauchen. Ich ermutige Sie also, Ihre „Mädchenclique" zu finden und sich auf sie zu verlassen.

Zeigen Sie Ihren Wert; machen Sie auf sich aufmerksam

Denken Sie an meinen Weckruf zurück. Haben Sie Ihren eigenen Weckruf schon erhalten? Ich hoffe, Sie beherzigen meinen Rat und machen auf sich aufmerksam. Erzielen Sie Resultate und machen Sie diese sichtbar. Seine Arbeit gut zu machen ist nicht allein dadurch definiert, dass man Überstunden macht, sondern durch die Ergebnisse, die man erzielt. *Sich Respekt zu verdienen und seine Arbeit gut zu machen kann einen wirklich weiterbringen.*

Und zum Schluss:

Machen Sie es wie Madonna in „Vogue"

Was haben Ihre Vorab-Gedanken ergeben? Setzen Sie sich still in eine Ecke oder stolzieren Sie in ein Meeting und sehen dabei aus, als könnten Sie den Laden schmeißen? Sie sollten den Popstar in sich zum Vorschein bringen – in diesem Fall Madonna. Eine der Fertigkeiten, die Madonna – und Bühnenstars aller Art – zur Meisterschaft gebracht haben, ist folgende: Beim Betreten der Bühne Selbstvertrauen auszustrahlen. Wurden sie so geboren oder haben sie diese Fähigkeit erst entwickelt? Es ist sehr wahrscheinlich, dass sie das Selbstvertrauen auf der Bühne erst mit der Zeit entwickelt haben. Als junge Sängerin war Madonna sehr wahrscheinlich innerlich total verängstigt, hat sich aber nichts anmerken lassen. Selbst heutzutage, nachdem sie über 30 Jahre aufgetreten ist, gibt Madonna zu, dass sie vor einer Show immer noch nervös ist. Aber sie zieht es trotzdem durch und stellt sich neuen Herausforderungen (wie zum Beispiel der Super-Bowl-Halbzeit-Show).[12]

Dieser Ratschlag gilt nicht nur für Popstars. Einen Mantel der Furchtlosigkeit umzulegen, an sich zu glauben und das Durchhaltevermögen zu haben, wieder aufzusteigen, wenn man vom Pferd fällt, sind alles Dinge, die von unseren weiblichen Leadern als wesentliche Eigenschaften genannt wurden, die man besitzen muss, um die Karriereleiter zu erklimmen. Eine erfahrene Führungskraft hatte folgenden Ratschlag, wenn Frauen sich zurückhalten, die nächste Karrieremöglichkeit zu ergreifen: *Wenn Sie neidisch sind, fragen Sie sich, warum Sie sich nicht selber um die Stelle bemühten.*

Wenn Sie neidisch sind, fragen Sie sich, warum Sie sich nicht selber um die Stelle bemühten.

Wie werden wir wie Madonna?

Es mag sich wie ein Trick anhören, aber es funktioniert: Wenn Sie sich vor einem wichtigen Meeting oder Gespräch in Pose werfen, werden Sie sich kraftvoller fühlen. Plustern Sie sich auf! Jedes Meeting bietet dazu Gelegenheit. Tun Sie es den acht Prozent weiblicher Führungskräfte gleich, die sich vor einem Meeting in Pose werfen, um sich einen gewissen Schub zu verpassen.[13]

#LEADLIKEAGIRL

Im Jahr 2014 hat ein neues Video die Phrase „wie ein Mädchen" zu etwas Starkem und Kraftvollem umdefiniert. Das war Teil der größeren #LikeAGirl-Kampagne von Always, der Marke für Hygieneprodukte für Frauen, die Procter & Gamble gehört. Im Video wurde eine Gruppe von Männern und Frauen aller Altersgruppen danach gefragt, was sie sich unter der Phrase „wie ein Mädchen" vorstellten. Das Ergebnis war erschreckend.

Eine Frau ist wie ein Teebeutel. Du weißt nie, wie stark sie ist, bis du sie ins heiße Wasser schmeißt.

– Eleanor Roosevelt

Mit abgeknicktem Handgelenk und das Haar zurückwerfend, gaben die Teilnehmer vor, „wie ein Mädchen" zu rennen oder „wie ein Mädchen" zu werfen. Alle – außer beachtlicherweise den jungen Mädchen – führten vor, dass „wie ein Mädchen" oft als Beleidigung wahrgenommen wird. Die jungen Mädchen jedoch zeigten zielgerichtete, athletische Bewegungsabläufe.

Abschließend lässt sich also sagen, dass Unternehmen mit mehr Frauen durchgängig finanziell besser abschneiden. Mit anderen Worten: Es ist gut, zu #FührenWieEinMädchen (#LeadLikeAGirl). Und vielleicht haben Sie gar keinen persönlichen Weckruf gebraucht, aber wir hoffen, dass wir und die weiblichen Führungskräfte, die ihre Einsichten mit uns geteilt haben, Sie inspiriert haben, die Chance zu ergreifen, sich einen Mentor zu suchen und sich in Pose zu werfen wie Madonna in ihrem Video zu „Vogue". Andere werden Sie als gelassen, glaubhaft und selbstsicher wahrnehmen und im Gegenzug werden Sie genügend Selbstvertrauen gewinnen, um Herausforderungen anzunehmen, zu wachsen, manchmal zu scheitern und zu lernen.

Wir haben eine Verantwortung gegenüber unseren Familien und der Gesellschaft, anderen etwas zurückzugeben und unsere Leadership-Skills in unserem täglichen Leben über die Arbeit hinaus einzusetzen.

22.

LEADERSHIP VERÄNDERT DIE WELT

Ihr Beitrag zählt

Während wir dieses Buch schrieben, verbrachten wir nicht wenig Zeit damit – jeder für sich und wir beide gemeinsam –, darüber nachzudenken, was Leadership für die Menschen heute wirklich bedeutet. Wir glauben, überzeugende Argumente dafür vorgebracht zu haben, dass hinter der Führungskräfteentwicklung echte Wissenschaft steckt. Aber wir hoffen, dass Sie auch den zutiefst menschlichen Aspekt Ihrer Karriere als Führungskraft willkommen heißen: sich selbst und anderen beim persönlichen Wachstum behilflich zu sein. Dieses Wachstum wird sich für alle Beteiligten auszahlen, auch für Ihr Business und Ihre Kunden. Und Ihre Führungskompetenz kann Ihnen helfen, Ihre Karriere auf Kurs zu halten, selbst wenn Ihr Geschäftszweig im Umbruch ist und selbst bei schlechter Wirtschaftslage.

Zu einem bestimmten Zeitpunkt haben Sie vielleicht festgestellt, dass Sie zu einem anderen Menschen werden: Zu jemandem, der selbstsicher in die Zukunft blickt, ein besseres Verständnis für die Menschen um sich herum hat und eine tiefere Verbindung mit ihnen eingeht. Das ist der Leader in Ihnen, der an Stärke gewinnt. Setzen Sie ihn ein! Geben Sie diesem inneren Ich so oft wie möglich eine Stimme. Es ist gut für Sie, für Ihre Firma und für die Welt als Ganzes.

Sie werden feststellen, dass diese Leadership-Skills einen Wert haben, über die 40 oder 50 (okay, 60) Stunden hinaus, die Sie in der Arbeit verbringen. Erinnern Sie sich an Kapitel 8, als wir Ihnen die Geschichte eines Vorgesetzten erzählten, der den Gesprächsplaner als emotionale Landkarte für ein wirklich schwieriges Gespräch mit seinem Sohn nutzte? Es waren seine inneren Qualitäten als Leader, die in seiner Familie etwas bewegten. Tacy liebt folgende Geschichte, die ihr jemand erzählte, der gerade eine Stelle als Führungskraft angetreten hatte. Gleich nachdem er das Training beendet hatte, kam er nach Hause und fand seine Frau in Tränen aufgelöst vor. Sie hatte unerwartet ihren Job verloren. Statt sofort zu reagieren, hat er zugehört. Fragen gestellt. Während er sie tröstend in den Arm nahm und ihr Taschentücher reichte, nutzte er die Gesprächsgrundsätze, um ihr zu helfen, sich von Verzweiflung freizumachen und die nächsten Schritte zu planen. Das Beste daran? *Sie fragte mich: „Was ist bei diesem Leadership-Training passiert? Du bis als ganz neuer Mensch zurückgekommen!"*, erzählte er Tacy. Vielleicht. Oder es liegt nur daran, dass seine neuen Fertigkeiten ihm halfen, sein wahres Selbst zu zeigen, als der Mensch, den er liebte, seine Hilfe brauchte.

Bei DDI sehen wir Leadership als Dienstleistung für andere, die das Gegenüber in ein besseres Licht rückt als wir uns selbst. Wir glauben, dass wir eine Verantwortung gegenüber unseren Familien und der Gesellschaft haben, anderen etwas zurückzugeben und unsere Führungskompetenz in unserem täglichen Leben über die Arbeit hinaus einzusetzen. DDI hat ein Programm ins Leben gerufen, bei dem alle Beteiligten einen Tag freinehmen können, um die wissenschaftlichen Grundlagen unserer Leadership-Skills in ihren Kreisen zu verbreiten. Einige derjenigen, die dabei mitgemacht haben, erklärten zum Beispiel Schulkindern die Gesprächsgrundsätze. (Denken Sie nur an das starke Gefühl, aufmüpfigen und besserwisserischen Teenagern beizubringen, wie man Selbstwertgefühl erhält, Empathie einsetzt und andere beteiligt!) Andere haben Frauen geholfen, wieder ins Arbeitsleben einzusteigen, indem sie halfen, deren Präsentations-Skills zu verfeinern. Teilnehmer an unseren Programmen unterstützten das Projekt *Teach for Malaysia*, eine Non-Profit-Bildungseinrichtung, die Lehrer ausbildet, um in Malaysias ärmsten Gemeinden zu unterrichten. Sie halfen dabei, den häufigen Lehrkräftewechsel zu reduzieren, indem sie den Mitarbeitern erstklassige Fertigkeiten zum Führen von Bewerbungsgesprächen vermittelten. Vor diesem Training mussten Schüler oft bis zu sechs Wochen auf einen neuen Lehrer warten, wenn jemand aufgrund einer schlechten Personalentscheidung gekündigt hatte. Wenn der Einsatz so hoch ist, können Leadership-Skills wirklich zum Gamechanger werden. Wir sind zuversichtlich, dass Sie Möglichkeiten finden werden, Ihre Skills einzusetzen, um Ihre Motive edler und Ihre Beziehungen besser zu machen.

Um mehr darüber zu erfahren, wie Menschen unsere wissenschaftlichen Erkenntnisse einsetzten, um die Welt zu verbessern – und wie auch Sie das tun können! –, besuchen Sie unsere Microsite, um ein kostenloses Exemplar des E-Books „Spark!" herunterzuladen. Darin finden Sie wahre Geschichten von Führungskräften wie Ihnen, die auf oft inspirierende und überraschende Art und Weise etwas in der Welt bewegt haben.

ES IST AN DER ZEIT, LEADERSHIP ALS BERUF ZU SEHEN (UND ALS BEKENNTNIS)

Nachdem wir Ihnen also all diese Vorteile und den Nutzen des Leaderships erläutert haben – wieso ist „Leadership" nicht *das* große Ding? Im Folgenden ein kleines Beispiel. Diejenigen unter Ihnen, die häufiger reisen, kennen die Ankunftskarten und Abreisekarten, die man wegen der Einreiseformalitäten ausfüllen muss. Auf einem Flug nach Übersee, den Tacy neulich unternahm, kam sie mit dem Reisenden neben ihr ins Gespräch. Er war Mitglied der Geschäftsleitung einer international tätigen Bergbaugesellschaft. Während sie miteinander sprachen, erzählte Tacy ein wenig von DDI und ihrer Arbeit beim Ausbilden von Führungskräften. Ihr Gesprächspartner forderte sie mit einer Frage heraus: *Also, was schreiben Sie in das Feld mit der Berufsbezeichnung auf der Abreisekarte?* Damit hatte er genau (und

Die Steine auf der Baustelle sind nur scheinbar ein loser Haufen, wenn nur ein einziger auf der Baustelle verirrter Mensch sich eine Kathedrale denkt.

– Antoine de Saint-Exupéry,
Flug nach Arras

auf diplomatische Weise) ins Mark getroffen. Und nein, es war nicht „Führungskraft" oder „Leader". (Die Antwort: „HR Consultant".) Wieso?

Rich hat neulich einen ähnlichen Gedanken auf einem Blog formuliert: Es ist an der Zeit, Leadership als ernsthaften Beruf zu sehen. In diesem Blog-Eintrag erinnerte er sich, dass in den 30 Jahren, die er schon weltweit unterwegs war, sich nicht ein einziges Mal jemand als Führungskraft vorgestellt hatte. Er warf mehrere entscheidende Fragen auf. Sind Führungskräfte in dieser Rolle, weil sie es sich ausgesucht haben oder weil sie es wollen? Sind sie leidenschaftlich bei der Sache, wenn es darum geht, eine Belegschaft zu mobilisieren, den Unternehmenswandel voranzutreiben oder ein positives Vorbild für die Unternehmenskultur abzugeben? Halten Führungskräfte inne, um darüber nachzudenken, was sie repräsentieren und dass andere sich an sie wenden, weil sie Führung, Unterstützung, Vertrauen und Wachstumsmöglichkeiten suchen?

Jetzt geht es darum, Farbe zu bekennen. Tun Sie es?

Wir beenden das Buch mit einer Herausforderung: Wenn jemand Sie das nächste Mal fragt, was Sie beruflich machen, sagen Sie ihnen, Sie sind ein Leader.

Wir glauben, dass der positive Einfluss auf ein Unternehmen, seine Beschäftigten und auf die Welt gewaltig sein wird, wenn man anfängt, Leadership als echten Beruf zu sehen und als solchen zu würdigen. Somit beenden wir das Buch mit einer Herausforderung: Wenn Sie das nächste Mal fragt, was Sie beruflich machen, sagen Sie ihnen, Sie sind ein Leader. Und stehen Sie auch dazu.

Wir glauben, dass Personalführung ein Handwerk ist, das durch den konzentrierten Einsatz von Zeit, Aufmerksamkeit und Selbstreflexion perfektioniert wird – nicht anders als bei einem Koch, Künstler oder Chirurgen. Wenn Sie eine Führungskraft werden, egal in welchem Bereich, dann wird das zu Ihrer Profession. Wir glauben, dass Sie die Pflicht haben, die nötige Zeit und den Aufwand zu investieren, um der beste Leader zu werden, der Sie sein können.

Teil 3: Bonuskapitel und Werkzeuge

Endlich! Ihre Reise ist fast vorbei. Aber keine Sorge – wir sind auch weiter für Sie da. Wir haben eine reichhaltige Microsite mit einer Unmenge an Forschungsergebnissen und Tipps, Tools und sogar einer Video-Simulation geschaffen, die Ihnen hilft, Ihre neu erworbenen Leadership-Skills zu trainieren.
Die Microsite enthält auch drei Bonuskapitel und eine nützliche Checkliste.

Veränderung: Die Mitarbeiter sind entscheidend
Es ist keine Überraschung, dass 70 Prozent der Initiativen zu Veränderungen am Arbeitsplatz scheitern. Dieses Kapitel hilft Ihnen, Widerstand in Engagement zu verwandeln und die Mitarbeiter dazu zu bringen, den Wandel selbst in die Hand zu nehmen. Es hilft Ihnen auch, eine agile Arbeitsumgebung zu schaffen, in der die Menschen offener für Veränderungen sind.

Innovation: Seien Sie bereit, frühzeitig und häufig Fehler zu machen
Der Druck, der damit verbunden ist, neue und kreative Lösungen zu finden, kann enorm sein. Um eine Innovationskultur zu schaffen, müssen Sie und Ihr Team über den Tellerrand blicken. Dieses Kapitel hilft Ihnen mit Tipps und Techniken, neue Ideen zu generieren und einen Mehrwert für Ihr Unternehmen zu schaffen.

Ihr nächster Karriereschritt und Ihr nächstes Abenteuer: Reflektieren, eine Vision entwickeln, ein Ziel anvisieren
In diesem Kapitel geht es um das, was Sie über sich herausgefunden haben, und es einzusetzen, um die Möglichkeiten Ihrer

Karriere auszuloten, während Sie planen, welche Richtung Sie in Zukunft einschlagen wollen – ob Sie weiter aufsteigen wollen, eine gleichwertige Stelle in einem anderen Unternehmensbereich anstreben oder nur Ihre jetzige Rolle um neue Aufgaben bereichern wollen.

Checkliste für neue Führungskräfte: In den ersten sechs Monaten zurechtkommen
Diese benutzerfreundliche monatliche Checkliste hilft Ihnen, den Übergang in Ihre neue Rolle erfolgreich zu bewältigen. Sie benennt wichtige administrative Aufgaben, macht Vorschläge zur Weiterentwicklung für Sie und Ihr Team, listet Bereiche auf, in denen Klärungsbedarf mit Ihrem Chef bestehen könnte, und bietet Anregungen für das Schaffen einer optimalen Arbeitsumgebung und -kultur.

Setzen Sie ein Bookmark für die Seite und besuchen Sie sie regelmäßig, während Sie ihre berufliche Reise als Führungskraft fortsetzen.

www.YourFirstLeadershipJob.com

ANMERKUNGEN

Kapitel 1: Jetzt sind Sie also Chef

1   Matt Paese und Simon Mitchell: *Leaders in Transition: Stepping Up, Not Off* (Pittsburgh: Development Dimensions International, 2007).

Kapitel 2: Big Boss oder katalytische Führungskraft?

1   Pete Weaver und Simon Mitchell: *Lessons for Leaders from the People Who Matter*, Trend Research (Pittsburgh: Development Dimensions International, 2012), S. 12.

2   Ebd., S. 14.

Kapitel 3: Den Übergang zur Führungsposition meistern

1   Evan Sinar und Matt Paese: *Leaders in Transition: Progressing along a Precarious Path* (Pittsburgh: Development Dimensions International, 2014), S. 10–11.

2   Ebd., S. 5.

3   Ebd., S. 7.

Kapitel 4: Ihr Führungsstil, Teil 1

1   Morgan W. McCall: „Identifying Leadership Potential in Future International Executives: Developing a Concept", in: *Consulting Psychology Journal: Practice and Research* 46, Nr. 1 (1994): S. 49–63, doi:10.1037//1061-4087.46.1.49; Morgan W. McCall: *High Flyers: Developing the Next Generation of Leaders* (Boston: Harvard Business School Press, 1998); Jim Collins, „Level 5 Leadership", in: *Harvard Business Review* 79, Nr. 1 (Januar 2001): S. 66–76; Doug Bray und Ann Howard: „The AT&T Longitudinal Studies of Managers", in: *Longitudinal Studies of Adult Psychological Development*, Hrsg. Klaus Warner Schaie (New York: Guilford Press, 1983); Brent Roberts und Robert Hogan: *Personality Psychology in the Workplace* (Washington, DC: American Psychological Association, 2001).

2   Ursula Burns, interviewt von Ellen McGirt, *Fast Company*, New York, 19. November 2011.

3   Jim Collins: *Der Weg zu den Besten: Die sieben Management-Prinzipien für dauerhaften Unternehmenserfolg* (Frankfurt/M.: Campus Verlag, 2011).

Kapitel 5: Ihr Führungsstil, Teil 2

1   Douglas McGregor: *Der Mensch im Unternehmen* (Düsseldorf: Econ Verlag, 1970).

2   „Top 10 Business Bestsellers of the Decade", *Hartford Courant*, 10. Januar 2000.

3   William C. Byham und Jeff Cox: *Zack! Der Motivationsblitz, der aus einer Tretmühle ein Powerhouse macht* (München: Redline Wirtschaft, 2003).

4   Mary L. Tracy und Matt Paese: „Two Perspectives on Identifying Potential", in: *DDI GO Magazine*, Frühjahr 2005, S. 22.

5 Morgan W. McCall: „Identifying Leadership Potential in Future International Executives: Developing a Concept", in: *Consulting Psychology Journal: Practice and Research* 46, Nr. 1 (1994): S. 49–63, doi:10.1037//1061-4087.46.1.49; Morgan W. McCall: *High Flyers: Developing the Next Generation of Leaders* (Boston: Harvard Business School Press, 1998); Jim Collins: „Level 5 Leadership", in: *Harvard Business Review* 79, Nr. 1 (Januar 2001): S. 66–76; Brent Roberts und Robert Hogan: *Personality Psychology in the Workplace* (Washington, DC: American Psychological Association, 2001); Doug Bray und Ann Howard: „The AT&T Longitudinal Studies of Managers", in: *Longitudinal Studies of Adult Psychological Development*, Hrsg. Klaus Warner Schaie (New York: Guilford Press, 1983).

6 Mary L. Tracy und Matt Paese: „Two Perspectives on Identifying Potential", in: *DDI GO Magazine*, Frühjahr 2005, S. 22–23.

7 John Zenger und Joseph Folkman: „Feedback—You Need It, Your Employees Want It!", in: *Zenger Folkman's Monthly Webinar Series*, webinar, 20. Februar 2014, Folie 8.

8 Ebd., Folie 13.

Kapitel 6: Leadership ist Kommunikation, Teil 1

1 Eric Matson und Laurence Prusak: „Boosting the Productivity of Knowledge Workers", in: *McKinsey Quarterly*, September 2010.

2 A. H. Maslow: „A Theory of Human Motivation", in: *Psychological Review 50, Nr. 4 (1943):* S. 370–396.

3 „It's Better to Give Than to Receive, Even If We Don't Realise It", in: *PR Newswire US*, 5. November 2014, Business Source Corporate Plus, EBSCOhost (abgerufen am 9. Dezember 2014); Katherine Nelson et al.: „It's up to You: Experimentally Manipulated Autonomy Support for Prosocial Behavior Improves Well-Being in Two Cultures over Six Weeks", in: *The Journal of Positive Psychology* (im Druck); Sonja Lyubomirsky: „The How of Happiness: A New Approach to Getting the Life You Want" (New York: Penguin Press, 2008);

Stephanie L. Brown et al.: „Providing Social Support May Be More Beneficial Than Receiving It: Results from a Prospective Study of Mortality", in: *Psychological Science* (Wiley-Blackwell) 14, Nr. 4 (Juli 2003): S. 320–327, Business Source Corporate Plus, EBSCOhost (abgerufen am 14. Dezember 2014).

4 Steven Stowell: „Coaching: A Commitment to Leadership", in: *Training & Development Journal* 42, Nr. 6 (1988): S. 34.

5 Akira Ikemi und Shinya Kubota: „Humanistic Psychology in Japanese Corporations: Listening and the Small Steps of Change", in: *Journal of Humanistic Psychology* 36, Nr. 1 (Winter 1996): S. 104–121.

6 Marcus Cauchi: „The 70/30 Rule: Which Side Are You?", in: *Paul Simister's Business Coaching Blog* (Blog), 8. Oktober 2008, http://businesscoaching.typepad.com/; Neil Rackham und Terry Morgan: *Behaviour Analysis in Training* (London: McGraw-Hill, 1977).

7 „Development Dimensions International: Manager Ready Behavior Performance", abgerufen am 24. September 2014, Manager Ready database.

8 Mark Busine et al.: *Driving Workplace Performance through High-Quality Conversations* (Pittsburgh: Development Dimensions International, 2013), S. 9.

Kapitel 7: Leadership ist Kommunikation, Teil 2

1 Neil Rackham: *SPIN Selling* (New York: McGraw-Hill, 1988); Neil Rackham: *Major Account Sales Strategy* (New York: McGraw-Hill, 1989).

2 William Oncken Jr. und Donald L. Wass: „Management Time: Who's Got the Monkey?", in: *Harvard Business Review* 52, Nr. 6 (November 1974): S. 75.

3 Pete Weaver und Simon Mitchell: *Lessons for Leaders from the People Who Matter: How Employees around the World View Their Leaders* (Pittsburgh: Development Dimensions International, 2012).

Kapitel 8: Ihr 5-Stufen-Plan der Kommunikation

1 Development Dimensions International: Manager Ready Behavior Performance, abgerufen am 24. September 2014, Manager Ready database.

2 Malcolm Gladwell: *Überflieger – warum manche Menschen erfolgreich sind und andere nicht* (Frankfurt am Main [u.a.]: Campus, 2009).

3 Daniel Goleman: *EQ. Emotionale Intelligenz* (München: Hanser, 1996).

Kapitel 9: Nur die Resultate zählen

1 Tim Maly: „Should You Send That Email? Here's a Flowchart for Deciding", *Fast Company*, 22. Februar 2012, www.fastcodesign.com/1669094/should-you-send-that-email-heres-a-flowchart-for-deciding.

LEADERSHIP-SKILLS UND DIE SKILLS DER PROFIS

Kapitel 10: Die Besten suchen und einstellen

1 Peter F. Drucker: „How to Make People Decisions", in: *Harvard Business Review 63*, Nr. 4 (Juli 1985): S. 22–25.

2 Brad Remillard: „What Are the Total Costs of a Bad Hire?", *IMPACT Hiring Solutions* (Blog), 2010, www.impacthiringsolutions.com/blog/what-are-the-total-costs-of-a-bad-hire/.

3   Scott Erker und Kelli Buczynski: *Are You Failing The Interview?* (Pittsburgh: Development Dimensions International, 2009), S. 4, S. 9.

4   Tom Janz et al.: *Behavior Description Interviewing: New, Accurate, Cost Effective* (Upper Saddle River, NJ: Prentice Hall, 1985); Robert W. Eder und Gerald R. Ferris: *The Employment Interview: Theory, Research, and Practice* (Newbury Park, CA: SAGE Publications, 1989).

5   Erker und Buczynski: *Are You Failing The Interview?*, S. 13–14.

Kapitel 11: Was Ihr Chef wirklich von Ihnen will

1   Richard Wellins et al.: *Be Better Than Average: A Study on the State of Frontline Leadership,* Trend Research (Pittsburgh: Development Dimensions International, 2013), S. 3.

2   Tom Rath und James K. Harter: *Wellbeing: The Five Essential Elements* (New York: Gallup Press, 2010), S. 133.

3   Anna Nyberg et al.: „Managerial Leadership and Ischaemic Heart Disease among Employees: The Swedish WOLF Study", in: *Occupational and Environmental Medicine* 66, Nr. 1 (2009): S. 51–55.

4   Steve Arneson: „Introduction", in *What Your Boss Really Wants from You: 15 Insights to Improve Your Relationship* (San Francisco: Berrett-Koehler Publishers, 2014), OverDrive Read.

Kapitel 12: Engagement und Mitarbeiterbindung

1   Gallup Consulting: *State of the Global Workplace: A Worldwide Study of Employee Engagement and Wellbeing,* Trend Research (Washington, DC: Gallup Consulting, 2013), S. 99.

2   Richard S. Wellins et al.: *Employee Engagement: The Key to Realizing Competitive Advantage,* Monograph (Pittsburgh: Development Dimensions International, 2011).

3   Mark C. Crowley: „The Sharp Drop-Off in Worker Happiness—and What Your Company Can Do about It", *Leadership* (Blog), 30. April 2012, www.fastcompany.com/1835578/sharp-drop-worker-happiness-and-what-your-company-can-do-about-it.

4   Randall Beck und Jim Harter: „To Win with Natural Talent, Go for Additive Effects", in: *Gallup Business Journal*, Juni 2014, 1, Business Source Corporate Plus, EBSCOhost (abgerufen 19. Dezember 2014).

5   Jennifer Robison: „Turning around Employee Turnover: Costly Churn Can Be Reduced If Managers Know What to Look for—and They Usually Don't", in: *Gallup Management Journal Online*, 8. Mai 2008, S. 1–6, Business Source Corporate Plus, EBSCOhost (abgerufen 19. Dezember 2014).

Kapitel 13: Meetings

1   „Wasted Time in Meetings Costs the UK Economy £26 Billion", *Business Matters Magazine* (20. Mai 012), www.bmmagazine.co.uk/in- business/6795/wasted-time-in-meetings-costs-the-uk-economy-26-billion/.

2   Patrick R. Laughlin et al.: „Groups Perform Better Than the Best Individuals on Letters-to-Numbers Problems: Effects of Group Size", in: *Journal of Personality & Social Psychology* 90, Nr. 4 (April 2006): S. 644–651; Gary Charness und Matthias Sutter: „Groups Make Better Self-Interested Decisions", in: *Journal of Economic Perspectives* 26, Nr. 3 (Summer 2012): S. 157–176; M. E. Shaw: „Comparison of Individuals and Small Groups in the Rational Solution of Complex Problems", in: *American Journal of Psychology* 44 (Juli 1932); D. W. Taylor und W. L. Faust: „Twenty Questions: Efficiency in Problem-Solving as a Function of Size of Group", in: *Journal of Experimental Psychology*, 44 (November 1952); G. B. Watson: „Do Groups Think More Efficiently than Individuals?", in: *Journal of Abnormal and Social Psychology*, S. 23 (Oktober 1928).

Kapitel 14: Coaching

1   Pete Weaver und Simon Mitchell: *Lessons for Leaders from the People Who Matter,* Trend Research (Pittsburgh: Development Dimensions International, 2012), S. 9.

Kapitel 15: Grundregeln des Feedbacks

1   Vortrag von Jack Welch 2003, The Conference Board, New York.

2   Evan Sinar und Matt Paese: *Leaders in Transition: Progressing along a Precarious Path* (Pittsburgh: Development Dimensions International, 2014), S. 7.

3   James Clevenger: „The SOP for Workplace Interactions", *Talent Management Intelligence* (Blog), 8. August 2014, www.ddiworld.com/blog/tmi/august-2014/the-sop-for-workplace-interactions; James Clevenger: „Guidance from Above: The Manager's Role in Driving Lean", *Talent Management Intelligence* (Blog), 19. November 2014, www.ddiworld.com/blog/tmi/november-2014/the-managers-role-in-driving-lean.; James Clevenger: „Eliminating the 9th Form of Waste", *Talent Management Intelligence* (Blog), 23. Juli 2014, www.ddiworld.com/blog/tmi/july-2014/eliminating-the-9th-form-of-waste.

4   Adecco: *2013 State of the Economy and Employment Survey* (Melville, NY: Adecco Employment Services, 2013).

5   Accenture: *How Leading Manufacturers Thrive in a World of Ongoing Volatility and Uncertainty* (Chicago: Accenture Inc.), S. 20.

Kapitel 17: Delegieren

1   Development Dimensions International: „Leadership Mirror Performance Ratings", abgerufen 10. Dezember 2014, Leadership Mirror database.

2 Development Dimensions International: „Manager Ready Behavior Performance", abgerufen am 24. September 2014, Manager Ready database.

Kapitel 18: Performance Management

1 David Rock: „SCARF: A Brain-Based Model for Collaborating with and Influencing Others", in: *NeuroLeadership Journal* Nr. 1 (2008), www.your-brain-at-work.com/files/NLJ_SCARFUS.pdf.

Kapitel 19: Sie und Ihr Netzwerk

1 Daniel Hallak: „Five Networks to Accelerate Your Career", in: *TD: Talent Development* 68, Nr. 10 (Oktober 2014): S. 104–105.

Kapitel 21: Ihre erste Führungsposition als Frau

1 Joanna Barsh und Lareina Yee: *Unlocking the Full Potential of Women at Work* (New York: McKinsey & Company, 2011), S. 3.

2 Catalyst: *Catalyst Census: Fortune 500 Appendix 1—Methodology,* Catalyst Census (New York: Catalyst, 2013).

3 DDI und The Conference Board: *Ready-Now Leaders: Meeting Tomorrow's Business Challenges, Global Leadership Forecast* (Pittsburgh: Development Dimensions International, 2014), S. 40.

4 Georges Desvaux et al.: „A business case for women", in: *The McKinsey Quarterly* Nr. 4 (2008): S. 26–33.

5 DDI und The Conference Board: *Ready-Now Leaders: Meeting Tomorrow's Business Challenges, Global Leadership Forecast* (Pittsburgh: Development Dimensions International, 2014), S. 41.

6   Katty Kay und Claire Shipman: *The Confidence Code: The Science and Art of Self-Assurance—What Women Should Know* (New York: HarperBusiness, 2014).

7   Tara Mohr: „Why Women Don't Apply for Jobs Unless They're 100% Qualified", in: *Harvard Business Review*, zuletzt geändert 2014, abgerufen am 17. Dezember 2014, https://hbr.org/2014/08/why-women-dont-apply-for-jobs-unless-theyre-100-qualified.

8   Stephanie Neal et al.: *Women as Mentors: Does She or Doesn't She? A Global Study of Businesswomen and Mentoring* (Pittsburgh: Development Dimensions International, 2013), S. 7.

9   „Work & Money", *Real Simple*, 01. September 2014, S. 196, 198.

10   Sheryl Sandberg: *Lean in – Frauen und der Wille zum Erfolg* (Berlin: Ullstein, 2013), S. 88.

11   „Failure Issue", *Harvard Business Review* 89, Nr. 4 (2011).

12   „Madonna Is ‚So Nervous' about Super Bowl Performance"; *People.com*, zuletzt geändert 2014, abgerufen 17. Dezember 2014, www.people.com/people/article/0,,20565802,00.html.

13   „Work & Money", *Real Simple*, 01. September 2014, S. 198.

DANKSAGUNGEN

Wir (Rich und Tacy) schulden einer Menge Menschen unseren Dank, die uns geholfen haben, unsere Vision von „Führungskraft – was nun?" zur Realität werden zu lassen. Wir bedanken uns bei den über zehn Millionen Führungskräften in 26 Ländern, welche die Lehren von DDI nutzten, um katalytische Führungskräfte zu werden. Sie haben sich selbst, ihre Teams und ihre Unternehmen zum Handeln animiert, und im Namen von DDI fühlen wir uns geehrt, einen positiven Einfluss ausgeübt zu haben. Wir wollen auch den mehr als 20.000 Vermittlern/Trainern danken, die sich zertifizieren ließen, um Master-Trainer und Botschafter für die Vermittlung der Gesprächsfertigkeiten von DDI zu werden. Ihr seid die wahren Lehrmeister und unsere Helden. Danke für eure Geschichten, euren Sportsgeist und eure Leidenschaft, die uns noch weiter gebracht haben, als wir uns jemals vorstellen konnten.

Für ihre Kritik, ihre Einsichten, ihre Änderungen und behutsame Hilfe, als dieses Buch während des letzten Jahres Gestalt annahm, danken wir besonders:

- **Ellen McGirt,** unserer Ghostwriterin, die uns half, unseren HR-Jargon in lesbare Geschichten zu verwandeln. Uns ist klar, dass wir durch diesen Prozess alle zusammengewachsen sind. Ellen, jedes Mal, wenn wir schreiben, hören wir deine Stimme in unseren Köpfen, die uns Mut zuspricht.

- **Jim Concelman,** der uns bei der Ausarbeitung und Entwicklung der kompetenzbasierten Skills in unseren Kapiteln über *Leadership-Skills und die Skills der Profis* inhaltlich anleitete. Danke, dass du uns auf unserem Pfad zur Entwicklung und Förderung von Frontline Leadern den Weg gewiesen hast.

- **Den Generationen von Kursentwicklern, Produktmanagern und Beratern bei DDI,** die – in über vier Jahrzehnten – ihre Visionen verwirklichten und DDIs Lehrsysteme zur Entwicklung von Frontline Leadern geschaffen haben.

- **Nikki Dy-Liacco** für die Kritik und Anleitung bei den Teilen unseres Buches, die mit Social Media zu tun haben, und dafür, dass sie das Hashtag #LeadLikeAGirl geschaffen hat – Tacys neues persönliches Motto.

- **Bob Rogers und Bill Byham** für die Überprüfung und Unterstützung bei jedem einzelnen Kapitel. Danke, dass ihr unser Selbstwertgefühl mit eurem punktgenauen Feedback gefördert (und erhalten) habt.

- **Evan Sinar und Aaron Stehura** für ihre Analysen und die Daten/ Forschung, die sie auf Grundlage unserer reichhaltigen Datenbanken zur Verfügung gestellt haben.

- **Jill George, Stephanie Morris, Jim Concelman, Annamarie Lang** und **Nikki Dy-Liacco** dafür, dass sie uns bei der Erstellung der Checkliste für neue Führungskräfte halfen.

- **John Verdone,** dem Meister beim Lehren der Gesprächsgrundsätze und Gesprächsrichtlinien für seinen bodenständigen Stil, der uns half, den Kapiteln Gestalt zu verleihen, die grundlegend für alles andere waren.

- **Nikki Dy-Liacco** (schon wieder – wir hielten sie ganz schön auf Trab!) und Brad Thomas, die für Beschriftung und Illustration der Karikaturen von problematischen Mitarbeitern zuständig waren.

- **Nancy Guarino und Sandy Eby,** die uns auf Kurs hielten. Ohne euch hätten wir uns sicherlich verirrt und Rich hätte bestimmt seine Schuhe verloren!

- **Bill Proudfoot,** der Verleger mit dem Adlerauge. Gott sei Dank hattest du den Laden im Griff, als es auf die Zielgerade zur Veröffentlichung ging.

- **Stacy Infantozzi** für ihr wunderbares Layout und die Formatierung des Textes. Wir fühlen uns geehrt, dass uns deine zahlreichen Talente für dieses Buch zur Verfügung standen. Und wir danken Patrice Andres und Lisa Weyandt für die Unterstützung bei der grafischen Umsetzung.

- **Liz Hogan und Elaine Bardzil** dafür, dass sie auf eine korrekte und ehrliche Zitierweise achteten.

- **Richard Narramore**, unserem Herausgeber bei Wiley, für die Unterstützung und Führung.

- Zu guter Letzt den Dutzenden von Führungskräften in aller Welt, die wir für dieses Buch interviewt haben. Danke, dass Sie Ihre persönlichen Geschichten und die Herausforderungen als Leader geschildert haben: **Alex Badenoch, Joe Bergen, Cathy Boysko, TJ Carey, Gary Cass, Mabel Chan, Hilary Crowe, Michael Daley, Louise Doyle, Kate Eastoe, Fiona Fleming, Patricia Forsythe, Michelle Gibson, Colleen Harris, Jason Henningsen, Jude Hollings, Cathrin Kalbfell-Rolfe, Rushikesh Kasture, Ehrrin Keenan, Christian Lang, Stephen Lee, Joy Linton, Yang Liu, Trisha McEwan, Christine McLoughlin, Cathy Manolios, Jo Mithen, Rilla Moore, Helen Newall, Anne O'Keefe, Leanne Plenty, Amiya Kanta Rath, Kirstin Schneider, Qian Shi, Mark Slootmaker, Maria Tassone, Trish Unwin, Sylvie Vanasse.**

ÜBER DDI

Wer wir sind. Development Dimensions International, Inc. oder DDI ist eine führende Talent-Management-Beratung. Vor 45 Jahren waren wir Pioniere und noch heute sind wir führend bei Innovationen auf diesem Gebiet.

Was wir tun. Wir helfen Unternehmen, die Art zu transformieren, wie Führungskräfte und Belegschaften angeworben, befördert und entwickelt werden. Das Ergebnis? Führungskräfte wie Sie, die bereit sind, Geschäftsstrategien voranzutreiben, die sie verstehen und ausführen, und Herausforderungen direkt angehen.

Wie wir das tun. Wenn Sie je eine Führungskraft kannten, die Sie verehrt haben, oder sich darüber wunderten, wie schnell ein neuer Angestellter eingearbeitet war, kann es sehr gut sein, dass Sie die Auswirkungen von DDI in der Praxis erlebt haben. Wir fördern jährlich 250.000 Führungskräfte weltweit. Oft sind wir hinter den Kulissen am Werk und entwickeln maßgeschneiderte Trainingsangebote oder Assessments, die von den Kunden selber eingesetzt werden können. Bei anderen Gelegenheiten ist unsere Arbeit eher sichtbar, wenn wir Kunden helfen, umfangreiche Veränderungen in ihrem Unternehmen voranzutreiben. Stets verwenden wir dabei die neuesten Methoden, die wissenschaftlich fundiert sind und sich bewährt haben.

Mit wem wir das tun. Zu unseren Kunden gehören einige der erfolgreichsten Unternehmen der Welt. Unternehmen der *Fortune 500* oder multinationale Konzerne, die in vielen verschiedenen Geschäftsfeldern tätig sind – von Schanghai bis San Francisco und überall dazwischen. Wir sind in 42 Zweigstellen, die entweder DDI gehören oder angegliedert sind, für unsere Kunden da. Besuchen Sie www.ddiworld.com, um weitere Informationen zu erhalten.

Wieso wir das tun. Die Prinzipien und Skills, die wir unterrichten, machen nicht nur Menschen zu besseren Mitarbeitern; sie können auch Menschen glücklicher und erfüllter und zu besseren Familienmitgliedern, Nachbarn und Freunden machen.

ÜBER DIE AUTORIN

Tacy M. Byham, PhD

Tacy wurde 2014 CEO von Development Dimensions International, Inc. (DDI). Sie begann ihre Karriere dort in den frühen 1980er-Jahren als Praktikantin in der Abteilung für Videoproduktion und in Computer-/Technologiegruppen. Nach ihrem Universitätsabschluss arbeitete sie als Trainerin in Europa und als Sachverständige für Technologiekunden in den USA. Sie trieb Innovationen voran und nutzte schließlich ihre Erfahrung, um DDIs schnell wachsendes Executive Development Business aufzubauen.

Als Expertin für kreative, maßgeschneiderte Lösungen, um Herausforderungen des Talent Managements anzugehen, kann Tacy unter anderem Keurig Green Mountain, ADP, BNY Mellon und das Texas Children's Hospital zu ihren Klienten zählen. Ihre Schriften wurden in *The Conference Board Review, CLO magazine, People Matters* (Indien) und *The ASTD Leadership Handbooks* (2010 und 2014) veröffentlicht. Sie hält auch regelmäßig Präsentationen für das Conference Board und ATD (früher ASTD), wo sie über verschiedene Themen spricht – von Innovationskraft über Frauen und Leadership bis zu Leadership auf der mittleren Führungsebene.

Tacy wuchs im Heim eines Vordenkers und Entrepreneurs auf. Ihr Vater, Bill Byham, gründete DDI 1970 und Tacys eigene Ansichten über Leadership schöpfte sie aus den Gesprächen mit der Familie am Esstisch. Dabei ging es oft darum, uns intensiver für die Dinge einzusetzen, die uns wirklich wichtig sind. Sie war schon immer von der Wissenschaft der menschlichen Möglichkeiten umgeben und lernte auch, wie wichtig der Dienst an der Gemeinschaft ist (ihre Mutter war früher in der Politik und ist als ehrenamtliche Mitarbeiterin in ihrer Gemeinde aktiv). *Wir reisten um die Welt, als DDI immer größer wurde,* sagt Tacy über ihren frühzeitigen Zugang zu Leadern und Vordenkern im Bereich des Managements. *Ich hatte eine Vogelperspektive darauf, wie die Dinge funktionierten und wie man sie verbessern konnte. Ich fühlte mich inspiriert. Und nachdem ich für ein paar schlechte Chefs in der Technologiebranche gearbeitet* hatte, wollte ich mich DDI anschließen, um mit unseren faszinierenden Kunden zusammenzuarbeiten und zu helfen, die Herausforderungen anzugehen, die der Faktor Mensch mit sich bringt. Genau genommen geht es nicht um das, was man bekommt, sondern um das, was man gibt. Vor Kurzem hat einer von Tacys Teamkollegen DDI verlassen, um seinen eigenen Lebenstraum zu verfolgen. In einem Abschiedsbrief schrieb er: *Ich könnte seitenweise darüber schreiben, wie dankbar ich bin, für dich gearbeitet zu haben. Ich weiß deine ehrliche Anteilnahme und Sorge für mich zu schätzen ... für uns alle!*

Tacy hat einen Master in Mathematik/Computerwissenschaften vom Mount Holyoke College und einen PhD in Industrie-/Organisationspsychologie der Universität von Akron.

@TacyByham

ÜBER DEN AUTOR

Richard S. Wellins, PhD

Rich arbeitet momentan als Leiter der weltweiten Forschungs- und Marketingabteilung bei DDI. Er liebte es jede Minute, eine Führungskraft zu sein (na ja, fast jede Minute). Seit er vor mehr als 30 Jahren bei DDI anfing, besetzte er mehrere leitende Positionen, unter anderem in Verkauf, Forschung und Entwicklung und im Marketing. Rich erhielt seinen PhD in Sozial-/Industriepsychologie von der American University (in Washington, DC). Bevor er zu DDI kam, hatte er als Professor für Psychologie an der Western Connecticut State University gelehrt und als Forschungspsychologe für das US-Verteidigungsministerium gearbeitet.

Dies ist Richs fünftes Buch über Mitarbeiterführung, inklusive des Bestsellers „Empowered Teams". Er hat mit Dutzenden von Klienten an Leadership-Assessments und Entwicklungsprojekten